Adobe Photoshop 2022
经典教程 彩色版

［美］康拉德·查韦斯（Conrad Chavez）　　安德鲁·福克纳（Andrew Faulkner）◎ 著

张海燕 ◎ 译

人民邮电出版社

北 京

图书在版编目（CIP）数据

Adobe Photoshop 2022经典教程：彩色版 /（美）
康拉德·查韦斯（Conrad Chavez），（美）安德鲁·福克
纳（Andrew Faulkner）著；张海燕译. -- 北京：人民
邮电出版社，2023.5（2024.3重印）
ISBN 978-7-115-60268-8

Ⅰ．①A… Ⅱ．①康… ②安… ③张… Ⅲ．①图像处
理软件－教材 Ⅳ．①TP391.413

中国版本图书馆CIP数据核字(2022)第196431号

- ◆ 著　　　　[美] 康拉德·查韦斯（Conrad Chavez）
　　　　　　　[美] 安德鲁·福克纳（Andrew Faulkner）
- 　译　　　　张海燕
- 　责任编辑　罗　芬
- 　责任印制　王　郁　胡　南
- ◆ 人民邮电出版社出版发行　　北京市丰台区成寿寺路 11 号
　　邮编　100164　　电子邮件　315@ptpress.com.cn
　　网址　https://www.ptpress.com.cn
　　涿州市般润文化传播有限公司印刷
- ◆ 开本：787×1092　1/16
　　印张：20.25　　　　　　　　2023 年 5 月第 1 版
　　字数：540 千字　　　　　　2024 年 3 月河北第 3 次印刷
　　著作权合同登记号　图字：01-2022-2644 号

定价：119.90 元

读者服务热线：(010)81055410　印装质量热线：(010)81055316
反盗版热线：(010)81055315
广告经营许可证：京东市监广字 20170147 号

内容提要

本书由 Adobe 专家编写，是 Adobe Photoshop 2022 的经典学习用书。

本书共 15 课，涵盖工作区的介绍，照片校正的基础知识，选区、图层、快速修复功能、蒙版和通道的用法，文字设计、矢量图绘制的技巧，高级合成技术，混合器画笔工具的用法，视频的编辑，Camera Raw 的用法，处理用于 Web 的图像的方法，生成和打印一致的颜色，以及探索神经网络滤镜等内容。

本书语言通俗易懂，配有大量的图示，特别适合新手学习。有一定 Photoshop 使用经验的读者也可从中学到大量高级功能和 Photoshop 2022 新增的功能。本书适合作为各类院校相关专业的教材，还适合作为相关培训班学员及广大自学人员的参考书。

前　言

Adobe Photoshop（简称 Photoshop）是一款卓越的图像处理软件，提供的专业级图像编辑功能都使用机器学习和云集成进行了改进，支持包括印刷、Web 和视频在内的各种工作流程。使用 Photoshop 提供的数字编辑工具，可以让图像处理任务的实现变得前所未有地轻松。

Photoshop 常与其他重要工具（如 Adobe Camera Raw，简称 Camera Raw；Adobe Bridge，简称 Bridge）协同工作，其中 Camera Raw 是 Photoshop 自带的，可用于提高相机原始数据图像的质量，而 Bridge 是一款数字资产管理器，可用于浏览和组织要在 Photoshop 与其他 Adobe Creative Cloud 应用程序中使用的文件。

 ## 关于经典教程

本书由 Adobe 产品专家编写，是 Adobe 图形图像与排版软件官方培训教程之一，读者可按自己的节奏学习其中的课程。如果读者是新手，将从中学到 Photoshop 的基本概念和功能；如果读者具有一定的 Photoshop 使用经验，将发现本书介绍了很多高级功能、Photoshop 2022 的新增功能，以及图像处理的提示和技巧。

本书共 15 课，每课都提供了完成项目的具体步骤，同时给读者提供了探索和实验的空间。读者可按顺序从头到尾阅读本书，也可根据兴趣和需要选读其中的课程。每课的末尾都有复习题，对本课介绍的内容进行总结，并提供相应的复习题答案供读者参考学习。

 ## 本书内容特色

本书介绍了 Photoshop 2022 新增的功能：改进后的快速选择工具、"选择并遮住"工作空间和神经网络滤镜（Neural Filters），以及更佳的矢量对象属性（如圆角）控制功能。

本书还介绍了大量有关 Photoshop 功能的知识和相关应用程序的用法，以及组织、管理、展示照片和优化图像的实践示例。另外，本书还穿插了来自 Photoshop 专家和 Photoshop 官方培训师的大量相关提示和技巧。

 ## 必须具备的知识

要学习本书，需要读者能熟练使用计算机和操作系统，包括使用鼠标、菜单和命令，以及打开、保存和关闭文件。如果需要学习这方面的内容，请参阅 Microsoft Windows 或 Apple macOS 文档。

要学习本书的课程，读者需要安装 Photoshop 2022 和 Bridge 2022。

 ## 安装 Photoshop、Bridge 和 Camera Raw

使用本书前，应确保系统设置正确并安装了必要的软件和硬件。读者必须专门购买 Photoshop。有关安装该软件的系统需求和详细说明，请参阅官网帮助文档。

请注意，Photoshop 的有些功能要求计算机至少有 512MB 的显存（VRAM），且使用的 Windows 操作系统必须是 64 位的。

本书的很多课程中都使用了 Bridge。要在计算机上安装 Photoshop 和 Bridge，必须使用桌面应用程序 Adobe Creative Cloud，这个应用程序可从 Adobe 官网下载。安装这些软件和应用程序的方法，请参阅相关说明文档。

 ## 启动 Photoshop

读者可以像启动大多数应用程序那样启动 Photoshop。

在 Windows 中启动 Photoshop

选择菜单"开始">"所有程序">"Adobe Photoshop 2022"。

在 macOS 中启动 Photoshop

在 Launchpad 或 Dock 中，单击 Adobe Photoshop 2022 图标。

如果找不到该图标，请在任务栏（Windows）或 Spotlight（macOS）中的搜索框中输入"Photoshop"，然后选择菜单"Adobe Photoshop 2022"或单击 Adobe Photoshop 2022 图标并按 Enter 键。

 ## 恢复默认首选项设置

与很多软件一样，Photoshop 也将各种常规设置存储在首选项文件中。每当退出 Photoshop 时，一些工作区设置（如最后一次使用某些工具和命令时，给它们指定的选项）将被记录到首选项文件中。在"首选项"对话框中所做的设置也将存储在首选项文件中。

在学习每课前，读者都应恢复默认首选项设置，以确保在自己屏幕上看到的图像和命令都与书中描述的相同。读者也可不恢复首选项，但在这种情况下，Photoshop 中的工具、面板和其他设置可能与书中描述的不同。

如果定制了颜色设置，可按下面的步骤将其存储为预设。这样，当需要恢复颜色设置时，只需选择存储的预设即可。

保存当前颜色设置

❶ 启动 Photoshop。

❷ 选择菜单"编辑">"颜色设置"。

❸ 查看"颜色设置"对话框中"设置"的值。

· 如果不是"自定"，记录设置文件的名称并单击"确定"按钮关闭对话框，无须执行第 4 ~ 6 步。

· 否则，单击"存储"按钮（而不是"确定"按钮），打开"另存为"对话框。默认存储位置为 Settings 文件夹。文件的默认扩展名为 .csf（颜色设置文件）。

❹ 在"文件名"（Windows）或"保存为"（macOS）文本框中，为颜色设置指定一个描述性名称，

保留扩展名 .csf，然后单击"保存"按钮。

⑤ 在"颜色设置注释"对话框中，输入描述性文本，如日期等，以帮助以后识别颜色设置。

⑥ 单击"确定"按钮，关闭"颜色设置注释"对话框，然后单击"确定"按钮，关闭"颜色设置"对话框。

恢复颜色设置

① 启动 Photoshop。

② 选择菜单"编辑">"颜色设置"。

③ 在"颜色设置"对话框中的"设置"下拉列表中，选择已记录或存储的颜色设置文件，然后单击"确定"按钮。

 其他资源

本书并不能代替软件自带的帮助文档，也不是全面介绍 Photoshop 各个功能的参考手册。本书只介绍与课程内容相关的功能，有关 Photoshop 功能的详细信息，请参阅以下资源。

- 主页：在 Photoshop 中，"主页"屏幕的"学习"部分提供了一些教程。
- 发现面板：在 Photoshop 中选择菜单"编辑">"搜索"来打开发现面板。在没有输入搜索关键字时，发现面板中列出了一些教程、建议和资源链接；在输入关键字（如"裁剪"）并按 Enter 键后，该面板中会显示与之相关的 Photoshop 工具和教程等。

💡 提示 按 Ctrl + F 组合键（Windows）或 Command + F 组合键（macOS）可打开发现面板，再次按这个组合键可关闭它。

- Photoshop 帮助：在 Photoshop 中，选择菜单"帮助">"Photoshop 帮助"，会打开发现面板，其中列出用户指南等一系列在线帮助资源。
- Photoshop 教程：包含多种在线教程，可选择菜单"帮助">"实操教程"访问。
- Photoshop 博客：提供有关 Photoshop 的教程、新闻，以及给人以启迪的文章。
- Julieanne Kost 的博客：提供出自 Adobe 产品官方培训师的提示和视频，其内容包括最新的 Photoshop 功能介绍及有关这些功能的宝贵见解。
- Adobe 支持社区：包含用户论坛，在其中可以提出与 Photoshop 和其他 Adobe 软件相关的问题。
- Adobe Photoshop 主页。
- 增效工具：在 Photoshop 中选择菜单"增效工具">"浏览增效工具"，可查找增效工具软件模块，以扩展 Creative Cloud 工具或增强特性。
- 桌面应用程序 Creative Cloud：单击"发现"标签，可看到与 Photoshop 及已安装的其他 Adobe 软件相关的教程、在线视频、创意作品及其他链接和资源。
- 教师资源：向讲授 Adobe 软件课程的教师提供珍贵的资源。可在这里找到各种教学解决方案（包括使用整合方法介绍 Adobe 软件的免费课程），可用于备考 Adobe 认证工程师。

 Adobe 授权培训中心

Adobe 授权培训中心（Adobe Authorized Training Center，AATC）提供由教员讲授的有关 Adobe 产品的课程和培训。

资源与支持

本书由"数艺设"出品,"数艺设"社区平台(www.shuyishe.com)为您提供后续服务。

配套资源

扫描下方二维码,关注"数艺设"公众号,回复本书第 51 页左下角的五位数字,即可得到本书配套资源的获取方式。

"数艺设"公众号

"数艺设"社区平台,为艺术设计从业者提供专业的教育产品。

与我们联系

我们的联系邮箱是 luofen@ptpress.com.cn。如果您对本书有任何疑问或建议,请您发邮件给我们,并请在邮件标题中注明本书的书名,以便我们更高效地做出反馈。如果您有兴趣出版图书、录制教学课程,或者参与技术审校等工作,可以发邮件给我们;如果学校、培训机构或企业想批量购买本书或"数艺设"的其他图书,也可以发邮件联系我们(邮箱:luofen@ptpress.com.cn)。

如果您在网上发现针对"数艺设"图书的各种形式的盗版行为,包括对图书全部或部分内容的非授权传播,请您将怀疑有侵权行为的链接通过邮件发给我们。您的这一举动是对作者权益的保护,也是我们持续为您提供有价值的内容的动力之源。

关于"数艺设"

人民邮电出版社有限公司旗下品牌"数艺设",专注于专业艺术设计类图书出版,为艺术设计从业者提供专业的图书、课程等教育产品。出版领域涉及平面、三维、影视、摄影与后期等数字艺术门类,字体设计、品牌设计、色彩设计等设计理论与应用门类,UI 设计、电商设计、新媒体设计、游戏设计、交互设计、原型设计等互联网设计门类,环艺设计手绘、插画设计手绘、工业设计手绘等设计手绘门类。更多服务请访问"数艺设"社区平台 www.shuyishe.com。我们将提供及时、准确、专业的学习服务。

目　录

熟悉工作区

本课概览

- 在 Photoshop 中打开文档。
- 选择和使用工具面板中的工具。
- 在选项栏中设置所选工具的属性。
- 使用多种方法缩放图像。

- 选择、使用和重排面板。
- 使用面板菜单和上下文菜单中的命令。
- 打开和使用面板。
- 还原操作以修正错误或进行不同的操作。

学习本课大约需要 **1** 小时

　　在 Photoshop 中，完成同一项任务的方法常常有多种。要想充分利用 Photoshop 丰富的编辑功能，就必须熟悉 Photoshop 的工作区。

1.1 开始在 Photoshop 中工作

Photoshop 的工作区中包括菜单栏、工具和各种面板，使用它们可以快速找到用来编辑图像及向图像中添加元素的各种工具和选项。通过安装第三方软件（增效工具），可以向菜单中添加其他命令和滤镜。

Photoshop 可以处理位图（由一系列小方块状的像素构成的连续调图像），还可以处理矢量图（由缩放时不会失真的光滑线条构成的图像）。在 Photoshop 中，既可以创建图像，也可以导入下面的图像。

- 用数码相机或手机拍摄的照片。
- Adobe Stock 等照片库中的图像。
- 扫描的照片、正片、负片或其他文档。
- 拍摄的视频。
- 在绘画应用程序中创建的图像。

1.1.1 启动 Photoshop

在开始工作前，先启动 Photoshop 并恢复默认首选项设置。

> **注意** 在设计自己的作品时通常无须恢复默认首选项，但在学习本书时需要恢复默认首选项设置，以确保在屏幕上看到的内容与书中描述的一致。详细信息请参阅前言中的"恢复默认首选项设置"。

❶ 选择"开始"菜单（Windows）中的"Adobe Photoshop 2022"或单击 Launchpad/Dock（macOS）中的 Adobe Photoshop 2022 图标，然后立刻按住 Ctrl + Alt + Shift 组合键（Windows）或 Command + Option + Shift 组合键（macOS），系统将打开提示对话框。

如果找不到 Adobe Photoshop 2022，可以在任务栏的搜索框（Windows）或 Spotlight（macOS）中输入"Photoshop"，然后选择"Adobe Photoshop 2022"或单击 Adobe Photoshop 2022 图标。

❷ 在提示对话框中单击"是"按钮，确认删除设置文件，如图 1.1 所示。

图 1.1

1.1.2 使用"主页"屏幕

刚启动 Photoshop 时，显示的是"主页"屏幕，如图 1.2 所示。

> **提示** 要跳过"主页"屏幕直接进入 Photoshop 工作区，可单击"主页"屏幕左上角的 Ps 按钮。

"主页"屏幕中的主要选项和按钮的作用如下。

- 主页：帮助用户了解和使用当前版本的软件，包括软件新功能概览；在至少打开过一个文档后，这里会列出最近打开的本地文档。
- 学习：列出指向教程的链接，这些教程可在 Photoshop 学习面板中打开，帮助用户学习使用 Photoshop。
- 您的文件：列出 Photoshop 云文档，包括在 iPad 等设备中创建的云文档，在第 3 课中将详细地介绍云文档。
- 已与您共享：列出他人使用菜单"文件">"邀请"邀请您查看的云文档。

A. 切换到 Photoshop工作区
B. 新建文档
C. 打开文档
D. 主页内容及最近打开的本地文档
E. 学习教程
F. 在 Windows、macOS 或 iPad中创建的云文档
G. 已与您共享的云文档
H. 已同步的图像
I. 已删除的云文档
J. 云存储同步状态
K. 搜索、帮助和学习
L. Photoshop新增功能
M. 在 Web浏览器中访问 Creative Cloud账户

图 1.2

- Lightroom 照片：列出已同步到 Creative Clound 账户的 Lightroom 在线照片存储区（注意不是 Lightroom Classic 本地存储区）中的图像。
- 已删除：列出已删除的云文档，用户可在此恢复它们（类似计算机桌面上的"回收站"）；这里只包含已删除的云文档，不包含 Lightroom 在线照片存储区和计算机本地已删除的文档。

> ♡ 提示　要管理"已删除"列表中的文档，可单击文档旁边的扩展按钮，在下拉列表中选择"恢复"或"永久删除"。

当单击右上角的"搜索"按钮🔍并输入文本时，系统将在 Photoshop 学习教程和 Adobe Stock 照片库中查找匹配的内容。如果当前打开了文档，还将在该文档和已同步到云端的 Lightroom 照片中查找匹配的内容。例如，输入"鸟"，可查找包含小鸟的 Lightroom 照片。

打开文档后，"主页"屏幕将自动隐藏。要返回到"主页"屏幕，可单击 Photoshop 工作区左上角的"主页"按钮 Ps。

1.1.3　打开文档

Photoshop 提供了很多种打开文档的方式，本小节将使用传统的"打开"命令来打开文档，其工作原理与其他应用程序中的"打开"命令相同。

① 选择菜单"文件">"打开"，如果出现"云文档"对话框，单击该对话框底部的"在您的计算机上"按钮。

② 切换到下载的配套资源中的文件夹 Lessons\Lesson01。

> ♡ 提示　如果将兼容的文件拖曳到"主页"屏幕上，Photoshop 将打开它。

③ 选择文件 01_End.psd 并单击"打开"按钮。如果出现"嵌入的配置文件不匹配"对话框，单击"确定"按钮；如果出现有关更新文字图层的消息，单击"否"按钮。

完成上述操作后，文件 01_End.psd 将在独立的文档窗口中打开，并切换到默认工作区，如图 1.3 所示。本文件是一张生日卡。

A. 菜单栏
B. 选项栏
C. 工具面板
D. "共享"按钮
E. 搜索、帮助和学习
F. 切换到"主页"屏幕
G. 工作区下拉列表
H. 控制面板

图 1.3

💡 注意　图 1.3 所示是 Windows 版本的 Photoshop 操作界面，macOS 版本的 Photoshop 操作界面与此相同，只是操作系统的风格不同。

Photoshop 的默认工作区中包括顶部的菜单栏和选项栏、左侧的工具面板，以及右侧的控制面板。当打开文档时，若出现多个文档窗口，用户可使用选项卡同时显示它们。Photoshop 的用户界面与其他 Adobe 软件（如 Illustrator 和 Indesign）的用户界面类似，因此在一个软件中学会使用工具和控制面板后，就很容易在其他软件中学会并使用它们。

Windows 与 macOS 版本的 Photoshop 在工作区上的主要区别如下：在 Windows 操作系统中，整个 Photoshop 都包含在窗口中；在 macOS 中，可使用包含 Photoshop 文档窗口和面板的软件框架，Photoshop 与其他 Adobe 软件不同，只有菜单栏在软件框架的外面。在 macOS 中，软件框架默认启用，要禁用它，可选择菜单"窗口">"应用程序框架"进行设置。

💡 注意　在 Apple Silicon Mac 系统中，当前的 Photoshop 界面中可能没有"共享"按钮。

④ 选择菜单"文件">"关闭"或单击文档窗口选项卡上的"关闭"按钮（不要关闭 Photoshop，也不要保存对文档所做的修改），关闭打开的文档，此时会切换到"主页"屏幕，刚才打开的文档会在最近打开的本地文档列表中列出。

💡 提示　在 Photoshop 中同时打开多个文档时，每个文档都显示在独立的文档窗口中，且其文件名出现在文档窗口顶部的选项卡中，这一点很像 Web 浏览器中的选项卡式窗口。

1.2　使用工具

Photoshop 为制作用于打印、在线浏览和移动观看的图像提供了一整套工具。本书将通过多个示例项目，详细介绍这些工具的使用方法。

1.2.1 选择和使用工具面板中的工具

工具面板（工作区最左边的长条形面板）中有缩放工具、选择工具、绘画和编辑工具、前景色和背景色选择工具及查看工具等。

💡 注意　工具面板中工具的完整介绍请参阅附录 A。

下面介绍缩放工具的用法，很多其他的 Adobe 软件（如 Illustrator、InDesign 和 Acrobat）中也有缩放工具。

❶ 选择菜单"文件">"打开"，切换到文件夹 Lessons\Lesson01，双击文件 01Start.psd 将其打开。

这个文件包含背景图像和缎带图像，如图 1.4 所示，使用它们可创建图 1.3 所示的生日卡。

图 1.4

💡 提示　单击工具面板顶部的双箭头按钮（❯❯），可将工具面板切换为双栏视图，如图 1.5 所示；再次单击双箭头按钮，工具面板将恢复为单栏视图。用户可根据屏幕空间的使用情况自由选择视图形式。

图 1.5

用户还可自定义工具面板——重新排列、删除和添加工具。选择菜单"编辑">"工具栏"，在弹出的"自定义工具栏"对话框中可自定义工具面板。

❷ 在文档窗口底部的状态栏中，最左边的百分比为图像当前的缩放比例，如图 1.6 所示。

❸ 将鼠标指针移至工具面板中的缩放工具（🔍）上，会出现工具提示，包括工具名称、作用和快捷键等，如图 1.7 所示。

缩放比例　　　　状态栏

图 1.6　　　　　　　　　　　　　　　　　　　　　　　　图 1.7

④ 选择缩放工具。

💡 提示　要使用快捷键来选择缩放工具，可按 Z 键。工具的快捷键只有一个键，使用这些快捷键时请不要同时按下 Ctrl 键或 Command 键等修饰键。若工具有快捷键，将在工具提示中显示出来。

⑤ 将鼠标指针移至文档窗口中，鼠标指针将变成放大镜形状，其中还有一个加号。

⑥ 在文档窗口的任何地方单击。图像将放大至下一个预设缩放比例，状态栏中将显示当前的缩放比例。单击的位置会成为放大中心，如图 1.8 所示。再次单击，图像将放大至下一个预设缩放比例，最大的缩放比例为 12800%。

图 1.8

⑦ 按住 Alt 键（Windows）或 Option 键（macOS），鼠标指针将变成中间带减号（−）的放大镜形状，在图像的任何地方单击，然后松开 Alt 键或 Option 键。图像被缩小至下一个预设缩放比例，以便让用户能够看到更多图像内容，但图像的细节更少。

💡 注意　还有其他缩放方法，如选择缩放工具后，在选项栏中选择工具模式"放大"或"缩小"、选择菜单"视图">"放大"或"视图">"缩小"，以及在状态栏中输入缩放比例后按 Enter 键。

⑧ 如果在选项栏中选择了"细微缩放"复选框（见图 1.9），则使用缩放工具在图像的任何地方，按住鼠标左键并向右拖曳可放大图像，而按住鼠标左键并向左拖曳可缩小图像。

图 1.9

⑨ 如果在选项栏中选择了"细微缩放"复选框，取消选择它，然后使用缩放工具拖曳出一个

覆盖部分玫瑰花的矩形框，图像局部将放大，矩形框内的图像会填满整个文档窗口，如图 1.10 所示。

图 1.10

⑩ 单击选项栏中的"适合屏幕"按钮，如图 1.11 所示，可显示整幅图像。

图 1.11

至此，介绍了 4 种使用缩放工具缩放图像的方法：单击、按住 Alt 键并单击、拖曳，以及通过拖曳指定缩放区域。可使用选项栏、快捷键和手势（如单击或拖曳）来定制工具的使用方法。在后面的课程中将会介绍这些方法。

使用导航器面板进行缩放和滚动

导航器面板提供了另一种修改缩放比例的快捷方法，特别适用于不需要指定准确的缩放比例的情况。导航器面板还提供了在图像中滚动的快捷方法，其中的缩览图准确地指出了图像的哪部分会出现在文档窗口中。要打开导航器面板，可选择菜单"窗口">"导航器"。

在导航器面板中，将图像缩览图下方的滑块向右拖曳可放大图像，向左拖曳可缩小图像，如图 1.12 所示。

图 1.12

红色矩形框内的内容将显示在文档窗口中。图像放大到一定程度后，文档窗口中将只能显示图像的一部分。在这种情况下，可拖曳红色矩形框来查看图像的其他区域，如图 1.13 所示。在图像的缩放比例非常大时，使用这种方法便于确定正在处理图像的哪一部分。

图 1.13

1.2.2 调亮图像

在 Photoshop 中经常执行的编辑操作是将使用数码相机或手机拍摄的照片调亮，其方法是修改照片的亮度和对比度。

❶ 在工作区右侧的图层面板中选择了图层 Rose，如图 1.14 所示。

❷ 在调整面板（位于图层面板的上方）中单击"亮度／对比度"按钮（ ），如图 1.15（a）所示，添加一个亮度／对比度调整图层。打开属性面板，其中显示了亮度／对比度的相关设置。

❸ 在属性面板中，将"亮度"滑块拖曳到 98，并将"对比度"滑块拖曳到 18，如图 1.15（b）所示。调整后的玫瑰图像变亮了。

图 1.14

（a）

（b）

图 1.15

> 💡提示　在本书中，经常会让用户在面板和对话框中输入特定的值，以实现特定的效果。用户在自己处理图像时，可尝试使用不同的值，观察它们对图像效果的影响。设置没有绝对的标准，该使用什么值取决于要获得什么样的效果。

❹ 在图层面板中单击亮度／对比度调整图层左边的眼睛图标（ ），可隐藏图层效果，此时眼睛图标隐藏；再次单击该图标，可显示图层效果，此时眼睛图标重新显示出来，如图 1.16 所示。

使用调整图层可修改图像（如调整玫瑰花图像的亮度）的显示效果，而不是修改原始像素。在使用调整图层时，可以通过隐藏或删除调整图层来撤销修改，还可随时编辑调整图层。在本书的多个项目中，都将用到调整图层。

图 1.16

图层是 Photoshop 中很重要、很强大的功能。Photoshop 包含很多类型的图层，其中有些用于存放图像、文本或纯色，而有些只用来与它下面的图层进行交互。在第 4 课中将更详细地介绍图层。

⑤ 双击属性面板名称，可将该面板折叠起来。

⑥ 选择菜单"文件">"存储为"，在打开的对话框中将文件命名为 01Working.psd，然后单击"保存"按钮，保存文件。

> 💡 **注意** 如果 Photoshop 打开了一个提示对话框，指出保存到云文档和保存到计算机之间的差别，则单击"保存在您的计算机上"按钮。此外，还可选择"不再显示"复选框，下次保存文件时将不再显示此提示对话框。当恢复 Photoshop 的默认首选项设置后，将取消选择这个复选框。

⑦ 在出现的"Photoshop 格式选项"对话框中单击"确定"按钮。

以不同的名称另存文件，可确保原始文件 01Start.psd 保持不变。

至此，完成了学习 Photoshop 的第一项任务。提高了图像的亮度和对比度后，接下来可以开始制作生日卡了。

1.2.3 拾取颜色

在图层上绘画时，会使用 Photoshop 的前景色和背景色。在大多数情况下，使用的是前景色，如画笔加载的颜色。前景色默认为黑色，背景色默认为白色。有多种修改前景色和背景色的方式，其中一种是使用吸管工具（🖊）从图像中拾取颜色。下面将使用吸管工具从缎带图像中拾取蓝色，以便使用这种颜色来创建另一条缎带。

> 💡 **注意** 如果当前选择了图层蒙版，前景色将默认为白色，而背景色将默认为黑色。图层蒙版将在第 6 课中详细介绍。

显示图层 Ribbons，以便能够看到要拾取的颜色。

① 在图层面板中，单击图层 Ribbons 左侧的眼睛图标，显示这个图层，如图 1.17 所示。

图 1.17

从图 1.17 中可以看到，在文档窗口中出现了一条带有"Happy Birthday"字样的缎带。

② 在图层面板中选择图层 Ribbons，使其成为活动图层。

③ 选择工具面板中的吸管工具。

> 💡 **注意** 如果找不到吸管工具，可单击工作区右上角的"搜索"按钮，输入"吸管"，然后选择搜索结果中的吸管工具。

❹ 在带有"Happy Birthday"字样的缎带中，单击蓝色区域以拾取其中的蓝色。

在工具面板和颜色面板中，前景色将发生变化，如图 1.18 所示。此后在绘图时都将使用该颜色，直到再次修改前景色。

图 1.18

1.3 设置工具的属性

在前面的练习中，当选择缩放工具时，选项栏中会提供对当前文档窗口进行修改的途径。下面将详细地介绍如何使用上下文菜单、选项栏、面板和面板菜单来设置工具的属性。在生日卡中绘制第二条缎带时，可使用这些设置工具属性的方法。

1.3.1 设置度量单位

用户在 Photoshop 中可修改度量单位。由于这张生日卡是要打印的，因此这里将使用英寸单位（1 英寸 ≈ 2.54 厘米）。

❶ 选择菜单"编辑">"首选项">"单位与标尺"（Windows）或"Photoshop">"首选项">"单位与标尺"（macOS），打开"首选项"对话框。

❷ 在"单位"部分，从"标尺"下拉列表框中选择"英寸"，单击"确定"按钮，如图 1.19 所示。

图 1.19

> 💡 提示　在显示了标尺的情况下（要显示标尺，可选择菜单"视图">"标尺"），可通过在标尺上单击鼠标右键（Windows）或按住 Control 键并单击标尺（macOS）来修改度量单位。

1.3.2 使用上下文菜单

不同于菜单栏中的下拉菜单，上下文菜单是在鼠标指针所在的位置弹出的，其中包含适用于鼠标指针指向的对象、文档当前选区或状态的命令。上下文菜单中的命令通常在菜单栏或面板菜单中能找到，但上下文菜单只显示与鼠标指针指向的对象相关的命令，因此使用上下文菜单可节省时间。上下文菜单有时也被称为右键菜单或快捷菜单。

> 💡 **提示** 上下文菜单是一种快捷方式，类似于快捷键。随着学习的深入，用户会知道对于当前需要完成的工作，使用哪些上下文菜单和快捷键可最大限度地节省时间。

❶ 调整视图，显示生日卡的底部。

❷ 在工具面板中选择矩形选框工具（▥）。

矩形选框工具用于绘制矩形选区。在第 3 课中将详细介绍此工具。

❸ 按住鼠标左键并拖曳，创建一个高约 0.75 英寸、宽约 2.5 英寸且其右端与生日卡右边缘大致对齐的选区，如图 1.20 所示。当拖曳时，Photoshop 将显示选区的宽度和高度。

选区边框以移动的虚线表示，这种虚线被称为选取框，有时也被称为蚂蚁线，它是闪烁的，能让人看得更清楚。

❹ 在工具面板中选择画笔工具（🖌）。

❺ 在文档窗口中，在图像的任何地方单击鼠标右键（Windows）或按住 Control 键并单击（macOS），可打开画笔工具的上下文菜单。

上下文菜单通常是一个命令列表，但这里是一个包含画笔工具选项的面板。

❻ 单击预设组"常规画笔"旁边的下拉按钮，将该组展开，选择第一个画笔"柔边圆"，并将其大小改为 65 像素，如图 1.21 所示。

图 1.20   图 1.21

❼ 按 Enter 键将上下文菜单关闭。

> 💡 **提示** 此外，也可在上下文菜单外单击将其关闭。单击时务必小心，以免绘制不必要的描边、修改设置或选区。

❽ 在图层面板中，选择图层 Ribbons，然后按住鼠标左键在选区内拖曳，直到整个选区填满蓝色。在绘画时，绘制到选区外面也没关系，因为这不会给选区外面的区域带来任何影响。

❾ 绘制好缎带后，选择菜单"选择">"取消选择"，这样就不会选择任何区域，如图 1.22 所示。

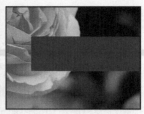

图 1.22

可以看到，选区消失了，但创建的缎带还在（位于图层 Ribbons 中）。

1.3.3　选择和使用隐藏的工具

为减少占用的屏幕空间，工具面板中的工具被编组，且每组只有一个工具显示出来。工具右下角的小三角形表示该工具组中隐藏有其他工具。

接下来使用多边形套索工具（图标）从刚创建的缎带中剪掉一个三角形区域，使其与生日卡顶部的缎带匹配。

❶ 将鼠标指针指向工具面板顶部的第三个工具，会出现工具提示，指示该工具为套索工具（○），快捷键为 L。

❷ 可以使用下列方法中的任意一种来选择隐藏在套索工具后面的多边形套索工具。

图 1.23

- 在套索工具上按住鼠标左键，打开隐藏工具列表，从中选择多边形套索工具，如图 1.23 所示。
- 按住 Alt 键（Windows）或 Option 键（macOS）单击工具面板中的工具，遍历隐藏的工具，直至选择多边形套索工具。
- 按 Shift + L 组合键，在套索工具、多边形套索工具和磁性套索工具（图标）之间切换，直至选择多边形套索工具。

使用套索工具可创建任何形状的选区，使用多边形套索工具能够轻松地创建直边选区。在第 3 课中将详细介绍这些工具。

❸ 将鼠标指针指向刚创建的蓝色缎带的左边缘，单击其左上角以创建三角形的第一条边。

❹ 将鼠标指针右移大约 0.25 英寸，在缎带中央附近单击，如图 1.24（a）所示，单击的位置不用非常精确。

❺ 单击缎带左下角以创建三角形的第二条边。

❻ 单击起始位置以结束三角形的创建，如图 1.24（b）所示，创建好的选区如图 1.24（c）所示。

（a）　　　　　　　　（b）　　　　　　　　（c）

图 1.24

❼ 按 Delete 键将选定的区域从缎带中删除，让缎带显示出尖角，如图 1.25（a）所示。

⑧ 选择菜单"选择">"取消选择"，取消选区，如图 1.25（b）所示。

（a） （b）

图 1.25

制作好缎带后，就可在生日卡中添加姓名了。

1.3.4 在选项栏中设置工具的属性

下面先在选项栏中设置工具的属性，然后输入姓名。

① 在工具面板中选择横排文字工具（ **T** ）。

此时，选项栏中的按钮和下拉列表都与横排文字工具相关。

② 在选项栏中，从第一个下拉列表中选择一种字体（这里选择 Myriad Pro，可根据喜好选择其他字体）。

③ 将文字大小设置为 32 点。

可在文字大小文本框中直接输入"32"，并按 Enter 键；也可通过拖曳文字大小标签（参见后文的"提示"部分）来设置；还可从下拉列表中选择一种标准文字大小，如图 1.26 所示。

图 1.26

❹ 单击"色板"选项卡，单击预设组"蜡笔"左边的下拉按钮将其展开，从中选择一种较淡的颜色（这里选择的是蜡笔黄色），如图 1.27（a）所示。

选择的颜色将出现在两个地方：工具面板中的前景色，如图 1.27（b）所示；选项栏中的文字颜色，如图 1.27（c）所示。使用色板面板是一种选择颜色的简单方式，后面将介绍在 Photoshop 中选择颜色的其他方式。

（a）　　　　　　　（b）

（c）

图 1.27

❺ 在缎带左端单击，将出现使用当前字体设置的占位文本"Lorem Ipsum"，如图 1.28(a) 所示。选中文本，然后直接输入所需的文本。

❻ 这里输入的是"Elaine"，它将替换占位文本，如图 1.28（b）所示。若文本的位置不合适，可将它移到适当的位置。

（a）　　　　　　　（b）

图 1.28

❼ 单击选项栏中的提交按钮（✓），提交文本，如图 1.29 所示。此操作还会取消选择文本，使人能够看到文本的颜色。

图 1.29

虽然蜡笔黄色看起来不错，但这里要使用其他颜色，让这里的文本与另一条缎带中文本的颜色匹配，可以通过色板面板来实现。

⑧ 单击色板面板右上角的▼≣按钮，在下拉列表中选择"小列表"，如图 1.30 所示。

⑨ 在选择了横排文字工具的情况下，双击文本以选择整个文本。

💡提示　如果只想选择图层中的部分文本，可在选择横排文字工具后，通过拖曳鼠标来实现。

⑩ 在色板面板中，单击色板预设组"浅色"左边的下拉按钮将其展开，选择"浅黄橙"，如图 1.31（a）所示。

💡提示　选择不同的色板后，工具面板中的前景色板和选项栏中的色板将发生相应的变化。

⑪ 单击选项栏中的提交按钮，提交修改并取消选择文本，最终效果如图 1.31（b）所示。

图 1.30

（a）　　　　　　　　　　（b）

图 1.31

💡提示　要提交对文字所做的编辑，也可单击文字图层外的区域。

1.4　还原操作

Photoshop 提供了还原操作的功能。

① 选择菜单"编辑">"还原编辑文字图层"或者按 Ctrl+Z 组合键（Windows）或 Command+Z 组合键（macOS）撤销最后一个操作，如图 1.32（a）所示。

文本将恢复为原来的颜色。

② 选择菜单"编辑">"重做编辑文字图层"或者按 Ctrl+Shift+Z 组合键（Windows）或 Command+Shift+Z 组合键（macOS），将文本重新设置为浅黄橙色，如图 1.32（b）所示。

（a）　　　　　　　　　　（b）

图 1.32

每执行一次还原命令都将撤销 1 个操作，因此要撤销 5 个操作，可执行还原命令或按相应快捷键 5 次。重做命令的工作原理与此相同。

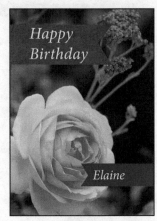

要从当前步骤切换到前一个步骤，可选择菜单"编辑">"切换最终状态"或者按 Ctrl + Alt + Z 组合键（Windows）或 Command + Option + Z 组合键（macOS）。要重新切换到当前步骤，可再次执行这个命令。

这个命令提供了一种很好的途径，让用户能够对最后一次编辑前后的效果进行比较。

❸ 将文本恢复为所需的颜色后，使用移动工具（✛）将文本拖曳到合适的位置，如图 1.33 所示。

图 1.33

❹ 至此，生日卡就做好了，将文件保存。

1.5　面板和面板位置

Photoshop 包含各种功能强大的面板，很少在一个项目中会用到所有面板，这就是在默认情况下，面板分组显示且很多面板没有打开的原因。

"窗口"菜单中包含打开所有面板的命令，如果面板所属的面板组被打开且面板处于活动状态，其名称旁边会有选中标记。在"窗口"菜单中选择面板命令可打开或关闭相应的面板。

按 Tab 键可隐藏所有面板，包括选项栏和工具面板，再次按 Tab 键可重新打开这些面板。

在默认情况下，图层面板和色板面板位于面板停放区中。可将面板从面板停放区拖出来，也可将其拖进去。对于大型面板或偶尔使用但希望容易找到的面板而言，将其放在面板停放区，使用起来更方便。

排列面板的操作有以下几种。

- 移动整个面板组：将该面板组的标题栏拖曳到工作区的其他地方。
- 将面板移到其他面板组中：将面板名称拖入目标面板组的标题栏中，待目标面板组内出现蓝色方框后松开鼠标，如图 1.34 所示。

图 1.34

- 停靠面板或面板组：将面板组标题栏或面板名称拖曳到面板停放区中，如图 1.35 所示。

图 1.35

- 使面板或面板组处于浮动状态：将面板组标题栏或面板名称从面板停放区拖曳出去。

1.5.1 展开和折叠面板

在面板的预设尺寸范围内拖曳或单击，可以调整面板的大小，显示更多或更少的选项，从而高效地使用屏幕空间。

- 要将打开的面板折叠，可单击面板组标题栏上的双箭头按钮；要展开面板，可单击相应图标或双箭头按钮，如图 1.36 所示。
- 要调整面板的高度，可拖曳其下边缘。
- 要调整面板的宽度，可将鼠标指针指向其左上角，待鼠标指针变成双箭头时，按住鼠标左键并向左拖曳，以增大面板，向右拖曳，以缩小面板。
- 要调整浮动面板的大小，可将鼠标指针指向面板的右边缘、左边缘或下边缘，待鼠标指针变成双箭头时，按住鼠标左键并向内或向外拖曳边缘，也可按住鼠标左键并向内或向外拖曳其右下角。
- 要折叠面板组让其只显示标题栏，可双击面板标题栏，如图 1.37 所示。再次双击可展开面板组。即使面板组被折叠，也可打开其面板菜单。

面板组被折叠后，面板组中各面板的名称及面板菜单按钮仍可见。

> 💡注意　对于有些面板，如字符面板和段落面板，虽然不能调整其大小，但可折叠它们。

图 1.36 图 1.37

1.5.2 有关工具面板和选项栏的注意事项

工具面板和选项栏与其他面板有一些共同之处。

- 拖曳工具面板的标题栏可将其移到工作区的其他地方，拖曳选项栏最左侧的抓手分隔栏可将其移到工作区的其他地方。
- 可隐藏工具面板和选项栏。

> 💡 提示　要复位工作区，可在操作界面右上角的工作区下拉列表中选择"复位基本功能"。

工具面板和选项栏不具备的面板特征。

- 不能将工具面板和选项栏与其他面板组合在一起。
- 不能调整工具面板和选项栏的大小。
- 不能将工具面板和选项栏放到面板组中。
- 工具面板和选项栏都没有面板菜单。

使用属性面板简化编辑工作

Photoshop 中有很多面板，用户在具备一定的 Photoshop 使用经验后，可使用属性面板来完成很多工作。属性面板会随选择对象的不同而变化，显示与当前选择对象相关的选项，如图 1.38 所示；当什么都没选择时，属性面板将显示有关文档的选项。

图 1.38

例如，当选择一个文字图层时，属性面板中将显示变换选项（为移动或旋转图层提供方便）和字符选项（能够修改在选项栏中没有显示的文字设置）。因为不用打开变换面板和字符面板进行相关设置，所以可以在一定程度上节省时间。要设置不常见的选项，可能需要打开专门的面板，很多常见的选项都包含在属性面板中。如果有足够的屏幕空间，最好让属性面板一直打开。

修改界面设置

默认情况下，Photoshop 的面板、对话框和背景都是黑色的。在 Photoshop "首选项" 对话框中可调亮界面，以及做其他修改。

可按以下步骤完成上述操作。

❶ 选择菜单 "编辑" > "首选项" > "界面"（Windows）或 "Photoshop" > "首选项" > "界面"（macOS）。

❷ 选择其他颜色方案或做其他修改。

选择不同的颜色方案后，可以立刻看到相应的变化，如图 1.39 所示。在 "首选项" 对话框中，还可以为屏幕模式指定颜色，以及修改其他界面。

图 1.39

❸ 完成修改后，单击 "确定" 按钮。

1.6　复习题

1. 简述至少两种可在 Photoshop 中打开的图像。
2. 在 Photoshop 中如何选择工具？
3. 简述两种缩放图像的方法。

1.7　复习题答案

1. Photoshop 可打开使用数码相机或手机拍摄的照片，可打开扫描的照片、正片或负片，可打开从互联网下载的图像（如来自 Adobe Stock 的照片及上传到云文档或 Lightroom 照片中的图像）。
2. 要在 Photoshop 中选择工具，可单击工具面板中相应的按钮或按相应的快捷键，选择的工具会一直处于活动状态，直到选择了其他工具。要选择隐藏的工具，可使用快捷键，也可在工具面板中的工具上按住鼠标左键，打开隐藏工具列表。
3. 可从"视图"菜单中选择相应的命令来缩放图像或使图像适合屏幕；也可以使用缩放工具在图像上单击或拖曳来缩放图像；还可使用快捷键和导航器面板来控制图像的缩放比例。

照片校正基础

本课概览

- 了解图像的分辨率和尺寸。
- 在 Bridge 中查看和访问文件。
- 拉直和裁剪图像。
- 调整图像的颜色和色调。
- 使用污点修复画笔工具修复图像。
- 使用修补工具删除或替换物体。
- 使用仿制图章工具修复图像。
- 消除图像中的伪像。
- 应用智能锐化滤镜修饰图像。

学习本课大约需要 **1** **小时**

Photoshop 提供了多种提高照片质量的工具和命令。本课将调整一张旧照片并对其进行修饰。

2.1 修饰策略

修饰工作量的大小取决于要处理的原始图像的质量和要实现的目标。很多图像可能只需要调整亮度或颜色；而少数图像可能需要执行多项操作，并采用高级的工具和技巧。

> 💡 注意　在本课中将使用 Photoshop 来修复图像。对于有些图像，如以相机原始数据格式存储的图像，使用随 Photoshop 安装的应用程序 Camera Raw 来修复，效率可能更高。有关 Camera Raw 的知识将在第 12 课介绍。

2.1.1 组织高效的任务执行顺序

大部分修饰工作都应遵循以下通用步骤，这些步骤都将在本课中介绍。

- 复制原始图像或扫描件（务必保留一份图像文件的副本）。
- 确保使用适合图像的分辨率。
- 裁剪图像至合适的尺寸并调整方向。
- 调整图像的整体对比度或色调。
- 消除偏色，如校正偏蓝的图像。
- 修复受损照片扫描件的缺陷（如裂缝、粉尘、污迹等）。
- 调整图像特定部分的颜色和色调，如高光、中间调、阴影和不饱和的颜色。
- 锐化图像。

这些步骤的执行顺序可能因项目而异，而且并非每个步骤都是必不可少的。在基本修饰流程中，通常都会先校正颜色和色调，然后根据最终的交付介质调整像素尺寸并进行锐化处理。

2.1.2 根据图像的用途调整处理流程

从某种程度上来说，如何修饰图像取决于如何使用它。例如，图像将用于使用新闻纸印刷的黑白出版物，其裁剪和锐化方式可能与用于彩色网页的图像不同。Photoshop 支持 RGB 颜色模式（用于 Web 和移动创作及桌面照片打印）、CMYK 颜色模式（用于原色印刷）、灰度颜色模式（用于黑白印刷）和其他颜色模式（用于其他特殊目的）。此外，还可使用 Photoshop 来调整图像的像素尺寸（即分辨率）。一般而言，应在高品质的全分辨率图像中完成大部分的编辑工作，然后根据具体的用途（如用于打印或 Web）及每种介质的具体要求做出相应的调整。

2.2 分辨率和图像尺寸

在 Photoshop 中编辑图像时，应先确保图像的分辨率符合需要。分辨率指的是单位长度的像素数，如每英寸的像素数（ppi）。分辨率由图像水平和垂直方向的像素数决定，如图 2.1 所示。

将图像水平和垂直方向的像素数相乘，就可知道图像包含多少像素。例如，高和宽都为 1000 像素的图像包含 1000000

图 2.1

像素，而高和宽都为 2000 像素的图像包含 4000000 像素。像素尺寸对文件大小和文件的上传、下载时间都有影响。

> ♀ 注意　对计算机显示器和电视机来说，分辨率通常是指像素尺寸（如 1920 像素 ×1080 像素）而不是像素密度（如 300 像素 / 英寸）。而在 Photoshop 中，分辨率指的是每英寸的像素数，而不是像素尺寸。

修改分辨率是否会影响文件大小呢？只有像素尺寸发生了变化，才会对文件大小有影响。例如，当分辨率为 300 像素 / 英寸时，7 英寸 ×7 英寸的图像包含 2100 像素 ×2100 像素；如果修改图像尺寸或分辨率，但保持像素尺寸为 2100 像素 ×2100 像素不变，文件大小就不会发生变化。但如果只修改图像尺寸而不修改分辨率（或者相反），像素尺寸必然会发生变化，进而使文件大小发生变化。例如，在前面的示例中，保持图像尺寸为 7 英寸 ×7 英寸不变，将分辨率改为 72 像素 / 英寸，像素尺寸将变成 504 像素 ×504 像素，文件大小也将相应减小。

图像到底需要多高的分辨率呢？这取决于图像要以什么样的方式输出。图像的分辨率低于 150 ～ 200 像素 / 英寸时，可能被视为低分辨率图像；而分辨率高于 200 像素 / 英寸时，通常被视为高分辨率图像，因为这样的图像包含足够多的细节，可用于商用打印机或艺术图片打印机，以及高分辨率（Retina/HiDPI）显示设备。

观看距离和输出技术等因素都会影响人眼实际看到的图像效果，也决定了图像的分辨率需求。例如，220 像素 / 英寸的笔记本显示器可能看起来与 360 像素 / 英寸的智能手机一样清晰，因为观看笔记本屏幕的距离更远。但对高端照排机或喷墨打印机来说，220 像素 / 英寸的分辨率可能不够，因为这些设备能够以 300 像素 / 英寸甚至更高的分辨率重现图像的大部分细节。对于用于高速公路广告牌的图像，50 像素 / 英寸的分辨率可能看起来就非常清晰，因为观看距离较远。

> ♀ 提示　要确定使用照排机印刷的图像的分辨率，可参考以下指南：以印刷机使用的半调网频（单位为线 / 英寸，即 lpi）的 1.5 ～ 2 倍的分辨率编辑图像。例如，图像将以 133 线 / 英寸的网频印刷，其分辨率可为 200（133×1.5）线 / 英寸。

考虑到显示和输出技术的工作原理，图像的分辨率可能无须与高分辨率打印机的设备分辨率相同。例如，有些商用照排机和照片级喷墨打印机的设备分辨率为 2400 点 / 英寸（dpi）甚至更高，但要使用这些设备打印的图像的分辨率可能是 200 ～ 360 像素 / 英寸。这是因为设备点被编组为加大的半调单元或喷墨图案，它们会累计色调和颜色。同样，在 500 像素 / 英寸的智能手机上显示图像时，可能不要求图像的分辨率也为 500 像素 / 英寸。因此，不管使用什么介质，都要向制作团队或输出服务提供商询问该以什么样的像素尺寸或分辨率提供最终的图像。

▌2.3　使用 Bridge 打开文件

下面修复一张褪色并受损的老照片，最终的图像尺寸为 7 英寸 ×7 英寸。

首先在 Bridge 中对扫描的原件和最终图像进行比较。Bridge 是一个可视化的文件浏览器，让用户能找到所需的图像文件。

❶ 启动 Photoshop 并立刻按住 Ctrl + Alt + Shift 组合键（Windows）或 Command + Option + Shift 组合键（macOS）。

② 在出现的提示对话框中单击"是"按钮，确认删除 Photoshop 设置文件。

③ 选择菜单"文件">"在 Bridge 中浏览"，如果被询问是否要在 Bridge 中启用 Photoshop 扩展，单击"是"（Windows）或"确定"（macOS）按钮。

> 💡 注意　如果没有安装 Bridge，选择菜单"文件">"在 Bridge 中浏览"，将启动桌面应用程序
> Creative Cloud，下载并安装 Bridge。安装完成后，便可启动 Bridge。
>
> 　　如果询问是否要从上一版 Bridge 中导入首选项设置，请选择"不再显示"复选框，然后单击"否"
> 按钮。

打开 Bridge，其中包含一系列面板，还有菜单和按钮。

④ 单击左上角的"文件夹"选项卡，切换至硬盘中的文件夹 Lessons 中，在内容面板中显示此文件夹的内容，如图 2.2 所示。

图 2.2

⑤ 在"文件夹"选项卡中选择了文件夹 Lessons 的情况下，选择菜单"文件">"添加到收藏夹"。

对于常用的文件、文件夹和其他素材，将其添加到"收藏夹"选项卡中以便能够快速访问它们。

> 💡 提示　在 Bridge 中，如果收藏夹面板和要添加到收藏夹中的文件夹都可见，可将文件夹拖曳到收藏
> 夹面板中；还可通过拖曳将桌面上的文件夹添加到收藏夹面板中。

⑥ 单击"收藏夹"选项卡，然后单击文件夹 Lessons 打开它，在内容面板中双击文件夹 Lesson02。

这个文件夹的内容缩览图将出现在内容面板中，如图 2.3 所示。

图 2.3

⑦ 比较文件 02Start.tif 和 02End.psd。要放大内容面板中的缩览图，可向右拖曳 Bridge 窗口底部的缩览图滑块。

从图 2.3 中可知，在文件 02Start.tif 中，图像是斜的，颜色不太鲜艳，同时存在绿色偏色和划痕。

⑧ 在 Photoshop 中打开文件 02Start.tif，如果打开"嵌入的配置文件不匹配"对话框，单击"确定"按钮。

⑨ 选择菜单"文件">"存储为"，在打开的对话框中将"保存类型"设置为"Photoshop（ *.PSD；*.PDD；*.PSDT）"，将"文件名"设置为"02Working"，单击"保存"按钮，如图 2.4 所示。

图 2.4

2.4 拉直和裁剪图像

下面拉直、修剪并缩放图像 02Start.tif。

① 在工具面板中选择裁剪工具（ 🔲 ）。

调整裁剪手柄，使裁剪遮盖条遮住将要裁剪掉的区域。

② 在选项栏中，从"选择预设长宽比或裁剪尺寸"下拉列表框中选择"宽 × 高 × 分辨率"（默认为"比例"）。

③ 在选项栏中，将高度和宽度都设置为 7 英寸，将分辨率设置为 200 像素 / 英寸，文档窗口中会出现裁剪网格，如图 2.5 所示。

图 2.5

💡 提示 要让裁剪边缘看起来更清晰，可在裁剪框处于活动状态的情况下增大图像的缩放比例。

💡 提示 "像素/英寸"用于打印的图像的分辨率，在通过裁剪生成用于 Web 的图像时，不需要指定分辨率，即不对此选项进行设置。

💡 提示 要让文档保留位于裁剪框外面的像素，可取消选择"删除裁剪的像素"复选框。这很有用，因为如果框选的范围有误，可放大裁剪框，将被裁剪掉的区域显示出来。

下面拉直图像 02Start.tif。

④ 单击选项栏中的"拉直"按钮（🎥），鼠标指针将变成拉直工具的图标。

⑤ 将鼠标指针移动到图像的左上角，按住鼠标左键，沿图像的上边缘拖曳到右上角，松开鼠标。

Photoshop 将拉直图像，让绘制的直线与图像的上边缘对齐，如图 2.6 所示。这里沿照片上边缘绘制了一条直线，也可沿图像中任何水平或垂直的线条绘制直线。

图 2.6

💡 提示 只要选项栏中的当前设置有效，使用裁剪工具可以继续创建尺寸为 7 英寸 × 7 英寸、分辨率为 200 像素/英寸的裁剪。要自由地裁剪，可单击选项栏中的"清除"按钮。

下面将白色边框裁剪掉并缩放图像。

⑥ 将裁剪框的各个角向内拖曳到图像的相应角，将图像的白色边框删除，如图 2.7（a）所示。如果需要调整图像的位置，可按住鼠标左键，在裁剪框中拖曳。

⑦ 按 Enter 键执行裁剪。

经过裁剪、拉直及尺寸和位置的调整后的图像如图 2.7（b）所示。

💡 提示 要在裁剪框消失后调整裁剪设置，可选择菜单"编辑" > "还原"。

💡 提示 要一步拉直照片并将扫描到的背景裁剪掉，可选择菜单"文件" > "自动" > "裁剪并修齐照片"，使用这个命令还能自动将扫描在一起的多张图像分开。

⑧ 如果文档窗口底部的状态栏中没有显示图像尺寸，可以单击 ▶ 按钮，从弹出的下拉列表中选择"文档尺寸"，如图 2.8 所示。

（a）

（b）

图 2.7

文档大小
文档配置文件
✓ 文档尺寸
测量比例
暂存盘大小
效率
计时
当前工具
32 位曝光
存储进度
智能对象
图层计数

33.33% 1400 像素 x 1400 像素 (200 ppi) ▶

图 2.8

💡 提示 在状态栏中选择的单位与在"首选项"对话框的"单位与标尺"部分设置的单位（像素、英寸等）相同。

可通过状态栏查看当前文档的相关信息。例如裁剪前，图像 02Start.tif 的尺寸为 2160 像素 × 2160 像素，分辨率为 240 像素 / 英寸；裁剪后，该图像的尺寸为 1400 像素 × 1400 像素，分辨率为 200 像素 / 英寸。

⑨ 选择菜单"文件" > "存储"，保存文件，如果打开"Photoshop 格式选项"对话框，单击"确定"按钮。

2.5 调整颜色和色调

下面使用曲线和色阶调整图层来消除图像 02Start.tif 的色偏，并调整其颜色和色调。

① 在调整面板中，单击图 2.9（a）所示的"曲线"按钮（▦）添加一个曲线调整图层，属性面板将显示其相关设置。

② 在属性面板中，单击左边的"白场"按钮（✎），如图 2.9（b）所示。

白场用于指定将哪种颜色调整为中性白。在指定白场后，其他所有颜色和色调都将相应地调整。正确地指定白场，可快速消除偏色及校正图像的亮度。为准确地设置白场，可选择图像中最亮且包含丰富细节的白色区域（不是太阳或电灯等附近曝光过度的区域，也不是反射太阳光的镜面高光区域）。

（a）

（b）

图 2.9

❸ 将图像放大，单击女孩衣服上的白色条带区域，如图 2.10 所示。

💡 提示 要获得鼠标指针所在位置的颜色值，可选择菜单 "窗口" > "信息"，打开信息面板，其中显示了鼠标指针当前位置的颜色值。

当单击 "白场" 按钮后单击白色条带时，将根据采集的颜色与中性白色的差值调整色彩平衡和亮度，从而改善图像。此外，也可单击其他白色区域，如小孩的水手服、袜子或妇女衣服上的白色条带。通常单击的区域的颜色最接近中性白色时，调整效果是最佳的。

图 2.10

下面使用色阶调整图层来调整图像的色调范围。

❹ 在调整面板中，单击图 2.11（a）所示的 "色阶" 按钮（▰），添加一个色阶调整图层。

💡 注意 本项目的颜色和色调编辑比较简单，这些编辑原本都可只使用色阶调整图层来完成。通常，曲线调整图层用于执行更具体或更复杂的编辑。

在选择了色阶调整图层或曲线调整图层的情况下，属性面板中会显示一个直方图。直方图显示图像中色调值的分布情况，其中最左边为黑色，最右边为白色。对于色阶调整图层来说，直方图左下角的三角形表示黑场（图像中最暗的点），右下角的三角形表示白场（图像中最亮的点），中间的三角形表示灰场。

❺ 将直方图左下角的三角形拖曳到开始有大量阴影色调的地方，这里将其值设置为 15，将所有小于 15 的色调值都修改为黑色。将中间的三角形稍微向右拖曳，以调整灰场，这里将其设置为 0.9，如图 2.11（b）所示。

下面将图像拼合，以方便修复。拼合图像将把所有图层都合并到背景图层中，因此只有当不再需要继续调整图层效果时，才会拼合图像。

💡 注意 在拼合图像时，将删除位于画布的可见边缘外面的内容。例如，在使用裁剪工具时，取消选择 "删除裁剪的像素" 复选框，进行拼合操作时将删除被裁剪工具保留但被隐藏的像素。

❻ 选择菜单 "图层" > "拼合图像"，结果如图 2.12 所示。

（a）

（b）

图 2.11

图 2.12

真实的照片修复案例

Gawain Weaver 是 Gawain Weaver Art Conservation 的主人，他修复并挽救了众多艺术家的原作，包括 Eadweard Muybridge、Man Ray、Ansel Adams 和 Cindy Sherman 的。他在全球多地在线开设过有关照片保护和鉴赏的讲座。

使用 Photoshop 提供的工具能很好地修复老旧或受损的照片，让人能够扫描、修复、打印并装裱自己的影集。

然而，在处理艺术家、博物馆、画廊和收藏者等的作品时，必须最大限度地保护原貌，避免变质或损坏。因此，必须由专业的艺术品保护者进行处理。

下面介绍如何修复图 2.13 所示的作品上的污点。

图 2.13　将这件作品从装裱框中取出，消除污点后再装裱好

Gawain Weaver 指出，照片保护既是科学又是艺术，为安全地清洁、保护和改善照片，必须充分利用有关摄影的化学知识、装裱框、清漆或其他涂层。在保护过程中，无法快速"撤销"所做的处理，因此必须万分小心，充分考虑作品的脆弱性。

艺术品保护者使用的很多手工工具，在 Photoshop 中都可以找到相应的数字版本。

艺术品保护者会清洁照片以消除褪色，他们甚至使用温和的漂白剂来氧化并消除彩色污渍或解决褪色问题。在 Photoshop 中，可使用曲线调整图层来消除图像的偏色。

在处理艺术品时，保护者可能使用特殊的颜料和美工笔手动修复受损的区域。同样，在 Photoshop 中，可使用污点修复画笔工具来消除扫描件中的尘土痕迹。

保护者可能用糨糊来修复破损的纸张，然后补全破损的区域。在 Photoshop 中，要消除扫描件中的折痕或修复破损的地方，只需使用仿制图章工具。

为清洁装裱框，可使用小型画笔在艺术家的签名上加上固定剂，如图 2.14 所示。

图 2.14

Gawain Weaver 指出，在艺术品保护者的工作中，首要目标是保护和修复摄影作品原件，在有些情况下，使用 Photoshop 来完成工作更合适，尤其是修复著名照片，使用 Photoshop 可获得事半功倍的效果。将艺术品数字化后，就可复制或打印很多件数字版本，同时将原件放在安全的地方。对于家庭照片，通常竭尽所能地清洁原件，再对其进行数字化，并在计算机上修复褪色、污渍和破损区域。

图 2.15 显示了图 2.13 所示的作品修复后的样子。

图 2.15

2.6 使用污点修复画笔工具

本节的任务是使用污点修复画笔工具（ ✒ ）来消除照片中的折痕，另外还将使用这个工具解决其他几个问题。

使用污点修复画笔工具可快速去除照片中的污点和其他不理想的部分。它使用从图像中采集的像素进行绘画，并将样本像素的纹理、光照、透明度和阴影与修复的像素匹配。

污点修复画笔工具适用于消除人像中的瑕疵。

> 💡 注意　污点修复画笔工具自动从单击或拖曳的地方附近采样，如果要从图像的其他地方采样，请使用修复画笔工具。

❶ 放大图像，以便能够看清折痕。

❷ 在工具面板中，选择污点修复画笔工具。

❸ 在选项栏中，打开画笔面板，将画笔的"大小"设置为 25 像素，将"硬度"设置为 100%，并确保单击了"内容识别"按钮，选择内容识别模式，如图 2.16（a）所示。

❹ 在文档窗口中，将鼠标指针指向折痕顶端，按住鼠标左键并沿折痕向下拖曳，如图 2.16（b）所示，反复拖曳多次来修复这条折痕。在拖曳鼠标时，描边为黑色，松开鼠标后，拖曳区域的折痕便修复好了。

> 💡 提示　为避免出现明显的接缝或图案，使用污点修复画笔工具在要修复的区域上拖曳时，应尽量避免拖曳到不必要的区域，为此可将画笔大小设置得只比瑕疵大一点点。

（a）

（b）

图 2.16

💡 提示　在放大图像后，可能看不到整条折痕。要想在不切换工具的情况下调整视图位置，可使用滚动条，也可按住空格键暂时切换到抓手工具。

⑤　放大图像，以便能够看清右上角的小折痕。选择污点修复画笔工具，并在相应区域按住鼠标左键拖曳，即可清除该折痕，如图 2.17 所示。

图 2.17

⑥　如果必要，缩小图像以便能够看到整个天空，再单击要修复的区域。

⑦　保存所做的工作。

2.7　使用修补工具

要消除图像中不想要的大型元素，可使用修补工具（🩹）。下面使用修补工具来消除图像右边不需要的人物。在内容识别模式下，使用修补工具几乎可将内容与周边环境无缝地融合在一起。

❶　在工具面板中选择对象选择工具（🔲）。如果看不到这个工具，在工具面板中的第 4 个工具上按住鼠标左键，在从弹出的工具列表中选择对象选择工具。

❷　将鼠标指针指向照片右边的男孩，如图 2.18（a）所示。当这个男孩呈高亮显示后，单击创建一个选区，如图 2.18（b）所示。

（a）　　　　　（b）

图 2.18

> **提示** 使用对象选择工具能够自动检测图层中的主体。如果将鼠标指针指向桥上的其他人，被指向的人将作为潜在的选区呈高亮显示。

③ 如果男孩的某些部分没有包含在选区内，可按住 Shift 键和鼠标左键，沿遗漏的部分拖曳鼠标指针，直至整个男孩（包括投影）都包含在选区内。

> **提示** 也可使用修补工具来创建选区。在这里，使用对象选择工具来创建选区更节省时间，因为它能够立刻识别男孩的轮廓并选择他。

④ 在工具面板中选择隐藏在污点修复画笔工具后面的修补工具。在选项栏中，从"修补"下拉列表中选择"内容识别"，在"结构"下拉列表中选择 4，如图 2.19（a）所示。

"结构"的数值反映了对既有图像模式的修补程度，其范围为 1～7，其中 1 表示遵守原结构的程序最低，7 最高。

> **提示** 只要选区处于活动状态，就可在选项栏中修改"结构"的值，以调整修补结果与周围区域的匹配程度。

⑤ 在选区内按住鼠标左键并向左拖曳，如图 2.19（b）所示，用桥壁和背景替换男孩，同时避免用来替换的区域与妇女及其怀抱的女孩重叠，如图 2.19（c）所示。拖曳到满意的地方后松开鼠标，选区将变得与周围图像一致：男孩消失了，他原来站立的地方变成了桥壁和建筑等，如图 2.19（d）所示。

（a）

（b）　　　　　　　　（c）　　　　　　　　（d）

图 2.19

⑥ 选择菜单"选择">"取消选择"，取消选择选区。

此处的修补效果还可以，但并不是非常理想，下面将做进一步的修复。

> **注意** 并非在任何情况下使用修复和内容识别工具都能得到令人满意的效果，这些工具的特点在于减少总的修饰时间。因此使用这些工具后，可能还需对图像做少量的手动修复。

2.8　使用仿制图章工具修复特定区域

使用仿制图章工具（🎨）可用图像中一个区域的像素替换另一个区域的像素。使用它不仅可以删除图像中不想要的部分，还可以修补图像中缺失的区域。

下面使用仿制图章工具进一步修复图像。

① 在工具面板中选择仿制图章工具，将画笔的"大小"和"硬度"分别设置为 60 像素和 30%，并确保选择了"对齐"复选框，如图 2.20（a）所示。

> 💡 提示　在编辑分辨率更高的图像时，可能需要将画笔设置得更大。

② 将鼠标指针指向顶部平齐的桥壁部分，即要复制用来修补桥壁顶部使其平齐的区域。

③ 按住 Alt 键（Windows）或 Option 键（macOS）并单击进行取样。在按住 Alt 键或 Option 键时，鼠标指针将变成瞄准器形状，如图 2.20（b）所示。

④ 按住鼠标左键，沿需要修补的桥壁顶部拖曳，使其平齐，完成后松开鼠标，如图 2.20（c）所示。

（a）

（b）　　　　　　　（c）

图 2.20

在每次选择仿制图章工具时都会使用新的取样点，且单击点与取样点的相对关系始终不变。也就是说，如果不断向右绘制，将从更右边的地方而不是最初的取样点取样。这是因为在选项栏中选择了"对齐"复选框。如果希望每次都从相同的取样点取样，可以取消选择"对齐"复选框。

> 💡 提示　与污点修复画笔工具和修补工具相比，仿制图章工具的编辑效果不是很好，只是将源点的像素复制到拖曳的地方。因此，要想让图像看起来更好，需要做更多的手动修饰工作。

⑤ 选择桥壁底部平齐的区域作为取样点，然后按住鼠标左键沿需要修补的区域拖曳，如图 2.21 所示。

图 2.21

⑥ 缩小画笔，并取消选择"对齐"复选框，将建筑物底部区域作为取样点，然后单击创建窗户，如图 2.22 所示。

⑦ 重复第 6 步，对建筑物底部区域及墙做必要的调整。细心观察，找出明显通过仿制得到的区域，并手动修饰它们。

⑧ 可使用较小的画笔来修饰桥壁部分的砖块，结果如图 2.23 所示。

⑨ 保存所做的工作。

图 2.22   图 2.23

2.9 锐化图像

在修饰照片时，通常执行的最后一步是锐化图像。在 Photoshop 中，锐化图像的方式有多种，其中使用"智能锐化"滤镜较为灵活、方便。鉴于锐化可能导致伪像更突出，因此下面首先介绍消除伪像的方法。

① 将图像放大到 400%，以便能够看清左侧男孩的 T 恤。其上的彩色点就是扫描过程中生成的伪像，如图 2.24（a）所示。

② 选择菜单"滤镜">"杂色">"蒙尘与划痕"。

③ 在打开的"蒙尘与划痕"对话框中，保留"半径"和"阈值"的默认设置 1 和 0 不变，单击"确定"按钮，如图 2.24（b）所示。

> 💡 注意　在调整"蒙尘与划痕"对话框中的选项时，注意观察图像细节。例如，如果将"阈值"设置得太高，将丢失想保留的图像细节。

"阈值"决定应删除差异多大的像素，"半径"决定将在多大范围内搜索不同的像素。对于图像 2Start.tif 中的小彩色点，使用默认设置的效果就很好。

从图 2.24（c）中能注意到伪像消失了，此时可以锐化图像。

④ 选择菜单"滤镜">"锐化">"智能锐化"。

⑤ 在打开的"智能锐化"对话框中，确保选择了"预览"复选框，以便能够在文档窗口中看到调整后的效果。

💡提示 在包括"智能锐化"对话框在内的很多对话框中都有"预览"复选框,选择这个复选框后,将在文档窗口中(而不仅仅是对话框中)显示处理结果。通过选择和取消选择这个复选框,可对应用设置前后的图像进行比较。

（a） （b） （c）

图 2.24

可以在"智能锐化"对话框的预览窗口中拖曳,以查看图像的不同部分;还可以使用缩览图下面的(🔍)按钮和(🔍)按钮缩放图像。

⑥ 确保在"移去"下拉列表框中选择了"镜头模糊"。

在"智能锐化"对话框中,可从"移去"下拉列表框中选择"镜头模糊""高斯模糊""动感模糊"中的一种。

⑦ 拖曳"数量"滑块至 60% 左右以锐化图像。

⑧ 拖曳"半径"滑块至 1.5 像素左右。

"半径"值决定边缘像素周围将有多少个像素会影响锐化。图像的分辨率越高,"半径"值应越大。

⑨ 对结果满意后,单击"确定"按钮,应用智能锐化滤镜,如图 2.25 所示。

图 2.25

⑩ 选择菜单"文件">"存储",保存文件,然后关闭文件。

现在可以分享或打印这幅图像。

将彩色图像转换为黑白图像

无论是否添加色调，在 Photoshop 中，将彩色图像转换为黑白图像都可得到很不错的结果。

1️⃣ 选择菜单"文件">"打开"，选择文件夹 Lesson02 中的文件 bike.tif，然后单击"打开"按钮。

2️⃣ 在调整面板中，单击"黑白"按钮，添加一个黑白调整图层，如图 2.26 所示。

图 2.26

3️⃣ 调整颜色滑块以修改颜色的亮度，模拟使用黑白胶卷和彩色滤镜的效果；也可尝试选择下拉列表中的预设选项，如"较暗"和"红外线"；还可单击属性面板左上角的"目标调整"按钮（🖐），然后将鼠标指针指向要调整的颜色并沿水平方向拖曳。这个按钮用于调整与开始拖曳地方的像素颜色相关联的滑块，例如，在红色车架上拖曳将调整所有红色区域的亮度（这里使自行车变暗，从而使背景区域显得更亮）。

4️⃣ 如果要给照片添加色调，可选择"色调"复选框，然后单击右边的色板并选择一种颜色（这里选择的颜色的 RGB 值分别为 227、209、198），如图 2.27 所示。

图 2.27

2.10 复习题

1. 分辨率指的是什么?
2. 裁剪工具提供了哪些提高图像质量的方式?
3. 如何在 Photoshop 中调整图像的色调和颜色?
4. 可使用哪些工具来消除图像中的瑕疵?
5. 如何消除图像中的伪像(如彩色像素和扫描图像中的灰尘、颗粒等)?

2.11 复习题答案

1. 在印刷品等介质中,分辨率指的是图像中单位长度的像素数,如每英寸的像素数(ppi)。打印机分辨率可表示为每英寸的墨点数(dpi),设备的墨点并非总是对应于图像像素。在 Web 和视频等以像素为单位的介质中,分辨率通常指的是像素尺寸(以像素数表示高度和宽度),而不是每英寸的像素数。
2. 可以使用裁剪工具来裁剪、拉直、缩放图像及调整图像的分辨率。
3. 在 Photoshop 中,可使用曲线和色阶调整图层来调整图像的色调和颜色。
4. 可使用污点修复画笔工具、修补工具和仿制图章工具等来消除图像中的瑕疵。
5. 可使用"蒙尘与划痕"滤镜来消除图像中的伪像。

第 3 课

使用选区

本课概览

- 使用选择工具让图像的特定区域处于活动状态。
- 调整选区的位置。
- 移动、旋转和复制选区的内容。
- 使用快捷操作来节省时间。
- 取消选择选区。

- 使用方向键调整选区的位置。
- 将区域加入选区及从选区中删除。
- 使用多种选择工具创建复杂选区。
- 将 Photoshop 文档存储为云文档，以便在 iPad 等设备上通过 Photoshop 在线访问及进行在线协作。

学习本课大约需要 1 小时

学习如何选择需要的图像区域至关重要。当选区处于活动状态时，用户只能编辑选区的内容。

3.1 选择工具

在 Photoshop 中，对图像中的某一区域进行修改需要两步：首先使用某种选择工具选择要修改的图像区域；然后使用其他工具进行修改，如将选区中的图像移到其他地方或为选区应用滤镜。使用选择工具可以将修改限制在选区内，而其他区域不受影响。

> **提示** 在图像编辑类软件中，在进行修改前都需要先选择要修改的内容，这就是选区的工作原理。明白选区的工作原理后，便可在类似的软件中使用这些知识。

对特定的区域而言，什么是最佳的选择工具取决于区域的特征，如形状、颜色或内容。Photoshop 中有多种类型的选择工具。

- 几何选择工具：使用矩形选框工具可以在图像中绘制矩形选区；椭圆选框工具（ ◯ ）用于绘制椭圆形选区；单行选框工具（ ▭ ）和单列选框工具（ ▯ ）分别用于选择一行和一列像素，以上几个工具组成矩形选框工具组，如图 3.1 所示。
- 手绘选择工具：可以使用套索工具来手绘选区；使用多边形套索工具可以通过单击来设置锚点，进而创建由线段环绕而成的选区；磁性套索工具类似于以上两种套索工具的组合，适合在要选择的区域同周边区域有很强的对比时使用，以上几个工具组成套索工具组如图 3.2 所示。
- 基于边缘和内容的选择工具：快速选择工具（ ✎ ）用于自动查找边缘并以边缘为边界创建选区；对象选择工具用于对图像进行分析，只需通过单击或拖曳就能找出并选择主体，如图 3.3 所示。
- 基于颜色的选择工具：魔棒工具（ ✎ ）基于像素颜色的相似程度来选择图像中的区域；在选择形状不规则但颜色在特定范围内的区域时，这个工具很有用，以上几个工具组成对象选择工具组，如图 3.3 所示。

图 3.1

图 3.2

图 3.3

3.2 概述

下面来看看在本节中将要创建的图像。

① 启动 Photoshop 并立刻按住 Ctrl + Alt + Shift 组合键（Windows）或 Command + Option + Shift 组合键（macOS）。

② 在出现的对话框中单击"是"按钮，确认删除 Photoshop 设置文件。

③ 选择菜单"文件">"在 Bridge 中浏览"，启动 Bridge。

④ 在收藏夹面板中单击文件夹 Lessons，然后双击内容面板中的文件夹 Lesson03，以查看其内容。

⑤ 观察文件 03End.psd，如图 3.4 所示，如果希望看到图像的更多细节，将缩览图滑块向右移。

图 3.4 中所示是一个陈列柜，其中包括一块珊瑚、一个海胆、一个贻贝、一个鹦鹉螺等元素，它们被扫描到 03Start.psd 中。本节面临的挑战是，如何排列这些元素。

图 3.4

⑥ 双击 03Start.psd 的缩览图，在 Photoshop 中打开该图像文件。

⑦ 选择菜单"文件">"存储为"，将该文件另存为 03Working.psd。

3.3 使用云文档

Photoshop 文档可能很大，尤其是使用大量图层的高分辨率图像文件。当处理在线存储的文档时，文件越大，上传和下载所需的时间越长。使用 Adobe 云文档可有效地帮助编辑在线文档，这是使用针对网络优化的文件格式实现的。例如，编辑 Photoshop 云文档，则只更新受编辑影响的部分，而不会更新整个文档。如果同时在计算机和 iPad 中使用 Photoshop，并将图像存储为云文档，该图像将出现在这两台设备的 Photoshop 的"主页"屏幕中，且总是更新为最新的版本（需要使设备保持联网）。

云文档使用起来很容易，只需将 Photoshop 文件存储为云文档即可。这样，Photoshop 文档的扩展名将变为 .psdc，表示它是云文档，同时它将出现在 Photoshop"主页"屏幕的"云文档"部分。PSDC 格式的转换是自动完成的，用户不需要操心。

① 在 Bridge 中双击文件 03Start.psd 的缩览图，在 Photoshop 中打开这个文件。这里打开的是本地存储的文件。

② 选择菜单"文件">"存储为"，在打开的提示对话框中单击"保存到 Creative Cloud"按钮，如图 3.5 所示。如果出现"另存为"对话框，单击"存储到云文档"按钮。

图 3.5

③ 将文件重命名为 03WorkingCloud，并单击"保存"按钮，这个文件将上传到云文档。在文档窗口中，将看到该文件名前面有一个云图标（📷），文件扩展名为 .psdc，如图 3.6 所示。

图 3.6

💡 提示　在应用程序 Creative Cloud（桌面版或移动版）中，云文档面板的"您的作品"选项卡中会列出云文档，其中可能包含通过其他 Adobe 软件上传的云文档。

④ 关闭打开的文档。

下面打开云文档 03WorkingCloud.psdc，其打开方式与本地存储的文档稍有不同。

💡 注意　Adobe 云文档被存储到不同于 Creative Cloud 文件和 Creative Cloud 库的在线位置。

① 在 Photoshop"主页"屏幕中，选择左侧的"您的文件"。"您的文件"列表中包含使用 Adobe ID 上传的所有云文档，如图 3.7 所示。也可以选择"主页"，其中的"最近使用项"列表中包含最近打开的本地文档和云文档。

💡 提示　可使用文件夹来组织云文档。在 Photoshop 的"主页"屏幕的"您的文件"列表中查看云文档时，可单击右上角的文件夹按钮（📁）来创建文件夹。

💡 提示　要管理或删除云文档，可在 Photoshop 的"主页"屏幕的"您的文件"列表中，单击文档旁边的 … 按钮，然后选择"重命名""删除""使其始终离线可用""移动到"。

② 单击刚保存的云文档 03WorkingCloud，将其下载到计算机中，并在 Photoshop 中打开它。

图 3.7

在编辑 Photoshop 云文档后，如何将其提供给需要的客户呢？将云文档存储到本地即可。

❶ 选择菜单"文件">"存储为"，打开"另存为"对话框，可以看到文件扩展名变成了 .psd，因为这个文档存储在本地，不是云文档。

❷ 将文档重命名为 03Working，并将其保存到文件夹 Lesson03 中。这样就有了本地的 PSD 格式备份文件，可将其分发给他人或作为备份，就像其他本地文档一样。

💡 注意　在本地计算机中，无法通过搜索找到云文档。虽然在 Photoshop 的"主页"屏幕中列出了云文档，但它们存储在 Adobe 服务器中，且只是被缓存到本地存储器中。如果需要云文档的本地副本，可选择菜单"文件">"存储为"，将其存储到本地计算机中。

可继续编辑本地文档 03Working.psd，也可关闭它，然后打开并编辑云文档 03WorkingCloud.psdc。

3.4　使用魔棒工具

使用魔棒工具可选择特定颜色，它适用于选择被相似颜色包围的区域。

和很多选择工具一样，在创建初始选区后，可向选区中添加区域或将区域从选区中减去，以调整选区。"容差"选项用于设置魔棒工具的灵敏度，它指定将要选取的像素的相似程度。例如，默认容差为 32，表示将选择与指定值相差不超过 32 个色阶的颜色。用户可根据图像的颜色范围和变化程度调整容差值。

❶ 在工具面板中选择缩放工具，放大图像以便能够看清整个海胆。

❷ 选择魔棒工具。

❸ 在选项栏中，设置"容差"为 32，如图 3.8（a）所示。这个值决定魔棒工具将选择的颜色范围。

④ 将鼠标指针指向海胆外面的红色背景并单击，如图 3.8（b）所示。

此时使用魔棒工具只选择了红色背景，如图 3.8（c）所示。因为背景中的所有颜色都与单击的地方的颜色足够接近（在"容差"指定的 32 个色阶内）。但本项目要选择的是海胆，因此需要重新选择。

（a）

（b）　　　　　　　　（c）

图 3.8

⑤ 选择菜单"选择">"取消选择"。

⑥ 将鼠标指针指向海胆并单击。

仔细观察海胆上的选框，如果选区的范围是准确的，选框将紧贴海胆的边缘，但此时可以看到海胆的内部也有选框（见图 3.9），这是因为它们的颜色与单击位置的颜色的差超过了 32 个色阶。这意味着这个选区并不理想，因为它没有包含海胆的所有区域。

要选择以纯色为背景且与背景颜色相差较大的主体，通常可增大"容差"的值，但主体或背景越复杂，就需要使用越大的"容差"，而同时选中不想要的部分的可能性也越大。在这种情况下，最好使用其他选择工具，如快速选择工具。

图 3.9

下面使用快速选择工具完成上述操作，在此之前，先取消选择当前选区。

⑦ 选择菜单"选择">"取消选择"。

3.5 使用快速选择工具

使用快速选择工具是创建选区的快捷方式，只需在主体上单击或拖曳，它就会自动查找主体的边缘。使用快速选择工具也可将区域添加到选区中或从选区中减去，直到对选区满意为止。快速选择工具识别图像内容的能力比魔棒工具更强，而且不完全依赖于颜色相似程度。下面使用快速选择工具来选择海胆，看看其效果是否更好。

① 在工具面板中选择快速选择工具。

② 在选项栏中选择"增强边缘"复选框，如图 3.10（a）所示。

选择了"增强边缘"复选框，使用快速选择工具创建的选区质量更高——选区边缘与对象的边缘更贴近，但选择速度会慢些。

③ 在海胆内部单击或按住鼠标左键并拖曳，但不要进入背景区域，如图3.10（b）所示。

快速选择工具自动查找可能与单击或拖曳的地方相关的内容，找出全部边缘，从而选择整个海胆，如图3.10（c）所示。这里要选择的海胆很简单，使用快速选择工具可轻松地将其选中；如果使用快速选择工具没有选中所需的全部区域，可按住Shift键单击或拖曳，将遗漏的区域添加到选区中。

（a）

（b）　　　　　　（c）

图3.10

💡 提示　如果使用快速选择工具选中了主体外面的区域，可按住Alt键（Windows）或Option键（macOS）在不想要的区域内单击或拖曳（这是选项栏中的"从选区减去"按钮（ ▣ ）的快捷操作），将它们从选区中删除。

让选区处于活动状态，以便在后面继续使用它。

3.6　移动选区

在创建选区后，修改将只应用于选区内的像素，图像的其他部分不受影响。

要将选区移到另一个地方，可使用移动工具。由于此处使用的图像只有一个图层，因此移动的选区的像素将替换它下面的像素。只有当取消选择选区后，移动后的效果才会真正应用于图像，因此可尝试将选区移到不同位置，直至满意后再确认操作。

① 如果海胆没有被选中，请参考3.5节的操作选中它。

💡 提示　如果不小心取消了选区，可选择菜单"编辑">"还原"，恢复选区，或选择菜单"选择">"重新选择"，重建选区。

② 缩小图像，以便可以同时看到陈列柜和海胆。

③ 选择移动工具，可看到海胆仍被选中。

④ 将海胆拖曳至陈列柜左上角标有"A"的地方，让海胆与剪影大致重叠，但露出剪影的左下角以呈现投影效果，如图 3.11 所示。

⑤ 选择菜单"选择">"取消选择"，然后选择菜单"文件">"存储"，保存文件。

在 Photoshop 中，除非某个选择工具处于活动状态，否则在图像中选区外的地方单击不会取消选择选区。要取消选择选区，可使用下列 3 种方法：选择菜单"选择">"取消选择"；按 Ctrl + D 组合键（Windows）或 Command + D 组合键（macOS）；选择某个选择工具，在选区外单击。

图 3.11

来自 Photoshop 官方培训师的提示

移动工具使用技巧如下。

使用移动工具在包含多个图层的文档中进行操作时，如果需要选择其中的一个图层，可以这样做：选择移动工具，将鼠标指针指向图层的任何区域，然后单击鼠标右键（Windows）或按住 Control 键并单击（macOS），本文档的所有可见图层将出现在上下文菜单中，从而选择需要的图层即可。

▌ 3.7 使用对象选择工具

对象选择工具的作用类似于快速选择工具，只需创建一个环绕目标对象的粗略选区，使用对象选择工具就可以识别并选择这个对象。在对象的轮廓很复杂、手动选择将耗费大量时间时，使用对象选择工具能节省时间。

💡 提示　当背景很简单时，使用对象选择工具选择对象的效果更佳。背景很乱时，使用该工具创建的选区可能不是很理想，可使用快速选择工具来完善选区，与手动选择相比，这样花费的时间可能更少。

① 选择对象选择工具。

② 通过拖曳创建一个环绕珊瑚的选区，该选区不必太精确，也无须与珊瑚居中对齐。重要的是选区紧贴目标对象，即选框和珊瑚之间的区域比较小，如图 3.12（a）所示。

💡 注意　在选择了对象选择工具的情况下，当鼠标指向对象时，部分区域可能呈蓝色高亮显示，这表明 Photoshop 自动找出了一个潜在的选区。如果要选择的区域呈高亮显示，只需单击即可创建选区。

使用对象选择工具对矩形选框内的区域进行分析，找出其中的对象，并沿其复杂边缘创建选区，如图 3.12（b）所示。

💡 提示　当图像很复杂时，使用对象选择工具绘制的矩形可能包含不需要的对象或背景图案，难以将其与目标对象隔离。要更准确地指出选择哪个对象，可在选项栏中的"模式"下拉列表框中选择"套索"，并绘制一个更紧贴目标对象的选区，绘制时不用非常精确。

③ 选择移动工具，将珊瑚拖曳到陈列柜中标有"B"的区域，并调整其位置，让投影位于它的左

下方，如图 3.12（c）所示。

（a）　　　　　　　　　　（b）　　　　　　　　　　（c）

图 3.12

④ 选择菜单"选择">"取消选择"，然后将所做的工作保存。

3.8　处理选区

在创建选区时，可调整选区的位置、移动选区和复制选区。本节介绍几种处理选区的方法，这些方法大都适用于所有选区，其中会用到椭圆选框工具，以便能够选择椭圆形和圆形区域。

本节将介绍一些快捷操作，以节省时间，这对用户来说是很有用的。

3.8.1　创建选区时调整其位置

选择椭圆形或圆形区域需要注意一些问题，如从什么地方开始拖曳，有时选区会偏离中心或者与需求不符。本小节将介绍解决这些问题的方法，其中包括两个重要的快捷操作，让用户能够更轻松地使用 Photoshop。

在本小节中，一定要遵循有关鼠标按键和键盘按键的操作指示。如果松开鼠标的时间不正确，则需要从第 1 步开始重做。

① 选择缩放工具，单击文档窗口底部的贝壳，将其放大到 100%（如果屏幕分辨率足够高，可将其放大到 200%，注意不要使整碟贝壳超出屏幕）。

② 选择椭圆选框工具。

③ 将鼠标指针指向碟子，按住鼠标左键并向右下方拖曳，创建一个椭圆形选区，但不要松开鼠标，如图 3.13（a）所示，选区与碟子不重叠也没有关系。

如果不小心松开了鼠标，请重新创建选区。在大多数情况下，新选区将替代原来的选区。

④ 按住鼠标左键和下空格键并拖曳选区，此操作用于移动选区而不是调整选区大小。调整选区的位置，使其与碟子更匹配，如图 3.13（b）所示。

> ♀ 注意　绘制的椭圆形选区不必包含整个碟子，但选区的形状应该与碟子相近，且包含所有贝壳。

> ♀ 提示　在使用 Photoshop 中的其他绘图工具（如形状工具和钢笔工具 ✐ ）时，也可在绘画时按住空格键并拖曳来调整图形的位置。

⑤ 松开空格键（但不要松开鼠标），继续拖曳，使选区的大小和形状尽可能与碟子匹配。必要时

再次按下空格键并拖曳，将选区移到碟子周围适当的位置，如图 3.13（c）所示。

（a）开始拖曳　　　（b）按空格键移动选区　　　（c）最终创建的选区

图 3.13

⑥ 当选区的位置合适后，松开鼠标。

💡 提示　对于创建好的选区，要调整其大小，可选择菜单"选择">"变换选区"。

⑦ 选择菜单"视图">"按屏幕大小缩放"或使用导航器面板中的滑块缩小视图，直到能够看到文档窗口中的所有对象。

选择椭圆选框工具，使选区处于活动状态以便继续使用。

3.8.2　使用快捷键移动选区

下面使用快捷键将选区中的图像移到陈列柜中。可使用快捷键从当前工具切换到移动工具，以免在工具面板中选择它。

❶ 在选择了椭圆选框工具的情况下，按住 Ctrl 键（Windows）或 Command 键（macOS）并将鼠标指针指向选区，鼠标指针将变成一个带剪刀的箭头形状，这表明可从当前位置剪切选区。不要松开 Ctrl 键或 Command 键。

❷ 将整碟贝壳拖曳到陈列柜中标有"C"的区域，如图 3.14 所示。

图 3.14

💡 注意　在移动像素时，Photoshop 若提示"无法使用移动工具，因为图层被锁定"，务必先将鼠标指针指向选区，再开始移动。

💡 注意　在拖曳时，可以松开 Ctrl 键（Windows）或 Command 键（macOS），移动工具仍将处于活动状态。在选区外单击或使用"取消选择"命令取消选择选区后，Photoshop 将自动切换到以前选择的工具。

❸ 松开鼠标和 Ctrl 键或 Command 键，但不要取消选择选区。

3.8.3　用方向键进行移动

使用方向键可微调选区的位置，以每次 1 像素或 10 像素的大小来移动选区。

当选择工具处于活动状态时，使用方向键可轻松地移动选区边界，但不会移动选区的内容。当移动工具处于活动状态时，使用方向键可同时移动选区的边界及其中的内容。

下面使用方向键微移碟子和贝壳。在进行下面的操作前，确保在文档窗口中选择了碟子和贝壳。

① 选择移动工具，按几次向上方向键，将选区向上移动。

每按一次方向键，选区都将移动 1 像素。尝试按其他方向键，看看选区的位置将如何变化。

② 按住 Shift 键并按方向键，选区将以每次 10 像素的方式移动。

有时候，选区边界会妨碍调整选区。可暂时隐藏选区边界（不是取消选择），并在完成调整后显示它。

③ 选择菜单"视图">"显示">"选区边缘"，隐藏选区边界，效果如图 3.15 所示。

> 💡 提示   选区边界、参考线等并非实际对象的可见内容被称为额外内容，因此另一种隐藏选区边界的方法是选择菜单"视图">"显示额外内容"。

④ 使用方向键移动选区，直至它与剪影大致重叠，并让碟子的左下方有投影。选择菜单"视图">"显示">"选区边缘"，再次显示选区边界，效果如图 3.16 所示。

图 3.15   图 3.16

⑤ 选择菜单"选择">"取消选择"，也可按 Ctrl + D 组合键（Windows）或 Command + D 组合键（macOS）。

⑥ 选择菜单"文件">"存储"，保存文件。

柔化选区边界

要使选区的硬边界更光滑，可使用消除锯齿或羽化功能，也可使用"选择并遮住"按钮。

消除锯齿功能通过柔化边界像素和背景像素之间的过渡使锯齿边界更光滑。由于只有边界像素被修改，因此不会丢失太多细节。在剪切、复制和粘贴选区以创建合成图像时，消除锯齿功能很有用。

使用套索工具、多边形套索工具、磁性套索工具、椭圆选框工具和魔棒工具时，都可以使用消除锯齿功能。选择这些工具后，选项栏将显示相应选项。要使用消除锯齿功能，必须在使用这些工具前选择"消除锯齿"复选框，创建选区后不能使用消除锯齿功能。

羽化功能通过在选区与其周边像素之间创建过渡边界来模糊边界。这种模糊可能导致选区边界的一些细节丢失。

使用选框工具和套索工具时可启用羽化功能，也可对已有的选区使用羽化功能。在移动、剪切或复制选区时，羽化效果极其明显。

- 要使用"选择并遮住"按钮，可先创建一个选区，然后单击选项栏中的"选择并遮住"按钮以打开相应的对话框。使用"选择并遮住"按钮可柔化、羽化和扩大选区，还可调整对比度。
- 要使用消除锯齿功能，可选择套索工具、椭圆选框工具或魔棒工具，然后在选项栏中选择"消除锯齿"复选框。
- 要为选择工具定义羽化边缘，可选择任一套索工具或选框工具，然后在选项栏中输入一个羽化值。这个值指定羽化后的边缘宽度，其取值范围为 1 ~ 250。
- 要为已有的选区定义羽化边缘，可选择菜单"选择">"修改">"羽化"，然后在"羽化半径"文本框中输入一个值，并单击"确定"按钮。

3.9 使用套索工具进行选择

Photoshop 中包括 3 种套索工具：套索工具、多边形套索工具和磁性套索工具。可使用套索工具选择需要的区域，并使用快捷键在套索工具和多边形套索工具之间切换。下面使用套索工具来选择贻贝。如果在选择贻贝时出错，需要取消选择并从头再来。

💡提示 使用套索工具选择对象需手动进行，因此使用它们来创建选区可能是较耗时的。这些工具通常适合用来选择简单的图形或调整既有选区。

① 如果缩放比例小于 100%，选择缩放工具，并不断单击贻贝，直到缩放比例不小于 100%。

② 选择套索工具，按住鼠标左键，从贻贝的左下角开始，绕贻贝拖曳鼠标指针，在拖曳时尽可能贴近贻贝边缘，如图 3.17（a）所示。

💡提示 慢慢地练习，逐渐熟悉套索工具的用法。执行第 2 ~ 8 步时，如果选错了或不小心松开了鼠标，可选择菜单"编辑">"还原"，从第 2 步开始重新做。

③ 当遇到转角或直线边缘时，按住 Alt 键（Windows）或 Option 键（macOS），松开鼠标，鼠标指针将变成多边形套索工具。

④ 沿贻贝边缘单击以添加锚点，在此过程中不要松开 Alt 键或 Opiton 键，以便能够创建线段型选区边界。

选区边界会像橡皮筋一样沿锚点延伸，如图 3.17（b）所示。

（a）　　　　　　　　　　　　（b）

图 3.17

⑤ 当到达贻贝较小的一端后，松开 Alt 键或 Option 键，但不要松开鼠标。鼠标指针将恢复为套索工具图标。

⑥ 沿贻贝较小的一端拖曳。

⑦ 当到达贻贝下方的线段型边缘后，按住 Alt 键或 Option 键，松开鼠标。使用多边形套索工具沿贻贝的下边缘不断单击，直到回到贻贝较大一端的起点，如图 3.18（a）所示。

⑧ 单击起点，松开 Alt 键或 Option 键，即可选择整个贻贝，如图 3.18（b）所示。不要取消选择贻贝以便继续使用。

（a）   （b）

图 3.18

💡注意 使用套索工具时，为确保选区为希望的形状，需回到起点以结束选择。如果起点和终点不重叠，Photoshop 将在它们之间绘制一条线段。

3.10 旋转选区

下面旋转贻贝。

在进行下面的操作前，确保选择了贻贝。

❶ 选择菜单"视图">"按屏幕大小缩放"，以调整文档窗口的大小使其适合屏幕。

❷ 按住 Ctrl 键（Windows）或 Command 键（macOS），鼠标指针将变成移动工具，然后将贻贝拖曳到陈列柜中标有"D"的区域，如图 3.19 所示。

❸ 选择菜单"编辑">"变换">"旋转"，贻贝和选区周围将出现定界框。

❹ 将鼠标指针指向定界框的外面，鼠标指针变成弯曲的双向箭头。

图 3.19

拖曳贻贝，将其旋转 90 度，如图 3.20 所示，可通过鼠标指针旁边的变换值或选项栏中的"旋转"文本框查看旋转角度，按 Enter 键确认操作。

💡提示 拖曳定界框时可按住 Shift 键，把旋转角度限制为常见值，如 90 度。

❺ 如果有必要的话，选择移动工具，调整贻贝的位置，使其像其他元素一样露出投影。对调整效果，满意后，选择菜单"选择">"取消选择"，结果如图 3.21 所示。

❻ 选择菜单"文件">"存储"，保存文件。

图 3.20   图 3.21

3.11 使用磁性套索工具进行选择

可使用磁性套索工具手动选择边缘反差强烈的区域。在使用磁性套索工具绘制选区时，选区边界将自动与反差强烈的区域边界对齐；还可单击，在选区边界上添加锚点以控制选区边界。

下面使用磁性套索工具选择鹦鹉螺，以便将其移到陈列柜中。

❶ 选择缩放工具并单击鹦鹉螺，至少将其放大至 100%。

❷ 选择磁性套索工具。

❸ 在鹦鹉螺左边缘单击，然后沿鹦鹉螺边缘移动。

即使没有按住鼠标左键，磁性套索工具也会使选区边界与鹦鹉螺边缘对齐，并自动添加锚点，如图 3.22 所示。

> 💡提示 在对象与背景反差不大的区域中，可单击在边界手动添加锚点。可添加很多锚点，还可按 Delete 键删除最近的锚点，然后继续选择。

❹ 回到鹦鹉螺左边缘后双击，连接起点，形成封闭选区，如图 3.23 所示。此外，也可将鼠标指针指向起点并单击，形成封闭选区。

图 3.22   图 3.23

❺ 选择抓手工具（🖐），使图像的大小适合文档窗口。

❻ 选择移动工具并将鹦鹉螺拖曳到陈列柜中标有"E"的区域，使其与剪影大致重叠，并露出左下方的投影，如图 3.24 所示。

❼ 选择菜单"选择">"取消选择"，然后选择菜单"文件">"存储"，保存文件。

图 3.24

3.12　从中心点开始选择

在有些情况下，从中心点开始创建椭圆形或矩形选区更容易。下面使用这种方法来选择螺帽，以便将其放到陈列柜的四个角上。

❶ 选择缩放工具，然后单击螺帽将其放大到约 300%，确保能够在文档窗口中看到整个螺帽。

❷ 在工具面板中选择椭圆选框工具。

❸ 将鼠标指针指向螺帽中央。

❹ 按住鼠标左键，然后按住 Alt 键（Windows）或 Option 键（macOS），将选框拖曳到螺帽边缘。

这样绘制出的选区将以起点为中心，如图 3.25（a）所示。

> 💡 提示　要确保选区为圆形，可在拖曳的同时按住 Shift 键。如果在使用矩形选框工具时按住 Shift 键，绘制的选区将为正方形。

❺ 在选择整个螺帽后，先松开鼠标，再松开 Alt 键或 Option 键（如果按住了 Shift 键，此时也松开它）。不要取消选择选区，因为要继续使用它，效果如图 3.25（b）所示。

❻ 可使用前面介绍的方法来调整选区的位置。如果不小心在松开鼠标前松开了 Alt 键或 Option 键，则需要重新选择螺帽。

（a）　　　　　　　（b）

图 3.25

3.13　调整选区内容的大小及复制选区的内容

下面将螺帽移到陈列柜的右下角，然后将其复制到其他 3 个角上。

3.13.1　调整选区内容的大小

下面来移动螺帽，此时对于陈列柜的角来说螺帽太大了，如图 3.26（a）所示，因此还需调整其大小。

在进行下面的操作前，确保螺帽被选中。如果没有，按前一小节介绍的步骤重新选择它。

❶ 选择菜单"视图" > "按屏幕大小缩放"，使整个图像刚好充满文档窗口。

❷ 在工具面板中选择移动工具。

❸ 将鼠标指针指向螺帽内部，鼠标指针将变成一个带剪刀的箭头形状，此时可拖曳选区将它移到新位置。

❹ 将螺帽拖曳到陈列柜的右下角。

❺ 选择菜单"编辑" > "变换" > "缩放"，选区周围将出现一个定界框，如图 3.26（b）所示。

❻ 向内拖曳定界框的一角，将螺帽缩小到原来的 40% 左右，这时的大小对陈列柜的角来说比较合适，按 Enter 键提交修改并隐藏定界框。

> **提示** 如果螺帽图像被固定住，无法平滑地移动或调整其大小，可在拖曳时按住 Ctrl 键（Windows）或 Control 键（macOS），暂时禁用对齐到智能参考线功能。如果要永久性地禁用对齐到智能参考线功能，方法是选择菜单"视图">"显示">"智能参考线"。

> **提示** 调整对象大小时，选框大小也将相应地调整，默认保持宽高比不变。如果不想保持宽高比不变，可在拖曳定界框角上的手柄时按住 Shift 键。

⑦ 在调整螺帽的大小后，选择移动工具，调整其至合适的位置，如图 3.26（c）所示。

（a）　　　　　　（b）　　　　　　（c）

图 3.26

⑧ 不要取消选择螺帽，选择菜单"文件">"存储"，保存文件。

3.13.2 移动的同时进行复制

可在移动选区的同时复制它。下面将螺帽复制到陈列柜的其他 3 个角上。如果没有选择螺帽，使用前面介绍的方法重新选择它。

① 选择移动工具，将鼠标指针指向选区内部，按住 Alt 键（Windows）或 Option 键（macOS），鼠标指针将变成黑白双箭头，这表明此时可移动选区并复制它。

② 将螺帽选区向上拖曳到陈列柜右上角，如图 3.27（a）所示。松开鼠标和 Alt 键或 Option 键，但不要取消选择螺帽副本选区。

③ 按住 Alt + Shift 组合键（Windows）或 Option + Shift 组合键（macOS），并将一个螺帽副本选区拖曳到陈列柜左上角。

在移动选区时按住 Shift 键可将移动角度限制为水平、垂直等 45 度的整数倍。

④ 重复第 3 步，在陈列柜左下角放置第四个螺帽，如图 3.27（b）所示。

（a）　　　　　　　　　　　（b）

图 3.27

⑤ 在调整第四个螺帽的位置后，选择菜单"选择">"取消选择"，然后选择菜单"文件">"存储"，保存文件。

复制选区

可以使用移动工具拖曳选区，在图像内部或图像之间复制它，也可以使用菜单"编辑"中的命令来复制和移动选区。使用移动工具拖曳来复制选区时不使用剪贴板，因此可节省内存。

"编辑"菜单中提供了多个复制和粘贴命令。

- "拷贝"命令用于将活动图层中选定的区域放入剪贴板。
- "合并拷贝"命令用于创建选区中所有可见图层的合并副本。
- "粘贴"命令用于将剪贴板中的内容添加到图像中；粘贴到另一幅图像中时，粘贴的内容将成为一个新图层。

在菜单"编辑">"选择性粘贴"中，Photoshop 还提供了几个特殊的粘贴命令，给用户提供了更多的选择。

- "粘贴且不使用任何格式"命令用于粘贴文本，但不使用复制的格式，如字体和字号。粘贴来自另一个文档或应用程序的文本时，使用该命令有助于确保其格式与当前 Photo-shop 文字图层一致。
- "原位粘贴"命令用于将剪贴板内容粘贴到原来的位置，而不是文档中央。
- "贴入"命令用于将剪贴板内容粘贴到同一幅或另一幅图像的活动选区中。源选区将粘贴到一个新图层中，而选区外面的内容将被转换为图层蒙版。
- "外部粘贴"命令与"贴入"命令的作用相似，只是将内容粘贴到活动选区外面，并将选区转换为图层蒙版。

在像素尺寸不同的文档之间进行粘贴时，所粘贴的内容的尺寸可能看起来变了，这是因为其像素尺寸保持不变，而不受所在文档的尺寸的影响。对于粘贴的选区中的图像，可调整其大小，但放大图像可能降低图像质量。

3.14 裁剪图像

在完成以上操作后，需要将图像裁剪为合适的尺寸，可使用裁剪工具，也可使用"裁剪"命令。

❶ 选择裁剪工具或按 C 键从当前工具切换到裁剪工具，Photoshop 将创建一个环绕整幅图像的裁剪框，如图 3.28（a）所示。

❷ 在选项栏中，从"预设"下拉列表中选择"比例"，且不指定比例值（如果指定了比例值，就单击"清除"按钮），并选择"删除裁剪的像素"复选框，如图 3.28（b）所示。

当选择了"比例"且没有指定比例值时，可用任何宽高比裁剪图像。

💡提示 要以原来的宽高比裁剪图像，可在选项栏中从"预设"下拉列表中选择"原始比例"。

❸ 拖曳裁剪手柄，让裁剪框中只包含陈列柜及其周围的一些白色区域，而不包含图像底部的对象，如图 3.28（c）所示。

（a）

（b）

（c）

图 3.28

④ 在调整裁剪框的大小和位置后，单击选项栏中的提交按钮。

⑤ 选择菜单"文件">"存储"，保存文件，结果如图 3.29 所示。

图 3.29

以上使用了几种不同的选择工具将所有图像放到合适的位置。至此，陈列柜便完成了。

3.15 复习题

1. 在创建选区后,可对图像的哪些区域进行编辑?
2. 在使用快速选择工具、套索工具等选择工具时,如何将区域加入选区或从选区中减去?
3. 如何在创建选区的同时移动它?
4. 快速选择工具和对象选择工具有何不同?
5. 魔棒工具的作用是什么?什么是容差?它对选区有何影响?

3.16 复习题答案

1. 在创建选区后,只能编辑活动选区内的区域。
2. 要将区域加入选区,可单击选项栏中的"添加到选区"按钮,然后单击要添加的区域;要将区域从选区中减去,可单击选项栏中的"从选区减去"按钮,然后单击要减去的区域。此外,也可在单击或拖曳时按住 Shift 键,将区域添加到选区中;在单击或拖曳时按住 Alt 键(Windows)或 Option 键(macOS),将区域从选区中减去。
3. 在不松开鼠标的情况下按住空格键,然后通过拖曳来调整选区的位置。
4. 使用快速选择工具可以检测内容边缘,使用对象选择工具可以识别图像中的主体,如人物等对象。
5. 魔棒工具根据颜色的相似程度来选择相邻的像素。容差决定魔棒工具将选择的色调范围。容差值越大,选择的选区越大。

第 4 课

图层基础

本课概览

- 使用图层组织图像。
- 创建、查看、隐藏和选择图层。
- 重新排列图层，修改图层的堆叠顺序。
- 为图层应用混合模式。
- 调整图层的大小和旋转图层。

- 为图层应用颜色渐变效果。
- 为图层应用滤镜。
- 在图层中添加文本和图层效果。
- 保存拼合图像后的文件。

学习本课大约需要 **1** **小时**

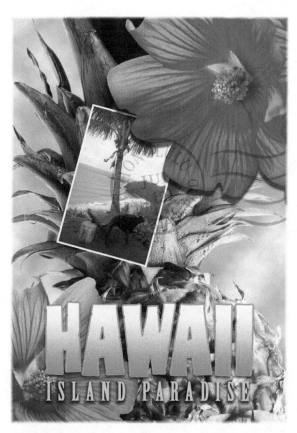

在 Photoshop 中，可使用图层将图像的不同部分分开。这样每个图层都可作为独立的部分进行编辑，使编辑图像具有极强的灵活性。

57

4.1　图层简介

每个 Photoshop 文档都包括一个或多个图层。图像中所有的新建图层都是透明的，可以向其中加入文本等内容。图层类似于多张透明胶片，可对每张透明胶片进行编辑、删除和调整位置等操作，这些操作不会影响其他的透明胶片。将透明胶片堆叠好后，整个图像便显示出来了。

本书使用的很多 Photoshop 文件都有背景图层——位于所有图层后面且始终是不透明的图层。用于印刷的 Photoshop 文件、数码相机图像及扫描得到的图像通常都有背景图层。用于移动设备和网站的 Photoshop 文件可能没有背景图层。例如，网站的有些区域是透明的，以免遮住网页的背景或其他元素。有关背景图层的更详细信息，请参阅后面的补充内容"背景图层"。

> **♀ 注意** 有些文件格式（如 JPEG 和 GIF）不支持图层，保存包含图层的图像文件时，必须使用 PSD 或 TIFF 格式。另外，有些颜色模式如位图和索引颜色模式）也不支持图层。本课的课程文件格式为 PSD，使用的颜色模式为 RGB。

4.2　概述

下面查看要完成的图像的效果。

❶ 启动 Photoshop 并立刻按住 Ctrl + Alt + Shift 组合键（Windows）或 Command + Option + Shift 组合键（macOS）。

❷ 在出现的提示对话框中，单击"是"按钮，确认删除 Photoshop 设置文件。

❸ 选择菜单"文件">"在 Bridge 中浏览"，打开 Bridge。

> **♀ 注意** 如果没有安装 Bridge，将提示安装该软件。更详细的信息请参阅前言。

❹ 在收藏夹面板中，单击文件夹 Lessons，然后在内容面板中双击文件夹 Lesson04 以查看其内容。

❺ 找到文件 04End.psd，如果要查看更多细节，可向右移动缩览图滑块。

这幅明信片图像是一个包含多个图层的合成图。接下来将制作该图像，并在制作过程中学习如何创建、编辑和管理图层。

❻ 双击文件 04Start.psd，在 Photoshop 中打开它。

❼ 选择菜单"文件">"存储为"，将文件另存为 04Working.psd。如果出现"Photoshop 格式选项"对话框，单击"确定"按钮。

> **♀ 注意** 如果 Photoshop 显示了一个对话框，指出保存到云文档和保存到计算机之间的差别，则单击"保存在您的计算机上"按钮。此外，还可选择"不再显示"复选框，但当恢复 Photoshop 的默认首选项设置后，将取消选择这个复选框。

另存原始文件后，可对其进行修改而不用担心覆盖原始文件。

4.3　使用图层面板

图层面板中显示图像中所有的图层，包括每个图层的名称，以及图层的缩览图。可以使用图层面板来隐藏、查看、删除、重命名和合并图层，以及调整图层的位置。在编辑图层时，图层缩览图将自动更新。

❶ 如果图层面板不可见，可以选择菜单"窗口">"图层"将其显示出来。

对于文件 04Working.psd，图层面板中列出了 5 个图层，从上到下依次为图层 Postage、HAWAII、Flower、Pineapple 和 Background，如图 4.1 所示。

图 4.1

❷ 选择图层 Background，使其处于活动状态，请注意图层 Background 的缩览图及图标。

- 锁定图标🔒表示图层受到保护，这就是图层面板上方的选项不可用的原因。然而，可以编辑锁定图层的内容，如在其中绘制图形。
- 眼睛图标表示图层在文档窗口中可见。如果单击眼睛图标，文档窗口中不显示相应的图层。

下面在明信片中添加一张海滩照片，在 Photoshop 中打开该海滩照片。

> 💡 提示　可以使用上下文菜单隐藏图层缩览图或调整其大小。在图层面板中的缩览图上单击鼠标右键（Windows）或按住 Control 键并单击缩览图（macOS）打开上下文菜单，从中选择一种缩览图尺寸。

❸ 选择菜单"文件">"打开"，切换到文件夹 Lesson04，然后双击文件 Beach.psd 将其打开，如图 4.2 所示。

图 4.2

图层面板中显示处于活动状态的文件 Beach.psd 的图层信息。图像 Beach.psd 只有一个图层 Layer 1，它不是背景图层，因此可设置其不透明度等。

背景图层

在新创建的 Photoshop 文档的图层面板中，最下面的图层名为 Background 且被锁定，它就是背景图层。背景图层不同于其他图层：不能调整其在图层列表中的位置，而且它总是不透明的。图层被拼合后，Photoshop 文档将只包含一个图层——背景图层。

可将背景图层转换为常规图层，还可创建不包含背景图层的 Photoshop 文档。当 Photoshop 文档没有背景图层时，没有内容的像素可能是透明的。

要将背景图层转换为常规图层，可单击其图层名旁边的锁定图标，图层名将变为默认的“图层 n”，其中 n 为编号；也可双击该图层，在打开的对话框中单击“确定”按钮。

要将常规图层转换为背景图层有以下两种方法。

- 在图层面板中选择要转换的图层。
- 选择菜单“图层”>“新建”>“图层背景”。

4.3.1 重命名和复制图层

要添加内容，只需将文件或 Photoshop 图层拖曳到 Photoshop 文档窗口中。可从源文档的文档窗口中拖曳，也可从图层面板中拖曳，还可从桌面拖曳。拖曳到 Photoshop 文档窗口中的每个文件或图层都将作为一个独立的图层。

💡 提示　当需要将很多图层拖曳到另一个文档中时，先将它们编组可简化工作。可在图层面板中选择它们，然后选择菜单“图层”>“图层编组”，编好组的图层看起来像文件夹。将图层编组后，拖曳时整个编组将一起移动。

下面将图像 Beach.psd 拖曳到文件 04Working.psd 中。在进行下面的操作前，确保打开了文件 04Working.psd 和 Beach.psd，且文件 Beach.psd 处于活动状态。

将 Layer 1 重命名为更好理解的名称。

❶ 在图层面板中双击名称 Layer 1，输入“Beach”并按 Enter 键，如图 4.3 所示。选择该图层。

图 4.3

💡 注意　重命名图层时，务必双击图层名。如果双击图层名外面，可能出现其他图层选项。

❷ 选择菜单“窗口”>“排列”>“双联垂直”，Photoshop 将同时显示两幅打开的图像文件。选择文件 Beach.psd 使其处于活动状态。

③ 选择移动工具，将文件 Beach.psd 中的图像拖曳到文件 04Working.psd 所在的文档窗口中，如图 4.4 所示。

图 4.4

💡提示 将图像从一个文档拖曳到另一个文档时，如果按住 Shift 键，拖曳的图像将自动位于目标文档窗口的中央。

💡提示 也可通过复制和粘贴在文档之间复制图层，可在图层面板中选择要复制的图层，并选择菜单"编辑">"复制"，然后切换到另一个文档窗口，选择菜单"编辑">"粘贴"。

图层 Beach 出现在文件 04Working.psd 的图层面板中，且位于图层 Background 和 Pineapple 之间，如图 4.5 所示。Photoshop 总是将新图层添加到选定图层的上方，而在第 2 步中选择了图层 Background。

图 4.5

💡提示 可从在线库 Adobe Stock 中下载图像，在 Photoshop 中选择菜单"文件">"搜索 Adobe Stock"，默认下载的是低分辨率的占位图像，获得许可后，Photoshop 将把占位图像替换为高分辨率图像。

④ 关闭文件 Beach.psd，不保存对其所做的修改。

4.3.2 查看图层

文件 04Working.psd 现在包含 6 个图层，其中有些图层是可见的，有些图层是隐藏的。在图层面板中，图层缩览图左边有眼睛图标的图层可见。

❶ 单击图层 Pineapple 左边的眼睛图标将该图层隐藏，如图 4.6 所示。

图 4.6

单击眼睛图标，可隐藏或显示相应的图层。图层被隐藏时，眼睛图标也不可见。

❷ 单击图层 Pineapple 的眼睛图标以重新显示它。

4.3.3 为图层添加边框

接下来为图层 Beach 添加一个白色边框。

❶ 选择图层 Beach。

该图层呈高亮显示，表明它处于活动状态，在文档窗口中所做的修改只应用于活动状态的图层。

❷ 为使该图层的不透明区域更明显，按住 Alt 键（Windows）或 Option 键（macOS）单击图层 Beach 左边的眼睛图标，隐藏除图层 Beach 外的所有图层，如图 4.7 所示。

图 4.7

这时，图像中的白色区域不见了，海滩图像和棋盘区域出现了。棋盘区域是活动图层的透明区域。

③ 选择菜单"图层">"图层样式">"描边"，打开"图层样式"对话框。

下面为海滩图像设置白色描边。

④ 在"图层样式"对话框中进行以下设置，如图4.8所示。

- 大小：5像素。
- 位置：内部。
- 混合模式：正常。
- 不透明度：100%。
- 颜色：白色（单击色板，并从拾色器中选择白色）。

图 4.8

💡 提示 在"图层样式"对话框中，如果选择了"预览"复选框，可在调整设置的同时看到选定图层发生相应的变化。

⑤ 单击"确定"按钮，将指定的效果应用于图层Beach，如图4.9所示。

图 4.9

4.4 重新排列图层

图像中图层的排列顺序被称为堆叠顺序。堆叠顺序可以决定图像的效果，也可以修改堆叠顺序，让某些图层出现在其他图层的前面或后面。

下面重新排列图层，让海滩图像出现在当前文件中被隐藏的另一个图像前面。

① 单击图层名左边的眼睛图标，让图层 Postage、HAWAII、Flower、Pineapple 和 Background 可见，如图 4.10 所示。

> 💡 提示 要显示或隐藏多个相邻的图层时，可在最上面或最下面的那个图层的眼睛图标上按住鼠标左键，拖曳到最下面或最上面的那个图层的眼睛图标上，不用分别在每个图层的眼睛图标处单击。

此时，海滩图像被其他图层中的图像遮住了。

② 在图层面板中，将图层 Beach 向上拖曳到图层 Pineapple 和 Flower 之间（在拖曳时会出现一条蓝线，用于指示如果此时松开鼠标，图层将放在什么地方），松开鼠标，如图 4.11 所示。

图 4.10

图 4.11

图层 Beach 上移了一级，位于图层 Pineapple 和 Background 上面，但在图层 Postage、Flower 和 HAWAII 的下面。

> 💡 提示 也可这样控制图层的排列顺序：在图层面板中选择图层，然后选择菜单"图层">"排列"中的子命令"置为顶层""前移一层""后移一层""置为底层"中的一个。

4.4.1 修改图层的不透明度

可降低图层的不透明度，使其下方的图层能够透过它显示出来。在这个图像中，花朵上的邮戳印记太深了。下面编辑图层 Postage 的不透明度，让花朵和其他图像透过它显示出来。

① 选择图层 Postage，然后单击"不透明度"文本框旁边的下拉按钮以显示不透明度滑块，并将滑块拖曳到 25% 的位置，如图 4.12 所示。此外，也可在"不透明度"文本框中直接输入数值或在"不透明度"标签上拖曳来设置数值。

此时，图层 Postage 将变成半透明的，可看到它下面的其他图层。注意，对不透明度所做的修改只会应用于图层 Postage，图层 Pineapple、Beach、Flower 和 HAWAII 仍是不透明的。

② 选择菜单"文件">"存储"，保存文件。

图 4.12

4.4.2　复制图层和修改混合模式

可为图层应用各种混合模式。混合模式用于决定图像中一个图层的像素与它下面图层中像素的混合方式。首先，使用混合模式增加图层 Pineapple 中图像的亮度，使其看上去更生动，然后修改图层 Postage 的混合模式。当前，这两个图层的混合模式都是"正常"。

① 单击图层 HAWAII、Flower 和 Beach 左边的眼睛图标，隐藏这些图层。

② 在图层名 Pineapple 上单击鼠标右键（Windows）或按住 Control 键并单击图层名（macOS），然后从上下文菜单中选择"复制图层"，如图 4.13 所示。确保单击的是图层名称，否则将打开错误的上下文菜单。在打开的"复制图层"对话框中，单击"确定"按钮。

> **提示** 也可选择菜单"图层">"复制图层"。

图 4.13

在图层面板中，一个名为 Pineapple 拷贝的图层出现在图层 Pineapple 的上面。

③ 在图层面板中，在选择了图层 Pineapple 拷贝的情况下，从"混合模式"下拉列表中选择"叠加"。

> **提示** 当鼠标指针指向"混合模式"下拉列表中不同的选项时，图像将产生相应的变化，让用户能够快速预览每种混合模式的效果，从而轻松地确定使用哪种混合模式。

采用混合模式"叠加"将图层 Pineapple 拷贝与它下面的图层 Pineapple 混合，让菠萝的颜色更鲜艳，阴影更深、高光更亮，如图 4.14 所示。

④ 选择图层 Postage，并从"混合模式"下拉列表中选择"正片叠底"。采用混合模式"正片叠底"将当前图层的颜色值与下面图层的颜色值相乘。在这个图像中，使用菠萝的色调值将位于菠萝上面的邮戳部分变暗，如图 4.15 所示。

图 4.14

图 4.15

> **提示** 当图层列表很长时，可能难以找到目标图层。此时可使用图层面板顶部的搜索字段根据图层类型、图层名、效果等搜索和筛选图层。

每种混合模式都对当前图层和它下面的图层使用相应的数学公式来计算混合结果。"叠加"通常会增加当前图层的对比度，而"正片叠底"通常会使当前图层变暗。

⑤ 选择菜单"文件">"存储"，保存文件。

混合模式

混合模式指定上下图层中的像素如何混合。默认混合模式为"正常"，将隐藏下面图层中的像素——除非上面的图层是部分或完全透明的。其他混合模式都能用于控制上下图层中像素的混合方式。

要了解混合模式对图像的影响，较为方便的方法是尝试使用它们。在图层面板中可轻松地尝试多种混合模式，将鼠标指针指向"混合模式"下拉列表中不同的选项，可以查看图像将如何变化。一般而言，混合模式对图像的影响可分成以下几种。

- 使下面的图层变暗：尝试使用"变暗""正片叠底""颜色加深""线性加深""深色"混合模式。
- 使下面的图层变亮：尝试使用"变亮""滤色""颜色减淡""线性减淡""浅色"混合模式。
- 提高图层之间的对比度：尝试使用"叠加""柔光""强光""亮光""线性光""点光""实色混合"混合模式。
- 修改图像的颜色值：尝试使用"色相""饱和度""颜色""明度"混合模式。
- 创建反相效果：尝试使用"差值"或"排除"混合模式。

下面是常用的混合方式，可尝试使用它们，其效果如图 4.16 所示。

- 正片叠底：用于将当前图层和下面图层的像素颜色值相乘。

- 变亮：当前图层的像素颜色更亮时，就将下面图层像素替换为当前图层的像素。

- 叠加：提高下面图层的对比度，尤其是较亮和较暗区域的对比度；当前图层的颜色值与中性灰色越接近，效果越不明显；而为中性灰色时对下面的图层没有任何影响。

- 明度：用于将下面图层像素的明度替换为当前图层像素的明度。

- 差值：用于将较淡的颜色值减去较暗的颜色值；对于两幅几乎相同的图像，将它们放在不同的图层中，并使用这种混合模式，可找出它们不同的地方。

图 4.16

对多个图层应用不同的混合模式时，改变混合模式的应用顺序，可得到不同的效果。另外，将某些混合模式应用于图层编组与将其分别应用于各个图层得到的结果是不同的。

4.4.3 调整图层的大小和旋转图层

通过修改图层的位置、大小和角度，可获得丰富的效果。在 Photoshop 中，这些类型的编辑被称为变换。在第 3 课中对选区进行了变换，其实变换也可用于图层。

① 单击图层 Beach 左边的眼睛图标，使该图层可见。

② 在图层面板中选择图层 Beach，然后选择菜单"编辑">"自由变换"。海滩图像的四周将出现定界框，其每个角和每条边上都有方形手柄。

💡提示　因为经常需要选择菜单"编辑">"自由变换"，所以为了提高效率，可以使用组合键 Ctrl + T（Windows）或 Command + T（macOS）。

下面调整图层的大小和方向。

③ 向内拖曳定界框某一个角上的手柄，将海滩图像缩小到大约 50%（注意选项栏中的宽度和高度的值）。

④ 在定界框仍处于活动状态的情况下，将鼠标指针指向定界框的外面，等鼠标指针变成弯曲的双箭头后，按住鼠标左键并沿顺时针方向拖曳，将海滩图像旋转 15 度。此外，也可在选项栏中的"旋转"文本框中输入"15"，效果如图 4.17 所示。

A. 宽度
B. 高度
C. 旋转角度

图 4.17

⑤ 单击选项栏中的提交按钮。

💡提示　也可在定界框外面单击来提交变换，注意单击时不要修改图层的设置。

⑥ 使图层 Flower 可见。选择移动工具，拖曳海滩图像，使其一角隐藏在花朵的下面，如图 4.18 所示。

⑦ 选择菜单"文件">"存储"，保存文件。

4.4.4　使用滤镜创建图稿

接下来将创建一个空白图层（在 Photoshop 文件中添加一个空白图层相当于向图像中添加一张空白胶片），然后使用一种 Photoshop 滤镜在该新图层中添加逼真的云彩。

图 4.18

① 在图层面板中选择图层 Background，使其处于活动状态，然后单击图层面板底部的"创建新图层"按钮⊞，如图 4.19（a）所示。

在图层 Background 和 Pineapple 之间出现一个名为图层 1 的新图层，该图层中没有任何内容，因此对图像没有影响。

❷ 双击图层 1 的名称，输入"Clouds"，然后按 Enter 键将图层重命名，如图 4.19（b）所示。

❸ 在工具面板中单击前景色色板，并从"拾色器（前景色）"对话框中选择蓝色，然后单击"确定"按钮。这里使用的颜色值为 R=48、G=138、B=174。保持背景色为白色，如图 4.20 所示。

（a）　　　　　　　　　　　（b）

图 4.19　　　　　　　　　　　　　　　　　　　　　　图 4.20

❹ 在图层 Clouds 处于活动状态的情况下，选择菜单"滤镜">"渲染">"云彩"，逼真的云彩出现在图像后面，如图 4.21 所示。

图 4.21

❺ 选择菜单"文件">"存储"，保存文件。

4.4.5 通过拖曳添加图层

可从桌面、Bridge、资源管理器（Windows）或 Finder（masOS）中拖曳图像文件到文档窗口，以添加图层到图像中。下面在明信片中添加一朵花。

❶ 如果 Photoshop 文档窗口充满了整个屏幕，请将其缩小。

· 在 Windows 操作系统中，单击工作区右上角的"恢复"按钮（ ），然后拖曳 Photoshop 文档窗口的任意一个角将其缩小。

· 在 macOS 中，单击工作区左上角绿色的"最大化/恢复"按钮（ ），或拖曳 Photoshop 文档窗口的任意一个角将其缩小。

❷ 在 Photoshop 中，选择图层面板中的图层"Pineapple 拷贝"。

❸ 在资源管理器（Windows）或 Finder（macOS）中，切换到下载的本书配套资源文件夹

Lessons，然后切换到文件夹 Lesson04。

④ 选择文件 Flower2.psd，并将其从资源管理器（Windows）或 Finder（macOS）中拖曳到文档窗口中，如图 4.22 所示。

图 4.22

> 💡 提示 也可从 Bridge 窗口将图像拖曳到 Photoshop 中，该操作与从资源管理器（Windows）或 Finder（macOS）拖曳图像一样。

图层 Flower2 将出现在图层面板中，并位于图层 Pineapple 拷贝的上方。Photoshop 将该图层作为智能对象加入，对这样的图层进行的编辑不是永久性的。在第 5 课中，将大量地使用智能对象。

⑤ 在完成图像的导入工作后，可放大 Photoshop 文档窗口，以提供更多的空间，从而能够更舒适地工作。

⑥ 将图层 Flower2 的图像放到明信片的左下角，使得只有一部分花朵可见，如图 4.23 所示。

⑦ 单击选项栏中的提交按钮，完成对该图层的编辑。

图 4.23

> 💡 提示 如果在选项栏中看不到提交按钮，可能是因为 Photoshop 窗口太窄。在这种情况下，可加宽 Photoshop 窗口，以便能够看到该按钮，也可按 Enter 键提交变换。

4.4.6 添加文本

可以使用横排文字工具来创建一些文字，该工具将文字放在独立的文字图层中。用户可以编辑文字，并将特效应用于文字图层。

❶ 使图层 HAWAII 可见。在"HAWAII"文字下面添加文字，并对这两个图层都应用特效。

❷ 选择菜单"选择">"取消选择图层"，确保没有选择任何图层。

❸ 在工具面板中，选择横排文字工具（ T ），然后选择菜单"窗口">"字符"打开字符面板。在字符面板中做如下设置（见图 4.24）。

- 选择一种紧缩字体（这里使用的是 Birch Std，可使用 Adobe Fonts 来获取它；如果使用的是其他字体，请相应地调整相关设置）。
- 选择字体样式（这里使用 Regular）。
- 选择较大的字号（这里使用 36 点）。
- 从"字距调整"下拉列表中选择较大的字距（这里使用 250）。
- 单击色板，从"拾色器（文本颜色）"对话框中选择草绿色，然后单击"确定"按钮关闭"拾色器"对话框。
- 由于 Birch Std 字体没有 Bold 样式，因此单击"仿粗体"按钮（**T**）。
- 单击"全部大写字母"按钮（**TT**）。
- 从"消除锯齿"下拉列表中选择"锐利"。

图 4.24

💡 提示 只要字体有 Bold 样式，尽量使用这种样式，而不要使用"仿粗体"按钮。Bold 样式设计良好，能够被精确而一致地印刷出来。

④ 在单词 HAWAII 中的字母 H 下面单击，并输入"Island Paradise"以替换选中的占位文本，然后单击选项栏中的提交按钮。

现在，图层面板中包含一个名为 Island Paradise 的图层，其缩览图图标为 T，这表明它是一个文字图层。该图层位于图层列表的最上面，如图 4.25 所示，这是因为在创建它时没有选择任何图层。

文本出现在单击的位置，可以将其调整至希望出现的位置。

⑤ 选择移动工具，拖曳文本 Island Paradise，使其与 HAWAII 居中对齐，如图 4.26 所示。

图 4.25

图 4.26

4.5 对图层应用颜色渐变效果

可对整个图层或其一部分应用颜色渐变效果。在本节中，将为文字 HAWAII 应用颜色渐变效果，使其更丰富多彩。首先选择相应文本，然后应用颜色渐变效果。

① 在图层面板中选择图层 HAWAII，使其处于活动状态。

② 在图层 HAWAII 的缩览图上单击鼠标右键（Windows）或按住 Control 键并单击缩览图（macOS），然后从上下文菜单中选择"选择像素"，选择图层 HAWAII 的所有非透明像素（白色字母），如图 4.27 所示。

💡 注意 确保在是缩览图而不是图层名上单击鼠标右键，否则看到的将不是上下文菜单。

选择要填充的区域后，下面应用颜色渐变效果。

💡 注意 虽然图层 HAWAII 包含单词 HAWAII，但它并不是文字图层，因为其中的文本已被光栅化（即转换为像素）。

❸ 在工具面板中选择渐变工具（▇）。

❹ 单击工具面板中的前景色色板，从"拾色器（前景色）"对话框中选择亮橙色，然后单击"确定"按钮，背景色是白色。

❺ 在选项栏中单击"线性渐变"按钮（▇）。

❻ 在选项栏中单击渐变编辑器旁边的下拉按钮，打开渐变选择器，选择"Foreground to Background"（"基础"组中的第一个），如图 4.28（a）所示，然后在渐变选择器外面单击以关闭它。

💡提示 可以用名称而不是样本的方式列出渐变效果，只需从渐变选择器中的面板菜单中选择"小列表"或"大列表"即可。将鼠标指针指向缩览图直到出现工具提示，其中也会显示渐变效果名称。

❼ 在选区仍处于活动状态的情况下，按住 Shift 键和鼠标左键，从字母底部向顶部垂直拖曳，如图 4.28（b）所示，拖曳到字母顶部后松开鼠标。

图 4.27

（a）　　　　　　　　　（b）

图 4.28

💡提示 也可以以预设的方式存储在渐变面板中的渐变效果，详情请参阅本课后面的"使用渐变面板"。

渐变效果应用于文字，从底部的橙色开始，逐渐变为顶部的白色。

❽ 选择菜单"选择"＞"取消选择"，以取消选择文字 HAWAII。

❾ 选择菜单"文件"＞"存储"，保存文件。

4.6　应用图层样式

可以添加自动和可编辑的图层样式集中的"阴影""描边""光泽"或其他特效来改善图层，在 Photoshop 中很容易将这些样式应用于指定图层，并同它直接关联起来。

和图层一样，也可在图层面板中单击眼睛图标将图层样式隐藏起来。图层样式是非破坏性的，可随时编辑或删除它们。

在前面使用了一种图层样式给海滩图像添加描边，下面给文本添加投影效果。

❶ 选择图层 Island Paradise，然后选择菜单"图层"＞"图层样式"＞"投影"。

💡提示 也可单击图层面板底部的"添加图层样式"按钮（ƒx），然后从下拉列表中选择一种图层样式（如"投影"），打开"图层样式"对话框。

❷ 在"图层样式"对话框中，选择"预览"复选框。可将对话框移到一边，以便能够看到文档窗口中的文本 Island Paradise，会发现对它们应用了投影效果。

❸ 在"图层样式"对话框的"结构"部分，选择"使用全局光"复选框，并进行以下设置，如

图 4.29 所示。

- 混合模式：正片叠底。
- 不透明度：78%。
- 角度：78 度。
- 距离：5 像素。
- 扩展：30%。
- 大小：10 像素。

图 4.29

若选择了"使用全局光"复选框，需设置一个主光照角度，用于所有使用投影的图层效果。如果在其中一个效果中设置了主光照角度，其他选择了"使用全局光"复选框的效果都将使用这个主光照角度设置。

💡提示 要修改全局光设置，可选择菜单"图层">"图层样式">"全局光"。

"角度"决定对图层应用效果时的光照角度，"距离"决定投影或光泽效果的偏移距离，"扩展"决定阴影向边缘减弱的速度，"大小"决定阴影的延伸距离。

由于选择了"预览"复选框，因此当修改设置时，Photoshop 将更新文档窗口中的投影预览效果。

④ 单击"确定"按钮让设置生效，关闭"图层样式"对话框，结果如图 4.30 所示。

图 4.30

在图层面板中，图层 Island Paradise 中嵌套了该图层样式。其下方首先列出的是"效果"字样，然后列出的是应用于该图层的图层样式。在"效果"字样及每种图层样式的旁边都有一个眼睛图标。要隐藏一种图层样式，只需单击其眼睛图标，再次单击可恢复此效果。要隐藏所有的图层样式，可单击"效果"字样旁边的眼睛图标；要折叠效果列表，可单击图层名右边的下拉按钮。

💡提示 对于要在多个文档中使用的图层样式，可将其加入 Creative Cloud 库中。为此，可首先创建或打开一个库，然后选择使用了该样式的图层，单击库面板底部的"添加内容"按钮（➕.），并单击"图层样式"按钮，这样就可在任何打开的 Photoshop 文档中使用该样式了。

在进行下面的操作前，确保图层 Island Paradise 下面嵌套的两项内容的左边都有眼睛图标。

⑤ 在图层面板中，按住 Alt 键（Windows）或 Option 键（macOS），并将"效果"或"fx"符号拖曳到图层 HAWAII 上。投影效果（与图层 Island Paradise 使用的投影效果相同）将应用于图层 HA-WAII，如图 4.31 所示。

图 4.31

下面在单词 HAWAII 周围添加绿色描边。

⑥ 在图层面板中选择图层 HAWAII，然后单击图层面板底部的"添加图层样式"按钮，并从其下拉列表中选择"描边"。

⑦ 在"图层样式"对话框的"结构"部分进行以下设置，如图 4.32 所示。

- 大小：4 像素。
- 位置：外部。
- 混合模式：正常。
- 不透明度：100%。
- 颜色：绿色（一种与文本 Island Paradise 的颜色匹配的绿色）。

图 4.32

💡提示 要将描边颜色设置成与文本 Island Paradise 相同的颜色，一种快捷方式是在打开"拾色器（描边颜色）"对话框后，将鼠标指针指向对话框外面，等鼠标指针变成吸管工具图标后，单击文本 Island Paradise 以采集其中的绿色，并将其加载到对话框中。

⑧ 单击"确定"按钮应用描边效果，如图 4.33 所示。

图 4.33

使用渐变面板

本课前面在将渐变应用于课程文件中的文本 HAWAII 时，采用的方法是先选择渐变工具，再拖曳鼠标，这样会根据选项栏中的渐变工具设置来创建渐变效果。如果要在应用渐变效果前调整其设置，这是一种很不错的方法。

还可以使用渐变面板来将渐变效果应用于选定图层。为此，可选择一个图层，选择菜单"窗口" > "渐变"打开渐变面板，然后单击要使用的渐变预设。渐变面板中列出了选项栏中列出的所有渐变预设。

使用渐变面板应用渐变效果时，不修改图层的像素，而是创建一个渐变填充图层，并将选定图层用作剪贴蒙版，如图 4.34 所示。有关剪贴蒙版的详细信息，请参阅本课的 4.7 节。渐变填充图层会改变目标图层的外观，而不会修改目标图层本身，因此可轻松地对其进行编辑或删除。如果再应用一种渐变效果，它将作为另一个渐变填充图层，因此可通过隐藏或显示渐变填充图层来比较不同的渐变效果，进而决定保留哪种渐变效果。当然，也可将它们都保留，并通过调整不透明度和混合模式来结合使用它们。

图 4.34

对于文字图层，渐变效果是以渐变叠加效果的方式应用的，应用另一种渐变效果将更新渐变叠加效果的设置。

其他类型的 Photoshop 预设也被组织成类似的面板。在渐变、色板、图案或形状面板中，单击某一预设可将它应用于选定图层。要在这些面板中管理预设，可使用面板底部的按钮或面板菜单中的命令。

下面给花朵添加投影和光泽效果。

❶ 选择图层 Flower，然后选择菜单"图层" > "图层样式" > "投影"。在"图层样式"对话框的"结构"部分进行以下设置。

- 不透明度：60%。
- 距离：13 像素。
- 扩展：9%。
- 选择"使用全局光"复选框，并从"混合模式"下拉列表中选择"正片叠底"，如图 4.35

所示。不要单击"确定"按钮。

图 4.35

❷ 在"图层样式"对话框中选择左边的"光泽"复选框，然后选择"反相"复选框，并应用以下设置，如图 4.36 所示。

- 颜色（位于混合模式旁边）：选择一种适合花朵的颜色，如桃红色。
- 不透明度：20%。
- 距离：22 像素。

图 4.36

"光泽"效果通过添加内部投影来创建磨光效果，等高线决定效果的形状，"反相"用于将等高线反转。

> 💡 注意 请务必单击"光泽"字样，如果选择相应的复选框，Photoshop 将使用默认设置来应用图层样式"光泽"，而不会显示相关的选项。

❸ 单击"确定"按钮应用这两种图层样式，应用前后的效果分别如图 4.37（a）、图 4.37（b）所示。在图层面板中，可以看到图层 Flower 中包含这两种图层样式，可使用眼睛图标来查看应用图层样式前后的图层 Flower 是什么样的。

（a）

（b）

图 4.37

4.7 添加调整图层

可添加调整图层来调整图像的颜色和色调，此操作不会永久性地修改图像的像素。例如，在图像中添加色彩平衡调整图层后，就可反复尝试设置不同的颜色，因为修改是在调整图层中进行的。如果要恢复到原来的像素值，只需隐藏或删除调整图层。

在前面使用过调整图层，这里将添加一个色相/饱和度调整图层，以修改图层 Flower2 中花朵的颜色。除非在创建调整图层时有活动选区或创建一个剪贴蒙版，否则调整图层将影响它下面的所有图层。

① 在图层面板中选择图层 Flower2，如图 4.38（a）所示。

② 单击调整面板中的"色相/饱和度"按钮（▤），以添加一个色相/饱和度调整图层，如图 4.38（b）所示。

③ 在属性面板中做以下设置，如图 4.39 所示。

· 色相：43。

· 饱和度：19。

· 明度：0。

（a）

（b）

图 4.38

图 4.39

图层 Flower2、Pineapple 拷贝、Pineapple、Clouds 和 Background 都受此调整图层的影响，但这里只想修改图层 Flower2。

④ 在属性面板中单击"创建剪贴蒙版"按钮（▣），如图 4.40（a）所示，这是属性面板底部的第一个按钮。只要当前选定的是一个调整图层，属性面板中就会包含这个按钮。

> 💡提示 除上下文菜单外，在菜单"图层"下和图层面板的面板菜单中，也可找到"创建剪贴蒙版"和"释放剪贴蒙版"命令以及它们的快捷键，还可按住 Alt 键（Windows）或 Option 键（macOS）并单击图层名下面的分隔线来创建剪贴蒙版。

在图层面板中，该调整图层左边出现一个箭头，这表明它只影响图层 Flower2，如图 4.40（b）所示。在第 6 课和第 7 课中将更详细地介绍剪贴蒙版。

（a）

（b）

图 4.40

多次应用相同的图层样式

要改变元素的外观，一种较好的方式是多次应用相同的效果（如描边、发光或投影）。要实现此效果，无须复制图层，在"图层样式"对话框中就可以进行。

① 打开文件夹 Lesson04 中的文件 04End.psd。

② 在图层面板中，双击应用于图层 HAWAII 的投影效果。

③ 在"图层样式"对话框左侧的"效果"列表中单击"投影"右边的■按钮，选择第二个"投影"效果，如图 4.41 所示。

接下来调整第二个"投影"效果的颜色、大小和不透明度等。

④ 在投影选项部分单击色块，将鼠标指针移出"图层样式"对话框，鼠标指针将变成吸管工具，然后单击图像底部的花朵，以采集其中的浅紫色。按图 4.42（a）所示内容指定投影设置，完成后单击"确定"按钮。

图 4.41

新增的投影让文字 HAWAII 更显眼，如图 4.42（b）所示。

（a） （b）

图 4.42

4.8 更新图层效果

当修改图层时，图层效果将自动更新。当编辑文字时，图层效果也相应地更新。

① 在图层面板中选择图层 Island Paradise。

② 在工具面板中选择横排文字工具。

③ 在选项栏中，将字体大小适当减少，按 Enter 键。

尽管没有拖曳鼠标选中文本，但依然能够修改整个文字图层的设置。这在 Photoshop 中之所以可行，是因为在图层面板中选择文字图层，并选择了文字工具。

若在应用了图层效果的图层中添加一些文本，这些图层效果也将应用于新添加的文本，如图 4.43（a）所示。

④ 选择移动工具，将 Island Paradise 拖曳到文字 HAWAII 下面并与之居中对齐，如图 4.43（b）所示。

（a）

（b）

图 4.43

⑤ 选择菜单"文件">"存储"，保存文件。

4.9　添加边框

通过以上操作，已正确地排列了图像中的元素，最后需要完成的工作是调整邮戳的位置并给明信片添加白色边框。

① 选择移动工具，并确保在选项栏中没有选择"自动选择"复选框。

> 💡提示　选择了"自动选择"复选框，可使用移动工具单击图层来选择它，而无须在图层面板中单击来选择图层，从而节省时间。但在很多图层重叠在一起的文档中，如果通过单击选择的图层不正确，可取消选择"自动选择"复选框。

② 在图层面板中选择图层 Postage，然后使用移动工具将其拖曳到图像正中央，效果如图 4.44 所示。

> 💡提示　如果移动的不是图层 Postage，请选择菜单"编辑">"还原"，在选项栏中取消选择"自动选择"复选框，再重新移动。

图 4.44

③ 在图层面板中选择图层 Island Paradise，然后单击图层面板底部的"创建新图层"按钮。

④ 选择菜单"选择">"全部"。

⑤ 选择菜单"选择">"修改">"边界"，在打开的"边界选区"对话框中的"宽度"文本框中输入"10"，然后单击"确定"按钮，如图 4.45（a）所示。

这样就在整幅图像四周设置了 10 像素的边界，下面使用白色填充它。

⑥ 将前景色设置为白色，然后选择菜单"编辑">"填充"。

⑦ 在打开的"填充"对话框中，从"内容"下拉列表中选择"前景色"，然后单击"确定"按钮，如图 4.45（b）所示。

⑧ 选择菜单"选择">"取消选择"。

⑨ 在图层面板中双击图层 1 的图层名称，将该图层重命名为 Border，如图 4.46 所示。

（a）　　　　　　　　（b）

图 4.45

图 4.46

使用图层复合存储多种设计方案，以及在它们之间切换

在图层复合面板（可选择菜单"窗口">"图层复合"来打开它）中单击就可以在多图层图像文件的不同版本之间切换。图层复合是存储的图层面板设置，可使用图层复合面板来处理它们。每当需要保留特定的图层属性组合时，都可新建一个图层复合。这样，可通过图层复合切换来快速地查看两种设计效果。在需要演示多种可能的设计方案时，图层复合的优点便会显现出来。通过多个图层复合，无须不厌其烦地在图层面板中单击眼睛图标、及修改设置，就可以查看不同的设计方案。

例如，要设计一本小册子，它包括中文版和英文版。通常将英文版放在一个图层中，而将中文版放在同一个图像文件中的另一个图层中。要创建两个不同的图层复合，只需显示英文版图层并隐藏中文版图层，然后单击图层复合面板中的"创建新的图层复合"按钮，即可创建一个英文版图层复合。执行相反的操作——显示中文版图层并隐藏英文版图层，并单击"创建新的图层复合"按钮，即可创建一个中文版图层复合。要查看不同的图层复合，只需依次单击每个图层复合左边的"图层复合"框。

当设计方案不断变化或需要创建同一个图像文件的多个版本时，图层复合是一种非常有用的功能。如果不同图层复合的某些方面必须保持一致，可在一个图层复合中修改图层的可见性、位置或外观后进行同步，这样所做的修改将同步到其他所有图层复合中。

4.10　拼合并保存文件

在编辑好图像中的所有图层后，便可拼合图像，这样可以缩小文件。拼合操作可以将所有的图层合并为背景图层，然而，拼合后不能再单独编辑图层，因此应在对所有设计都感到满意后，才对图像进行拼合。比起拼合原始 PSD 文件，一种更好的方法是存储包含所有图层的文件副本，以防以后需要编辑某个图层。

要了解拼合的效果，应注意文档窗口底部的状态栏中的两个表示文件大小的数字，如图 4.47 所示。

图 4.47

> ♀ 注意　如果状态栏中没有显示文件大小，可单击状态栏中的箭头并从下拉列表中选择"文档大小"以显示它。

第一个数字表示拼合图像后文件的大小，第二个数字表示未拼合时文件的大小。就本课的文件而言，拼合后为 2~3MB，而原始文件要大得多，因此，拼合是非常有效果的。

❶ 选择除文字工具外的任何工具，以确保不再处于文本编辑模式，然后选择菜单"文件">"存储"，保存文件。

② 选择菜单"图像">"复制"。

③ 在打开的"复制图像"对话框中将文件命名为 04Flat.psd，然后单击"确定"按钮。

④ 关闭文件 04Working.psd，打开 04Flat.psd。

⑤ 从图层面板菜单中选择"拼合图像"，如图 4.48 所示。

> 💡 提示　菜单"图层"中也包含"拼合图像"命令，另外，在单击鼠标右键（Windows）或按住 Control
> 键并单击图层名（macOS）打开的上下文菜单中也包含这个命令。

> 💡 提示　拼合操作总是将所有图层合并成一个图层，如果只想合并文件中的部分图层，可单击眼睛图标
> 隐藏不想合并的图层，然后从图层面板菜单中选择"合并可见图层"。

此时图层面板中只剩下一个名为"背景"的图层，如图 4.49 所示。

图 4.48

图 4.49

⑥ 选择菜单"文件">"存储"，保存文件。虽然选择的是"存储"而不是"存储为"，但仍将打开"另存为"对话框，因为还没有保存过这个文件。

⑦ 确保存储位置为文件夹 Lesons\Lesson04，其他设置保持默认，然后单击"保存"按钮，保存拼合后的文件。

这里存储了文件的两个版本：只有一个图层的拼合版本及包含所有图层的原始文件。

至此，一张色彩丰富、引人入胜的明信片就创建成功了。本课只初步介绍了 Photoshop 图层使用技巧中的很少一部分。在阅读本书时，读者几乎在每个课程中都能获得更多的经验，并尝试使用各种不同的图层使用技巧。

创建图案

Photoshop 提供了多种可轻松、快速地创建图案的方法。下面来创建一个图案，并将其用作本课作品的边框。

① 打开文件夹 Lesson04 中的文件 04End.psd，将其存储为 04End_Pattern.psd，然后选择菜单"图层">"拼合图像"。

② 选择菜单"图层">"新建填充图层">"纯色",将这个新图层命名为 Pattern Background,单击"确定"按钮,在出现的"拾色器(纯色)"对话框中选择白色,然后单击"确定"按钮。

③ 选择菜单"文件">"置入链接的对象",切换到文件夹 Lesson04 并选择文件 PalmLeaf.ai,然后单击"置入"按钮。在"打开为智能对象"对话框中单击"确定"按钮,当图形出现在文档窗口中后按 Enter 键。这个矢量图形是使用 Illustrator 创建的,但在 Photoshop 中可用来创建图案。

④ 将缩放比例缩小到至少 30%,然后选择菜单"视图">"图案预览"。如果出现警告对话框,单击"确定"按钮,图案预览会模拟将贴片平铺到画布外面时的样子。

⑤ 使用椭圆工具绘制彩色点,并添加到图案中。

⑥ 通过移动、旋转或缩放包含叶子和点的图层来调整图案,直到满意为止,如图 4.50 所示,还可为图案添加其他图层。

⑦ 选择组成图案的图层,然后选择菜单"编辑">"定义图案",将图案命名为 Leaf,单击"确定"按钮。

⑧ 选择菜单"视图">"图案预览"以禁用图案预览,然后将组成图案的图层隐藏。

图 4.50

⑨ 选择图层 Pattern Background,然后选择菜单"图层">"新建填充图层">"图案",将这个新图层命名为 Border,单击"确定"按钮。在"图案填充"对话框中,从缩览图预览下拉列表中选择刚创建的图案。减小"缩放"的值,并调整"角度"的值,对结果满意后单击"确定"按钮,如图 4.51 所示。

⑩ 在图层面板中单击图层"背景"的锁定图标,解除对该图层的锁定,并将其拖曳到图层 Border 的上面。选择菜单"编辑">"自由变换",然后缩小这个图层,将图层 Border 显示出来,如图 4.52 所示。

图 4.51

图 4.52

这个图案被加入图案面板中,可随时编辑图层 Border 的图案填充设置,方法是在图层面板中双击它。

使用 Adobe Stock 探索设计选项

使用图像可更轻松地可视化不同的设计理念。在 Photoshop 库面板中能够直接访问数以百万计的 Adobe Stock 图像。下面将一幅来自 Adobe Stock 的夏威夷四弦琴图像添加到本课的合成图像中。

① 打开文件夹 Lesson04 中的文件 04End.psd，并将其另存为 04End_Working.psd。

② 在图层面板中选择图层 Beach。

③ 在库面板中打开或创建一个库，在搜索文本框中输入"ukulele"，并从下拉列表中选择 Adobe Stock，然后找到一幅这样的图像：夏威夷四弦琴垂直放置、背景为白色，如图 4.53 所示。

④ 将这幅夏威夷四弦琴图像拖曳到文档中。拖曳角上的手柄，将图像缩小为原来的 25% 左右，然后提交所做的修改，完成图像导入，如图 4.54 所示。

⑤ 在搜索文本框中，从下拉列表中选择"当前库"，发现这幅图像自动添加到了当前库中。单击◎按钮将搜索结果关闭。

⑥ 下面将这幅图像的背景删除。在选择了图层 Ukulele 的情况下，选择工具面板中的魔棒工具，然后在白色背景中的任何地方单击。如果选择的图像的角上有 ID，选择矩形选框工具，按住 Shift 键和鼠标左键并拖曳鼠标，将图像加入选区中。按住 Alt 键（Windows）或 Option 键（macOS）并单击图层面板底部的"添加图层蒙版"按钮（▣）。

⑦ 使用移动工具拖曳图层 Ukulele，使其与海滩图像的部分重叠，如图 4.55 所示。至此，在明信片图像中添加了一幅 Adobe Stock 图像。

图 4.53

图 4.54

图 4.55

获取许可

获取许可前，夏威夷四弦琴图像为低分辨率版本且带 Adobe Stock 水印。就本课而言，无须获得使用这幅图像的许可，但要在项目中使用它就必须获得许可。为此，确保在图层面板中选择了图层 ukulele（不是其蒙版），然后在属性面板中单击"授权资源"按钮并按提示继续操作，如图 4.56 所示。获得许可后，图像将被自动替换为没有水印的高分辨率版本。如果需要获得大量图像的许可，可考虑购买 Adobe Stock 包月套餐。

图 4.56

4.11 复习题

1. 使用图层有何优点?
2. 创建的新图层将出现在图层列表的什么位置?
3. 如何使一个图层中的图像出现在另一个图层的前面?
4. 如何应用图层样式?
5. 在处理好图稿后,如何在不改变图像质量、尺寸和压缩方式的情况下缩小文件?

4.12 复习题答案

1. 使用图层能够让用户将图像的不同部分作为独立的对象进行编辑。在处理某个图层时,可以隐藏不想看到的图层。
2. 创建的新图层总是出现在当前活动图层的上面。如果当前没有活动图层,新图层将位于图层列表的最上方。
3. 可以在图层面板中向上或向下拖曳图层,也可以选择菜单"图层">"排列"中的"置为顶层""前移一层""后移一层""置为底层"子命令调整图层堆叠顺序。然而,不能调整背景图层的位置,除非将其转换为常规图层(可通过解除锁定或双击来重命名实现)。
4. 选择要添加图层样式的图层,然后单击图层面板中的"添加图层样式"按钮,也可选择菜单"图层">"图层样式",在其子命令中选择想要的样式。
5. 可以拼合图像,将所有图层合并成一个背景图层。在拼合前,最好复制包含所有图层的文件,以防以后需要修改图层。

快速修复

本课概览

- 消除红眼。
- 使图像变亮。
- 调整人物脸部特征。
- 使用多幅图像合成全景图。
- 裁剪和拉直图像并填充空白区域。

- 使用"光圈模糊"滤镜让图像背景变模糊。
- 合并两幅图像以增大景深。
- 对图像进行镜头校正。
- 无缝删除物体并填充空白区域。
- 调整图像的透视使其与另一幅图像更匹配。

学习本课大约需要 **1** 小时

有时候，只需在 Photoshop 中单击几下，就可让有瑕疵乃至糟糕的图像变得非常出色。快速修复功能让用户能够轻松地实现想要的效果。

5.1 概述

并非每幅图像都需使用 Photoshop 的高级功能进行复杂的修改，事实上，熟悉 Photoshop 后，通常都能快速地修改图像，其中的诀窍在于知道能够做什么，以及如何找到所需的功能。

在本课中，将使用多种工具和方法快速修复多幅图像。可单独使用这些方法，也可在处理的图像较棘手时结合使用多种方法。

① 启动 Photoshop 并立刻按住 Ctrl + Alt + Shift 组合键（Windows）或 Command + Option + Shift 组合键（macOS）。

② 在出现的提示对话框中单击"是"按钮，确认删除 Photoshop 设置文件。

5.2 改进快照

与朋友或家人分享快照时，虽然无须让照片看起来很专业，但不希望出现红眼，也不希望照片太暗而无法呈现重要的细节。Photoshop 提供了能够快速修改快照的工具。

5.2.1 消除红眼

红眼是由于闪光灯照射到拍摄对象的眼球上造成的。在黑暗的房间中拍摄人物时，因为此时人物的瞳孔很大，所以常常出现这种情况。在 Photoshop 中消除红眼很容易，下面来消除一幅女性人像中的红眼。

先在 Bridge 中查看消除红眼前后的照片。

① 选择菜单"文件">"在 Bridge 中浏览"，启动 Bridge。

> 💡 **注意** 如果没有安装 Bridge，当选择"在 Bridge 中浏览"时，将提示安装 Bridge，更详细的信息请参阅前言。

> 💡 **注意** 如果 Bridge 询问是否要从上一版 Bridge 中导入首选项设置，单击"否"按钮。

② 在 Bridge 的收藏夹面板中单击文件夹 Lessons，然后双击内容面板中的文件夹 Lesson05，将其打开。

③ 如果有必要，调整缩览图滑块以便能够清楚地查看缩览图，然后查看文件 RedEye_Start.jpg 和 RedEye_End.psd，如图 5.1 所示。

图 5.1

红眼使得人或动物看起来很凶恶，还会分散观察者的注意力。在 Photoshop 中消除红眼很容易，这里还将快速调亮照片。

④ 双击文件 RedEye_Start.jpg，在 Photoshop 中打开它。

⑤ 选择菜单"文件">"存储为"，将文件另存为 RedEye_Working.psd。

⑥ 选择缩放工具，通过拖曳放大照片，以便能够看清人物的眼睛。如果未选择"细微缩放"复选框，拖曳出一个环绕眼睛的选框来放大照片。

⑦ 选择红眼工具（ ⁺◉ ）。

⑧ 在选项栏中，将"瞳孔大小"设置为 23%，将"变暗量"设置为 62%，如图 5.2（a）所示。"变暗量"决定瞳孔的暗度。

⑨ 单击人物右眼的瞳孔，红色倒影消失了，如图 5.2（b）所示。

⑩ 单击人物左眼的瞳孔，将这里的倒影也消除，如图 5.2（c）所示，最终效果如图 5.2（d）所示。

如果倒影在瞳孔上，单击瞳孔通常能够消除它，但如果倒影偏离了瞳孔，尝试单击眼睛中的高光区域或在瞳孔上拖曳鼠标指针。

⑪ 选择菜单"视图">"按屏幕大小缩放"，以便能够看到整幅照片，如图 5.3 所示，然后将文件保存。

图 5.2

图 5.3

5.2.2　调亮图像

人物不再有红眼，但整张照片有点暗，因此需要将其调亮。调亮图像的方式有很多种，可根据具体情况添加亮度 / 对比度、色阶或曲线调整图层。进行快速修复时，可尝试使用"自动"按钮或预设，色阶和曲线调整图层都支持这两项功能。下面使用曲线调整图层来调整这张照片。

① 在调整面板中单击"曲线"按钮，如图 5.4（a）所示。

❷ 单击"自动"按钮，进行自动校正，如图 5.4（b）所示。此时，曲线中间添加了一个点，并增大了其值，这使得中间调被调亮，效果如图 5.4（c）所示。

❸ 从"预设"下拉列表中选择"较亮（RGB）"，曲线发生了细微的变化，如图 5.5 所示。预设和"自动"按钮的不同之处在于，预设对所有的图像都应用相同的曲线，而"自动"按钮对图像进行分析后再应用合适的曲线。

（a）

（c）

（b）

图 5.4

图 5.5

❹ 单击属性面板底部的"复位到调整默认值"按钮（🔄），使照片恢复到调整前的状态。

❺ 在属性面板中，单击"图像调整"按钮（✋），然后在人物额头上按住鼠标左键并向上拖曳。使用这个按钮时，将在鼠标按下处的曲线位置添加一个点。向上拖曳时，将把这个点和曲线往上拉，从而调亮照片，如图 5.6 所示。

图 5.6

💡提示　进行曲线或色阶调整时，如果要使用"自动"按钮或白场和黑点取样器，请在手动调整前使用它们。与预设一样，使用这些工具所做的调整将覆盖手动调整。

💡提示　要确定图像被调亮了多少，可先隐藏曲线调整图层，再显示它进行对比。

❻ 选择菜单"图层">"拼合图像"。

❼ 将文件保存。

5.3　使用液化滤镜调整人物脸部特征

在需要扭曲图像的一部分时，"液化"滤镜很有用。它包含的"人脸识别液化"选项能够自动识别人脸，让用户能够轻松地调整人物的眼睛、鼻子和嘴巴等脸部特征。例如，可调整眼睛的大小及它们之间的距离。

在广告和时尚设计等领域，呈现特定的外观和表情比真实地呈现人物更重要，因此这些领域的人物照片往往需要调整脸部特征。

① 在打开了文件 RedEye_Working.psd 的情况下，选择菜单"滤镜">"液化"。

② 在属性面板中，如果"人脸识别液化"选项被折叠（隐藏），将其展开。

③ 确保展开了"眼睛"部分，并单击"眼睛大小"和"眼睛高度"的链接图标（如果没有单击链接图标，则可为左眼和右眼指定不同的值。），然后将"眼睛大小"和"眼睛高度"分别设置为 32 和 10。确保展开了"嘴唇"部分，然后将"微笑"和"嘴唇高度"分别设置为 5 和 9。确保展开了"脸部形状"部分，然后将"下颌"和"脸部宽度"分别设置为 40 和 50，如图 5.7 所示。

图 5.7

💡 提示　在液化工具面板中选择脸部工具（👤）后，将鼠标指针指向人脸的不同部分时，都将出现手柄。可拖曳这些手柄来直接调整人脸的不同部分。

④ 在选择和取消选择"预览"复选框之间切换，对修改前后的图像进行比较，分别如图 5.8（a）和图 5.8（b）所示。

人脸识别液化前（a）　　　　人脸识别液化后（b）

图 5.8

💡 **提示** "人脸识别液化"部分的选项的取值范围有限，因为它们用于产生细微而可信的扭曲。如果要让人脸的形状或表情像漫画中的一样夸张，可能需要使用"液化"对话框左边更高级的手动调整工具，或者尝试使用第 15 课将介绍的 Neural Filters 中的脸部修改滤镜。

尝试使用"人脸识别液化"部分的选项，更深入地进行调整。

⑤ 单击"确定"按钮，关闭"液化"对话框，然后保存所做的修改并关闭文档。

只有当 Photoshop 识别出图像中的人脸时，"人脸识别液化"功能才可用。人脸未正对相机或被头发、太阳镜、帽子等遮住时，Photoshop 可能识别不出来。

▍5.4 模糊背景

使用模糊画廊中的交互式模糊能够设置模糊并预览效果。下面使用"光圈模糊"滤镜使一幅图像的背景变模糊，让观察者将注意力放在画面中最重要的元素（这里是白鹭）上。此时将以智能滤镜的方式应用模糊滤镜，这样以后需要时可修改模糊效果。

在 Bridge 中查看处理前后的图像。

① 选择菜单"文件">"在 Bridge 中浏览"，启动 Bridge。

② 在 Bridge 的收藏夹面板中，单击文件夹 Lessons，然后双击内容面板中的文件夹 Lesson05 打开它。

③ 对文件 Egret_Start.jpg 和 Egret_End.psd 的缩览图进行比较，分别如图 5.9（a）和图 5.9（b）所示。

（a）　　　　　　　　　（b）

图 5.9

在图 5.9（b）中，白鹭看起来更清晰，这是因为其倒影和周围的小草等更模糊了。"光圈模糊"是模糊画廊中的交互式模糊之一，不需要创建蒙版就能轻松地完成模糊任务。

④ 选择菜单"文件">"返回 Adobe Photoshop"。在 Photoshop 中，选择菜单"文件">"打开为智能对象"。

⑤ 选择文件夹 Lesson05 中的文件 Egret_Start.jpg，然后单击"打开"按钮。

Photoshop 将打开这幅图像。在图层面板中，只有一个图层，该图层缩览图中的图标表明这是一个智能对象，如图 5.10 所示。

图 5.10

⑥ 选择菜单"文件">"存储为",将文件另存为 Egret_Working.psd。在"Photoshop 格式选项"对话框中,单击"确定"按钮。

⑦ 选择菜单"滤镜">"模糊画廊">"光圈模糊"。

> 💡 提示 如果有较新版本的 iPhone 手机,能够随照片一起存储 HEIF 深度图(depth map),可将深度图载入"镜头模糊"滤镜(选择菜单"滤镜">"模糊">"镜头模糊")来生成更逼真的背景模糊效果。

此时,文档窗口中将出现一个与图像居中对齐的模糊圈,通过移动中央的图钉、羽化手柄和椭圆形手柄,可调整模糊的位置和范围。在模糊画廊工作空间的右上角,还有可展开的场景模糊面板、倾斜偏移面板、路径模糊面板、旋转模糊面板,通过它们可应用其他类型的模糊。

⑧ 拖曳中央的图钉,使其位于白鹭身体的底部,如图 5.11(a)所示。

⑨ 向内拖曳椭圆形,使得只有白鹭本身是清晰的,如图 5.11(b)所示。

A. 中心
B. 椭圆形
C. 羽化手柄
D. 模糊圈

(a)　　　　　　　(b)

图 5.11

⑩ 按住 Alt 键(Windows)或 Option 键(macOS)并拖曳羽化手柄,使其与图 5.12(a)类似。按住 Alt 键或 Option 键能够分别拖曳每个羽化手柄。

⑪ 拖曳模糊圈,以实现渐变但明显的模糊效果,如图 5.12(b)所示。也可以拖曳"模糊工具"选项卡中的"模糊"滑块来修改模糊量,将模糊量设置为 5 像素,如图 5.12(c)所示。

(a)　　　　　　　(b)　　　　　　　(c)

图 5.12

⑫ 单击选项栏中的"确定"按钮,应用模糊效果。

此时的模糊效果可能不太明显,下面来加深效果。

⑬ 在图层面板中,双击图层 Egret_Start 中的"模糊画廊",将其打开。将"模糊"的值增大到 6 像素,然后单击选项栏中的"确定"按钮,让修改生效。

此时通过模糊图像的其他部分突出了白鹭。由于是对智能对象应用的滤镜,因此可以隐藏或编辑滤镜效果,而不改变原始图像。

⑭ 将这个文件保存,再关闭它。

模糊画廊

模糊画廊包含 5 种交互式模糊：场景模糊、光圈模糊、移轴模糊、路径模糊和旋转模糊。它们都提供了选择性运动模糊工具，其中包含一个初始模糊图钉，可在图像上单击来添加模糊图钉。可应用一种或多种模糊，对于路径模糊和旋转模糊，还可添加闪光效果。

场景模糊用于对图钉及其指定的图像区域应用渐变模糊，应用模糊前后的效果分别如图 5.13（a）和图 5.13（b）所示。默认情况下，使用场景模糊会在图像中央放置一个图钉。用户可拖曳模糊手柄或在模糊工具面板中指定值来调整相对于图钉处的模糊程度，还可将这个图钉拖曳到其他地方。

移轴模糊用于模拟使用移轴镜头拍摄的图像，即景深很浅且焦点很远的图像。这种模糊指定一个清晰的平面，但向外逐渐模糊。可使用这种模糊效果来模拟微距摄影照片，应用模糊前后的效果分别如图 5.14（a）和图 5.14（b）所示。

|（a）|（b）|（a）|（b）|

图 5.13 　　　　　　　　　　　　　　图 5.14

光圈模糊用于模拟浅景深效果——从焦点向外逐渐模糊，应用模糊前后的效果分别如图 5.15（a）和图 5.15（b）所示。可通过调整椭圆形手柄、羽化手柄和模糊量来定制光圈模糊。

旋转模糊是一种使用度数度量的辐射式模糊，应用模糊前后的效果分别如图 5.16（a）和图 5.16（b）所示。可修改椭圆形的大小和形状、按住 Alt 键（Windows）或 Option 键（macOS）并拖曳来调整旋转点的位置，以及调整模糊角度；也可在模糊工具面板中指定模糊角度。可使用多个重叠的旋转模糊，当需要展示旋转的螺旋桨、车轮或齿轮时，旋转模糊很有用。

|（a）|（b）|（a）|（b）|

图 5.15 　　　　　　　　　　　　　　图 5.16

路径模糊用于沿绘制的路径创建动感模糊效果，应用模糊前后的效果分别如图 5.17(a)和图 5.17(b)所示。可控制这种模糊的形状和程度，以达到需要的效果。

应用路径模糊时，将出现一条默认路径，可通过拖曳来调整其端点的位置，也可通过拖曳中心点来修改其形状，还可通过单击来添加曲线点。路径上的箭头指示模糊的方向。

|（a）|（b）|

图 5.17

此外，还可创建多点路径或形状。模糊形状定义局部动感模糊，类似于相机抖动（参见本课后面的"防抖滤镜"）。模糊工具面板中的"速度"滑块指定所有路径模糊的速度，而"居中模糊"复选框确保所有像素的模糊形状都与像素居中对齐，这样得到的动感模糊效果更稳定。要让动感模糊效果不那么稳定，可取消选择这个复选框。

如果要展示动物的各条腿移动形成的模糊，可分别给每条腿应用路径模糊。

有些模糊类型还在"效果"选项卡中提供了额外选项，可在这个选项卡中指定散景参数，以控制模糊区域的效果。"光源散景"可用来调亮模糊区域，"散景"在已调亮但非纯白色的区域添加更显眼的颜色，"光照范围"指定影响的色调范围。

对于旋转模糊和路径模糊，可在"动感效果"选项卡中添加闪光效果，应用模糊前后的效果分别如图 5.18（a）和图 5.18（b）所示。在这个选项卡中，"闪光灯强度"滑块决定呈现的模糊程度（0% 表示不添加闪光效果，100% 表示添加完整的闪光效果，导致呈现的模糊程度很低）；"闪光灯闪光"决定曝光程度。

应用模糊会消除原始图像中的数字杂色和胶片颗粒，使模糊区域与原始图像不匹配，让模糊后的图像看起来很假，应用模糊前后的效果分别如图 5.19（a）和图 5.19（b）所示。可使用"杂色"选项卡来恢复杂色和胶片颗粒，让模糊区域和原始图像匹配。为此，首先设置"数量"滑块，再使用其他选项来匹配原始颗粒特征：如果原始图像存在杂色，就增大"颜色"值；如果要平衡高光和阴影区域的杂色量，就降低"高光"值。

（a）　　　　　　　　（b）　　　　　　　　　　　（a）　　　　　　　　（b）

图 5.18　　　　　　　　　　　　　　　　　图 5.19

5.5 创建全景图

有时候场景太大，使用一张照片拍摄不下来。Photoshop 能够轻松地使用多幅图像来合成全景图。同样，也先来看看最终效果文件，了解合成后的图像是什么样的。

❶ 选择菜单"文件">"在 Bridge 中浏览"。

❷ 切换到文件夹 Lesson05，查看文件 Skyline_End.psd 的缩览图，如图 5.20 所示。

图 5.20

提示 在 Bridge 中，可按空格键在全屏模式下预览选定的图像，这在需要预览包含大量细节或非常大的图像时很有用。要退出全屏模式，可再次按空格键。

本节将把 4 张天际图像合并成一张全景图，让欣赏者知道完整的场景是什么样的。要使用多幅图像来创建全景图，只需单击几下，Photoshop 将负责完成其他的工作。

③ 返回到 Photoshop。

④ 在没有打开任何文件的情况下，选择菜单"文件" > "自动" > "Photomerge"。

提示 也可在 Bridge 中直接使用 Photomerge 来打开选定的文件，为此可选择菜单"工具" > "Photoshop" > "Photomerge"。

⑤ 在"Photomerge"对话框的"源文件"部分单击"浏览"按钮，并切换到文件夹 Lesson05\ Files For Panorama。

⑥ 选择第一个文件，然后按住 Shift 键单击最后一个文件以选择所有文件，接着单击"打开"按钮。

⑦ 在打开的"Photomerge"对话框的"版面"部分选择"透视"。

就合并图像而言，"透视"并非总是最佳选项，这要看要合并的图像是怎么拍摄的。如果对合并结果不满意，可尝试使用其他的版面选项重新合并。如果不确定该使用哪个选项，选择"自动"即可。

⑧ 在"Photomerge"对话框的底部，选择"混合图像""晕影去除""几何扭曲校正""内容识别填充透明区域"复选框，然后单击"确定"按钮，如图 5.21 所示。

图 5.21

"混合图像"复选框用于根据图像之间的最佳边界混合图像，而不仅仅是创建简单的矩形混合；合并边缘较暗的图像时，"晕影去除"复选框可确保亮度一致；"几何扭曲校正"复选框用于消除桶形、枕形和鱼眼失真；"内容识别填充透明区域"复选框用于自动修补图像边缘和画布之间的空白区域。

Photoshop 将创建全景图，这是一个复杂的过程，因此在 Photoshop 处理期间可能需要等待几分钟。完成后，将在文档窗口中看到一幅全景图。在图层面板中有 5 个图层，其中最上面图层的名称包含"（合并）"字样，下面的 4 个图层是用于合并的原始图像，如图 5.22（a）所示。Photoshop 检测图像重叠的

区域并匹配了图像，还校正了所有的扭曲部分。Photoshop 将选择的图像混合得到的全景图，还有通过
"内容识别填充透明区域"复选框填充的原本为空白的区域——选区标识的区域，如图 5.22（b）所示。

（a）

（b）

图 5.22

> **注意** 合并的图像越多、图像的像素尺寸越大，Photomerge 处理图像需要的时间就越多。在较新版本或内存较大的计算机上，Photomerge 的运行速度较快。

> **提示** 要想知道在没有选择"内容识别填充透明区域"复选框的情况下全景图是什么样的，可隐藏最上面的图层。

使用 Photomerge 获取最佳结果

拍摄用于创建全景图的照片时，请牢记以下原则，这样才能获得最佳效果。

> **提示** 如果要创建室内全景图（或被拍摄对象离相机很近的全景图），那么手动旋转相机或通过旋转三脚架来旋转相机可能带来视差，导致拍摄对象没有对齐。为避免这种情况，可使用一种被称为节点滑座（nodal slide）的三脚架配件，它可确保相机精确地绕镜头的入射光瞳旋转。

- 图像之间重叠 15%~40%。足够的重叠区域让 Photomerge 能够无缝地混合图像边缘。重叠区域也不要太多，这样只会导致需要拍摄的照片变多。
- 使用相同的焦距设置。如果使用的是变焦镜头，确保拍摄用于创建全景图的所有照片时都使用相同的焦距设置。
- 保持水平。确保在每张照片中地平线都是水平的，以免全景图是倾斜的。如果相机的取景器中有水平仪，可使用它。
- 在可能的情况下使用三脚架。如果拍摄每张照片时相机的高度都相同，将获得更佳的结果。使用带旋转云台的三脚架更好。
- 从同一个位置拍摄所有的照片。如果使用带旋转云台的三脚架，尽量从同一个位置拍摄所有的照片，确保它们的拍摄角度都相同。
- 避免使用创意扭曲镜头。虽然"自动"按钮能够调整使用鱼眼镜头拍摄的图像，但这依旧可能影响 Photomerge。
- 使用相同的曝光和光圈设置。当图像的曝光相同时，混合的效果会更好。如果使用自动曝光，可能导致不同照片的曝光设置不同。使用相同的光圈设置可确保景深一致。
- 尝试使用不同的版面选项。如果对结果不满意，可尝试使用不同的版面选项。通常，"自动"是合适的选择，但有时使用其他选项生成的图像更佳。

⑨ 选择菜单"选择">"取消选择"。

💡提示 在生成的全景图文件中，使用原始图像创建的图层带有蒙版。Photoshop 创建这些蒙版旨在混合相邻图像的边缘，可编辑这些蒙版。拼合全景图可让文件更小。

⑩ 选择菜单"图层">"拼合图像"，结果如图 5.23 所示。

⑪ 选择菜单"文件">"存储为"，将文件另存为 Skyline_Working.psd，将存储位置指定为 Lesson05。

这幅全景图看起来很好，只是有点暗。下面添加一个色阶调整图层，将这幅全景图调亮些。

⑫ 单击调整面板中的"色阶"按钮，如图 5.24（a）所示，添加一个色阶调整图层。

⑬ 在属性面板中单击"白场"按钮，如图 5.24（b）所示。

图 5.23

（a）　　　　　　　　　　（b）

图 5.24

💡注意 在第 13 步中，单击的区域必须接近但又不是纯白色。如果使用"白场"按钮单击后图像没有变化，很可能因为单击的区域的像素是纯白色（如 RGB 值分别为 255、255、255）且不存在偏色。

在云彩中的白色区域单击，如图 5.25（a）所示。之后，整幅图像会变得更亮，天空会变得更蓝，图像原来的色调有点偏暖，而单击"白场"按钮消除了这种偏色，如图 5.25（b）所示。

（a）

（b）

图 5.25

⑭ 保存所做的工作，在"Photoshop 格式选项"对话框中单击"确定"按钮。

💡注意　在第 14 步中，之所以会出现"Photoshop 格式选项"对话框，是因为新增了一个图层。在存储只包含背景图层的 Photoshop 文档时，通常不会出现"Photoshop 格式选项"对话框。

至此全景图就创建完成了。

5.6　裁剪时填充空白区域

这幅全景图很好，但还有两个小缺点：地平线不太平；底部的栏杆不完整，让人感觉右下角礁石处的栏杆延伸到了水中。如果对这幅图像进行旋转，四角可能会出现空白区域，进而需要将图像裁剪得更小，从而丢失部分图像。在合成全景图时，使用了内容识别技术来填充生成的空白区域，这种技术也可用来填充在拉直和裁剪图像时形成的空白区域。

① 打开 Skyline_Working.psd，并在图层面板中选择"背景"图层。

② 选择菜单"图层">"拼合图像"。

③ 选择工具面板中的裁剪工具，图像周围将出现裁剪框及其手柄，如图 5.26 所示。

图 5.26

④ 在选项栏中单击"拉直"按钮（🖿），并确保选择了"内容识别"复选框，如图 5.27 所示。

图 5.27

⑤ 将鼠标指针指向图像中地平线的左端，按住鼠标左键并向右拖曳以创建一条与地平线对齐的直线，如图 5.28 所示，到达地平线右端后松开鼠标。

图 5.28

此时四角附近有些需要填充的白色区域，如图 5.29 所示。

图 5.29

⑥ 在裁剪框依然处于活动状态的情况下，向下拖曳图像，直到底部不完整的栏杆部分位于裁剪框外面，如图 5.30 所示。

图 5.30

⑦ 单击选项栏中的提交按钮应用当前裁剪设置，将填充图像的空白区域，如图 5.31 所示。

图 5.31

⑧ 保存所做的修改，然后关闭文档。

替换天空

当照片中的天空区域与需要的效果有差异时，可在 Photoshop 中轻松地替换天空。通过"天空替换"功能可完成很多艰难的工作，如创建蒙版，以及让天空与照片的颜色一致。

❶ 打开文件夹 Lesson05 中的文档 Skyline_End.psd，并选择菜单"编辑">"天空替换"。

❷ 从"天空"下拉列表中选择一幅图像，文档中的天空将更新。要对原来的天空和新天空进行比较，可选择"预览"复选框；要使用自己的天空图像，可单击"天空"下拉列表中的齿轮按钮（⚙），并选择"获取更多天空">"导入图像"，如图 5.32 所示。

❸ 检查自动合成的图像的质量，两幅图像的颜色一致吗？使用自动生成的蒙版时，边缘的质量是否存在问题？为检查这两点，请放大图像。

④ 如果发现了问题，请调整"天空替换"对话框中的选项。例如，可使用天空移动工具（✥）来调整天空图像的位置，使用天空画笔工具（✎）来编辑蒙版边缘，还可修改"天空调整"部分的"缩放"值。

⑤ 对天空替换结果满意后，确保从"输出到"下拉列表中选择了"新图层"，单击"确定"按钮，如图 5.33（a）所示。

当"输出到"被设置为"新图层"时，可以看到在图层面板中，为添加新天空而创建的图层与原来的图层是分开的，如图 5.33（b）所示。在"天空替换"对话框中单击"确定"按钮后，可对创建的图层和蒙版进行编辑（有关图层蒙版的详细信息，将在第 6 课介绍）。要显示原来的天空，可隐藏新创建的图层，替换天空前后的效果如图 5.34（a）和图 5.34（b）所示。

图 5.32   （a）   （b）

图 5.33

（a）   （b）

图 5.34

5.7 校正图像扭曲

"镜头校正"滤镜用于修复常见的相机镜头缺陷，如桶形和枕形扭曲、晕影及色差。桶形扭曲是一种镜头缺陷，导致直线向图像边界弯曲；枕形扭曲则相反，导致直线向内弯曲；色差指的是图像中对象的边界出现色带；晕影指的是图像的边界（尤其是角落）比中央暗。

当出现这些缺陷时，可以使用"镜头校正"滤镜根据拍摄照片时使用的相机、镜头和焦距信息做相应的设置，还可使用该滤镜来旋转图像或修复由于相机垂直或水平倾斜而导致的图像透视。相对于使用"变换"命令，该滤镜显示的网格让调整更容易、更准确。

① 选择菜单"文件" > "在 Bridge 中浏览"。

② 在 Bridge 中，切换到文件夹 Lesson05，并查看文件 Columns_Start.psd 和 Columns_End.psd 的缩览图，如图 5.35 所示。

希腊建筑的原始图像存在扭曲，其中的立柱是弯曲的。这种扭曲是拍摄时距离太近且使用广角镜头引起的。

③ 双击文件 Columns_Start.psd，在 Photoshop 中打开它。

④ 选择菜单"文件" > "存储为"，将文件另存为 Columns_Working.psd，并将其存储到文件夹 Lesson05 中。如果出现"Photoshop 格式选项"对话框，单击"确定"按钮。

图 5.35

⑤ 选择菜单"滤镜" > "镜头校正"，打开"镜头校正"对话框。

⑥ 在对话框底部，确保选择了"显示网格"和"预览"复选框。

文档窗口中将出现对齐网格。对话框的右边是基于镜头配置文件的"自动校正"选项卡，如图 5.36 所示。在"自定"选项卡中，包含用于手动校正扭曲、色差和透视的选项。

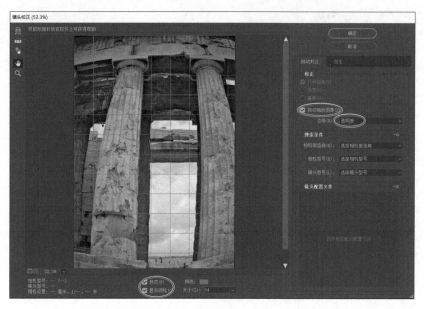

图 5.36

"镜头校正"对话框包含"自动校正"选项卡，可调整其中的设置。

⑦ 在"镜头校正"对话框的"自动校正"选项卡中，确保选择了"自动缩放图像"复选框且从"边缘"下拉列表中选择了"透明度"。

⑧ 单击"自定"选项卡。

⑨ 在"自定"选项卡中，将"移去扭曲"滑块拖曳到 +52 左右对应的位置，以消除图像中的桶形扭曲；也可单击"移去扭曲"按钮（🔲），并在预览区域中拖曳直到立柱变直。这种调整使图像边界向内弯曲，但由于选择了"自动缩放图像"复选框，"镜头校正"滤镜将自动缩放图像以调整边界。

💡 提示　修改时注意对齐网格，以便知道修改的程度。

⑩ 单击"确定"按钮使修改生效，并关闭"镜头校正"对话框，如图 5.37 所示。

使用广角镜头及拍摄角度过低导致的扭曲得到了修复。

⑪ 如果需要比较最后一次修改前后的图像，可以按 Ctrl + Alt + Z 组合键（Windows）或 Command + Option + Z 组合键（macOS）撤销刚才应用的滤镜，再按这些组合键重新应用该滤镜。这些组合键是"编辑">"切换最终状态"命令的快捷键，按它们可在文档的最后两个状态之间来回切换。

⑫ 选择菜单"文件">"存储"，保存文件，如果出现"Photoshop 格式选项"对话框，单击"确定"按钮，再关闭图像。

这个建筑现在看起来稳定多了，如图 5.38 所示。

图 5.37

图 5.38

5.8　增大景深

在有些情况下，只有场景的前景或背景是清晰的，因为景深（处于清晰状态的距离范围）很小。如果希望处于清晰状态的距离范围更大（景深更大），但受制于设备或拍摄位置无法实现，可拍摄一系列处于清晰状态的距离范围不同的照片，然后在 Photoshop 中使用被称为景深合成（focus stacking）的过程合并这些照片，得到一幅将这些照片的景深合而为一的图像。

💡 提示　拍摄照片时，看看相机是否有对焦包围曝光（Focus Bracketing）功能。使用它可拍摄多张焦距不同的照片，从而轻松地拍摄用于景深合成的照片。

由于需要精确地对齐图像，因此使用三脚架固定相机将对拍摄有所帮助。即便手持相机，只要注意取景并对齐，也可获得不错的拍摄效果。下面为海滩上的高脚杯图像增加景深。

① 选择菜单"文件">"在 Bridge 中浏览"。

② 在 Bridge 中，切换到文件夹 Lesson05，并查看文件 Glass_Start.psd 和 Glass_End.psd 的缩览图，如图 5.39 所示。

原始图像文件包含两个图层，在其中一个图层中只有沙滩背景是清晰的，而在另一个图层中只有前景杯子是清晰的。要让这两者都很清晰，需要增加景深。

③ 双击文件 Glass_Start.psd，在 Photoshop中打开它。

④ 选择菜单"文件">"存储为"，将文件另存为 Glass_Working.psd，并保存到文件夹 Lesson05 中。如果出现"Photoshop 格式选项"对话框，单击"确定"按钮。

图 5.39

⑤ 在图层面板中隐藏图层 Beach，以便只有图层 Glass 可见。此时可发现高脚杯是清晰的，而背景是模糊的，如图 5.40（a）所示。显示图层 Beach，现在海滩是清晰的，而高脚杯是模糊的，如图 5.40（b）所示。

（a）   （b）

图 5.40

下面将每个图层中清晰的部分合并起来，先对齐图层。

⑥ 按住 Shift 键单击这两个图层以选择它们，如图 5.41 所示。

⑦ 选择菜单"编辑">"自动对齐图层"。

由于这两幅图像是从相同的角度拍摄的，因此选择"自动"单选按钮就可对齐得很好。

⑧ 如果没有选择"自动"单选按钮，请选择它。确保没有选择"晕影去除"和"几何扭曲"复选框，然后单击"确定"按钮以对齐图层，如图 5.42 所示。

图 5.41

图 5.42

当只对齐图层而不创建全景图时,"调整位置"通常是最合适的对齐选项。在这里,使用"调整位置"和"自动"选项的效果相同。

图层完全对齐后,便可将它们合并。

⑨ 确保在图层面板中选择了这两个图层,然后选择菜单"编辑">"自动混合图层"。

⑩ 选择"堆叠图像"单选按钮和"无缝色调和颜色"复选框,确保没有选择"内容识别填充透明区域"复选框,然后单击"确定"按钮,如图 5.43(a)所示。

高脚杯和后面的海滩都很清晰,如图 5.43(b)所示,这是因为使用"自动混合图层"对话框中的功能合并了这两幅图像中最清晰的部分。

（a）　　　　　　　　　　　（b）

图 5.43

⑪ 保存所做的工作,关闭这个文件。

5.9　使用内容识别填充工具删除物体

本书前面使用过内容感知功能,还使用它填充了全景图的天空区域。下面使用内容识别填充工具来删除图像中的物体,并让 Photoshop 填充这个物体原来所在的区域。

❶ 选择菜单"文件">"在 Bridge 中浏览"。

❷ 切换到文件夹 Lesson05，并查看文件 JapaneseGarden_Start.jpg 和 JapaneseGarden_End.jpg 的缩览图，如图 5.44（a）和图 5.44（b）所示。

（a）   （b）

图 5.44

下面使用内容识别填充工具来删除照片左边的锥形岩石及其倒影。

❸ 双击文件 JapaneseGarden_Start.jpg，在 Photoshop 中打开它。

❹ 选择菜单"文件">"存储为"，将文件另存为 JapaneseGarden_Working.psd。如果出现了"Photoshop 格式选项"对话框，单击其中的"确定"按钮。

❺ 选择套索工具。

❻ 通过拖曳鼠标创建一个选区，它环绕了左边的岩石及其倒影，还有一些水面区域，如图 5.45 所示。这个选区不必太精确。

❼ 选择菜单"编辑">"内容识别填充"，打开"内容识别填充"对话框。在这个对话框的左侧显示的是原图像，以及创建的选区，内容识别填充工具可对其中的彩色区域（默认为绿色）取样，用于填充被删除的区域。对话框右侧是预览面板，其中显示处理的结果，如图 5.46 所示。

图 5.45

💡 提示　预览面板是一个面板，可拖曳它和图像之间的分隔条。通过拖曳预览面板的标签，可将该面板解锁，使其变成浮动的。只有在使用内容识别填充工具时，才能看到预览面板。

需要考虑的重要的设置是"取样区域选项"部分。

- 自动：默认设置，用于对图像进行分析，以改进取样区域，并将与选区周围不像的区域排除。在本例中，可以注意到树木未包含在取样区域中，因为"自动"功能认为树木与选择的水面区域相差太远了。

- 矩形：将选区外的图像作为取样区域。

- 自定：不指定取样区域，让用户使用取样画笔工具，通过手动绘画来指定取样区域。

A. 取样画笔工具
B. 取样区域
C. 内容识别填充面板
D. 用于调整缩放比例
E. 恢复所有设置

图 5.46

该使用哪个按钮呢？可单击"自动"按钮，因为它的效果通常很好，需要做的手动修饰工作也较少。在使用"自动"按钮的结果不理想时，可尝试其他按钮。

如果预览面板中的取样区域不适合，可使用取样画笔工具来进一步调整取样区域。在"内容识别填充"工作空间中，取样画笔工具是左边工具面板中的第一个工具。如果对此时的图像已经足够满意，可跳过接下来的第 8~10 步。默认的效果如何取决于创建的选区是什么样的。

⑧ 按 [键缩小取样画笔，直到选项栏中显示的画笔大小为 175 像素左右，如图 5.47 所示。"内容识别填充"对话框打开时，默认选择了取样画笔工具。

可注意到画笔中央有一个减号，这是因为取样画笔工具被设置为减去模式，选项栏中有相应的按钮。

⑨ 在不想要的区域中（有植被覆盖的区域、水面与植被交界的区域）绘画，将它们从取样区域中删除，直到它们不再是绿色的。

这时系统将重新计算填充区域，可在预览面板中看到最新的结果，如图 5.48 所示。

图 5.47

⑩ 当用来填充的区域看起来只有水面区域且倒影看起来真实后，就可停止绘画了。

可能需要不断尝试才能看到所需的效果。要改善效果，可使用以下技巧。

- 在减去模式下，使用取样画笔工具将更多的区域删除，以防填充错误的内容。例如，将水面与灯笼基底及其他叶子覆盖的部分交界的区域删除可能有所帮助。
- 使用套索工具修改选区。例如，尝试在减去模式下使用套索工具将植被覆盖的区域删除，同时确保选区包含所有的岩石区域。

💡 提示　选择套索工具后，可单击"扩展"或"收缩"按钮，将选区扩大或缩小指定的量。选择了套索工具后，就会出现这些按钮。

💡 提示　按 E 键可以快速地在套索工具的不同选择模式之间切换。

图 5.48

- 调整填充设置。在这里，调整"颜色适应"设置的效果最好，不需要使用其他选项，虽然它们在其他情形下很有用。"旋转适应"选项对重建缺失的放射型内容（如花瓣）很有用，"缩放"复选框有助于填充图案区域，而"镜像"复选框对重建对称型内容很有用。

⑪ 如果还有其他区域需要填充，可单击"应用"按钮来填充当前选区，然后就可以创建需要填充的新选区了。

⑫ 填充完所有需要填充的区域后，单击"确定"按钮，然后选择菜单"选择" > "取消选择"。

图 5.49

在图层面板中，可注意到填充区域默认放在一个名为"背景 拷贝"的新图层中，如图 5.49 所示。如果隐藏这个新图层，就可在背景图层中看到完整的原始图像。

💡 提示　如果不想将填充内容放在一个新图层中，可在单击"确定"按钮关闭"内容识别填充"对话框前修改"输出设置"部分中的"输出到"选项。

⑬ 将文件保存，再关闭它。

使用内容感知移动工具

内容感知移动工具（✂）默认处于移动模式，这有助于让移动的选区与新背景很好地融合在一起（参见后文的"使用内容感知移动工具进行变换"）。在扩展模式下，使用内容感知移动工具可扩展有规律或随机重复的区域，如草地、纯色墙壁、天空、木纹或水面。另外，扩展模式还适用于处理位于与相机垂直的平面上的建筑物，但对于与相机不垂直的物件，处理效果不佳。

如果处理的图像包含多个图层，请在选项栏中选择"对所有图层取样"复选框，以便在选区中包含所有图层的内容。

"结构"和"颜色"选项决定了既有图像在结果中的反映程度。在"结构"值的设置中，1 的反映程度最低，而 5 的反映程度最高。"颜色"的取值范围为 0（不匹配颜色）到 10（尽可能匹配颜色）。可以在选择了物体的情况下尝试这些选项，看看在特定图像中，使用哪些设置获得的结果更佳。要查看物体与新周边环境的匹配情况，可能需要隐藏选区的边缘，为此可选择菜单"视图" > "显示" > "选区边缘"或"视图" > "显示额外内容"。

使用内容感知移动工具进行变换

使用内容感知移动工具时，只需执行几个简单的步骤，就可复制对象，使其与背景融合，同时与原文件的差别足够大，看不出来是复制品。

❶ 打开文件夹 Lesson05\Extra Credit 中的文件 Thistle.psd。

❷ 选择内容感知移动工具，它与修复画笔工具和红眼工具位于同一工具组中。

❸ 在选项栏中，从"模式"下拉列表中选择"扩展"，如图 5.50 所示，复制蓟花。如果要移动蓟花，应选择"移动"。

❹ 使用内容感知移动工具绘制一个环绕蓟花的选区，
并确保选区足够大，包含蓟花周围的一些小草。

图 5.50

❺ 向左拖曳选区，将其放在只包含小草的地方。

❻ 在复制后的蓟花上单击鼠标右键（Windows）或按住 Control 键并单击复制后的蓟花（macOS），然后选择"水平翻转"，如图 5.51 所示。

❼ 拖曳左上角的变换手柄以缩小蓟花。如果想要复制的蓟花离原图像更远，可将鼠标指针指向定界框内，按住鼠标左键并稍微向左拖曳。

❽ 按 Enter 键提交变换，但不要取消选择蓟花，以便能够通过调整选项栏中的"结构"和"颜色"值，让蓟花和背景更好地融合。

❾ 选择菜单"选择" > "取消选择"，保存所做的修改，结果如图 5.52 所示。

图 5.51

图 5.52

5.10 调整图像的透视

使用透视变形功能能够调整图像中的物体与场景的关系。可通过校正扭曲、修改观看物体的角度、调整物体的透视使其与新背景融为一体。

透视变形功能的使用方法包含两个步骤：定义和调整平面。首先在版面模式下绘制四边形来定义两个或更多的平面。绘制四边形时，最好让它的边与物体的线条平行。接下来切换到变形模式，对定义的平面进行操作。

① 选择菜单"文件">"在 Bridge 中浏览"。

② 切换到文件夹 Lesson05，并查看文件 Bridge_Start.psd 和 Bridge_End.psd 的缩览图，如图 5.53 所示。

文件 Bridge_Start.psd 包含一幅火车图像和一幅栈桥图像，但这两幅图像的透视不一致。如果要讲述"飞翔的火车降落在栈桥上"的故事，这幅图像也许更适合。但如果希望图像更逼真，就需要调整火车图像的透视，使其牢固地停在铁轨上。下面使用透视变形功能来实现这个效果。

③ 双击文件 Bridge_Start.psd，在 Photoshop 中打开它。

④ 选择菜单"文件">"存储为"，将文件另存为 Bridge_Working.psd。在"Photoshop 格式选项"对话框中，单击"确定"按钮。

⑤ 选择图层 Train，如图 5.54 所示。

图 5.53   图 5.54

铁轨图像位于图层 Background 中，而火车图像位于图层 Train 中。由于图层 Train 是一个智能对象，因此如果对透视变形的结果不满意，可进行修改。

⑥ 选择菜单"编辑">"透视变形"。

💡注意　在支持图形加速的计算机上，透视变形的运行速度更快。要了解使用的计算机是否支持图形加速，请参阅 Adobe 网站的"Photoshop 系统需求"。

此时将出现一个动画式教程，演示如何绘制定义平面的四边形。

⑦ 在观看这个动画后关闭它。

下面创建定义火车图像平面的四边形。

⑧ 绘制表示火车侧面的四边形：在烟囱顶部的上方按住鼠标左键并向下拖曳鼠标指针到前轮下面的铁轨处，再拖曳鼠标指针到火车的末尾处。

⑨ 绘制表示火车正面的四边形：在排障器下边缘的左端按住鼠标左键并拖曳鼠标指针到排障器下边缘的右端，再向上拖曳鼠标指针到树木处；向右拖曳这个四边形，使其与火车侧面四边形的左边重合。

💡提示　如何确定绘制的透视四边形是否合适？如果它们像一个刚好装下目标物体的集装箱，那就是合适的。

⑩ 拖曳平面的顶点，使平面的角度与火车一致：侧面平面的下边缘应与火车车轮对齐，而上边缘应与烟囱和火车顶部对齐，正面平面应与排障器和车灯顶部的线条平行，如图 5.55 所示。

图 5.55

绘制定义平面的四边形后，就可进行变形操作了。

⑪ 单击选项栏中的"变形"按钮，关闭出现的教程窗口。

⑫ 在选项栏中，单击"变形"按钮旁边的"自动拉直接近垂直的线段"按钮（▥），如图 5.56 所示。这时，接近垂直的线条变成了垂直的，使得调整透视更容易。

图 5.56

⑬ 通过拖曳手柄来操作平面，将火车尾部往下拉，使其紧靠在铁轨上。改变火车的透视以获得更真实的效果。

⑭ 根据需要对火车的其他部分进行变形操作——可能需要调整火车的正面。进行透视变形操作时请注意车轮，确保它们没有被扭曲，如图 5.57 所示。

图 5.57

虽然有精确调整透视的方式，但在很多情况下都可以凭视觉来判断调整到什么程度合适。因为是以智能滤镜的方式进行的透视变形，所以之后仍可对其进行微调。

⑮ 对透视变形效果满意后，单击选项栏中的提交按钮。

⑯ 要对修改后的图像与原图像进行比较，可在图层面板中隐藏"透视变形"滤镜，对比后再显示它。

如果要做进一步调整，可在图层面板中双击"透视变形"滤镜。可调整既有的平面，也可单击选项栏中的"版面"按钮，以便调整这些平面的形状。修改完毕后，单击提交按钮，让修改生效。

⑰ 保存所做的工作，将文件关闭。

修改建筑物的透视

前面使用透视变形来改变一个图层与另一个图层的关系，也可使用它来改变同一个图层中不同物体之间的关系。例如，可调整观看建筑物的角度。

在这种情况下，可以以同样的方式应用透视变形：在版面模式下绘制要调整的物体的平面，在变形模式下操作这些平面。当然，由于要在图层内改变观察角度，因此该图层中的其他物体也将发生变化，为此要特别注意其中不正常的地方。例如，在图 5.58 中，当调整建筑物的透视时，周围树木的透视也发生了变化。

图 5.58

防抖滤镜

当快门速度很慢或焦距很长时，即便手很稳，相机也可能发生意外的移动。使用防抖滤镜可减少相机抖动带来的影响，让图像更清晰，应用滤镜前后的效果分别如图 5.59（a）和图 5.59（b）所示。在处理文字因相机抖动而变得模糊时，防抖滤镜很有用。

应用防抖滤镜前（a）

应用防抖滤镜后（b）

图 5.59

要使用防抖滤镜，先打开要处理的图像，再选择菜单"滤镜">"锐化">"防抖"。这个滤镜将自动分析图像，选择相关的区域并消除模糊。获得满意的效果后，单击"确定"按钮，关闭"防抖"对话框，并让这个滤镜生效。

用户可调整 Photoshop 确定的受相机抖动影响区域的形状和大小，还可调整平滑值和伪像抑制值等。在有些情况下，要获得更佳的结果，需要分别对图像的不同部分应用防抖滤镜，并使用不同的设置。

有关防抖滤镜的完整信息，请参阅 Photoshop 帮助文档。

5.11　复习题

1. 何为红眼？在 Photoshop 中如何消除红眼？
2. 如何使用多幅图像合成全景图？
3. 使用镜头校正滤镜可修复哪些常见的镜头缺陷？
4. 使用内容识别填充工具时，如果用来填充选区的内容是错误的，可怎么解决这种问题？

5.12　复习题答案

1. 红眼是由于闪光灯照射到拍摄对象的眼球上造成的。要在 Photoshop 中消除红眼，可放大人物的眼睛，然后选择红眼工具在眼睛上单击或拖曳。
2. 要使用多幅图像合成全景图，可选择菜单"文件">"自动">"Photomerge"，并选择要合并的图像，然后单击"确定"按钮。
3. 使用镜头校正滤镜可修复常见的相机镜头缺陷，如桶形扭曲（直线向图像边界弯曲）、枕形扭曲（直线向内弯曲）、色差（图像的边界出现色带），以及晕影（图像的边界，尤其是角落比中央暗）等。
4. 若内容识别填充工具使用了错误的内容来填充选区，可使用取样画笔工具将不想要的内容从取样区域中删除、使用套索工具调整选区并尝试设置不同的取样区域选项。

蒙版和通道

本课概览

- 通过创建蒙版将主体与背景分离。
- 调整蒙版使其包含复杂的边缘。
- 创建快速蒙版以修改选区。
- 使用属性面板编辑蒙版。
- 使用操控变形操纵蒙版。
- 将蒙版保存为 Alpha 通道。
- 使用通道面板查看蒙版。
- 将通道加载为选区。
- 绘制圆角的矢量星形，并用它来创建图案。

学习本课大约需要 **1** 小时

使用蒙版可隔离并编辑图像的特定部分。用户可以修改蒙版的挖空区域，而其他区域受到保护，不能被修改。在 Photoshop 中，可以创建一次性使用的临时蒙版，也可保存蒙版供以后使用。

6.1　使用蒙版和通道

不管是想编辑图层的特定区域并确保其他区域不受影响，还是只想将调整图层或滤镜应用于图层的特定区域，使用蒙版都可简化工作。蒙版是一种图像覆盖层，决定了图层将受编辑影响的区域。

💡 提示　蒙版的工作原理很像房子里将墙面装饰遮住的保护条：被遮住的区域受到保护，不会发生变化。

另外，还可使用图层蒙版让图层的某些区域变成透明的。在删除背景、将多幅图像合成为一幅图像，以及指定哪些区域将受调整图层的影响时，图层蒙版都是必不可少的。相比于将不想要的区域删除，使用图层蒙版更合适，因为后者的操作是可逆的：在图层蒙版上绘画，可让隐藏的区域重新显示出来。

除颜色通道外，图像还可包含 Alpha 通道。使用 Alpha 通道，可保存并重用选区，还可让文档的某些区域变成透明的。

要让蒙版或通道的边缘与主体较复杂的边界（如头发）一致很具挑战性。Photoshop 提供了自动化工具，可快速创建复杂的选区和蒙版。

💡 注意　蒙版和 Alpha 通道是不可见的，不会被打印出来，只能通过可见的图层看到它们带来的影响。

6.2　概述

下面来查看将使用蒙版和通道创建的图像。

❶ 启动 Photoshop 并立刻按住 Ctrl + Alt + Shift 组合键（Windows）或 Command + Option + Shift 组合键（macOS）。

❷ 在出现的提示对话框中单击"是"按钮，确认删除 Photoshop 设置文件。

❸ 选择菜单"文件">"在 Bridge 中浏览"，启动 Bridge。

💡 注意　如果没有安装 Bridge，在选择菜单"文件">"在 Bridge 中浏览"时，将启动桌面应用程序 Creative Cloud，而它将下载并安装 Bridge。安装完成后，便可启动 Bridge。

❹ 单击 Bridge 窗口左上角的"收藏夹"标签，选择文件夹 Lessons，然后双击内容面板中的文件夹 Lesson06。

❺ 查看文件 06End.psd。要想图像看得更清楚，可将 Bridge 窗口底部的缩览图滑块向右拖曳来放大缩览图。

在本课中，将制作一幅图像。该图像使用的模特照片的背景不合适，下面使用"选择并遮住"按钮将模特放到合适的背景中，并让模特的头往上抬一点，然后创建一个用作背景的图案。

❻ 双击文件 06Start.psd 的缩览图，在 Photoshop 中打开它。如果出现"嵌入的配置文件不匹配"对话框，单击"确定"按钮。

❼ 选择菜单"文件">"存储为"，将文件另存为 06Working.psd。如果出现"Photoshop 格式选项"对话框，单击"确定"按钮。

存储原始文件的副本，可在需要时使用它。

蒙版和 Alpha 通道

颜色通道、Alpha 通道、图层蒙版、矢量蒙版、剪贴蒙版、通道蒙版和快速蒙版之间有何不同呢？它们其实是同一个概念的不同表现形式。换句话说，它们都是图像覆盖层，使用白色、黑色和灰色来控制图层的哪些区域是可见或透明的。明白下面的差别后，就能在处理图像时做出正确的选择。

- 颜色通道存储彩色图像的可见部分。例如，RGB 图像有 3 个颜色通道：红色、绿色和蓝色。
- Alpha 通道以灰度图像的方式存储选区。Alpha 通道独立于图层和颜色通道，可将其转换为选区或路径，还可将选区或路径转换为 Alpha 通道。在有些格式的文件（如 PNG文件）中，Alpha 通道以其他应用程序能够识别的方式指出图像的哪些区域是透明的。
- 在 Photoshop 中，图层蒙版是与特定图层关联的 Alpha 通道。通过图层蒙版，可控制要显示或隐藏图层的哪些部分。在图层面板中，图层蒙版的缩览图显示在图层缩览图右边（在使用黑色绘制前，它是白色的），如果其周围有黑色边框，则说明当前选择了它。
- 矢量蒙版是由独立于分辨率的矢量对象（而不是像素）组成的图层蒙版。使用矢量蒙版能够精确地控制蒙版边缘，比使用画笔工具来编辑蒙版更方便。要创建矢量蒙版，可使用"图层" > "矢量蒙版"中的命令，也可使用钢笔工具或形状工具。
- 剪贴蒙版是用一个图层来遮盖另一个图层时形成的。在图层面板中，剪贴蒙版的缩览图向右缩进，并通过一个直角箭头指向它下面的图层。被剪贴的图层的名称带下划线。
- 通道蒙版是基于颜色通道（如 RGB 图像中的绿色通道）中的色调反差创建的蒙版。使用高级遮盖、颜色校正和锐化等功能时，通道蒙版很有用。例如，在蓝色通道中，树木和天空之间的边界通常是最清晰的。
- 快速蒙版是一个临时蒙版，用于将绘画或其他编辑操作限定在图层的特定区域内。快速蒙版是由像素组成的选区，因此通常会使用绘画工具（而不是通过编辑选区）来编辑它们。

▌6.3 使用"选择并遮住"和"选择主体"

Photoshop 提供了一组专门用于创建和改进蒙版的工具，这些工具放在一个名为"选择并遮住"的工作空间中。在这个工作空间中，先使用"选择主体"按钮创建一个粗略的蒙版，将模特与背景分离；然后使用其他工具（如快速选择工具）改进蒙版。

❶ 在图层面板中确保两个图层都是可见的，而且选择了图层 Model。

② 选择菜单"选择">"选择并遮住"，在"选择并遮住"工作空间中打开图像。

提示 在选择了选择工具的情况下，选项栏中会出现"选择并遮住"按钮；若选项栏中没有"选择并遮住"按钮，可选择菜单"选择">"选择并遮住"。

提示 首次使用"选择并遮住"按钮时，可能弹出提示式教程。可浏览该教程，然后接着学习本课，也可单击"以后再说"或"关闭"按钮。

在其中的文档窗口中，有棋盘图案，它表示会被遮住的区域。当前，棋盘图案覆盖了整幅图像，因为还没有指定要显示哪些区域，如图 6.1 所示。

图 6.1

提示 有关如何创建选区，请参阅第 3 课。

提示 在选择了选择工具的情况下，可单击选项栏中的"选择并遮住"按钮来打开"选择并遮住"对话框，而无须选择菜单"选择">"选择并遮住"。

③ 在属性面板的"视图模式"部分，从"视图"下拉列表中选择"叠加"，被遮住的区域将显示为透明的红色，而不是洋葱皮式的棋盘图案。当前，整个图像都被遮住了，因此透明的红色覆盖了整个图像区域，如图 6.2 所示。

该工作空间中有多种不同的视图模式，使得在不同背景下能够轻松地查看蒙版。

提示 按 F 键可快速在不同视图模式之间切换。在不同模式下查看，有助于发现在其他模式下不明显的选择错误。

④ 在选项栏中单击"选择主体"按钮，如图 6.3（a）所示。红色叠加部分清晰地指出了遗漏的区域和蓬松的头发所处的边缘，如图 6.3（b）所示。

图 6.2

（a）

（b）

图 6.3

💡 **注意** 如果在选项栏中没有看到"选择主体"按钮，确认是否选择了快速选择工具。

💡 **提示** 并非必须在打开了"选择并遮住"对话框的情况下才能选择菜单"选择" > "主体"，即便在没有选择任何选择工具的情况下，也可以使用这个命令。

　　高级机器学习技术对选择主体功能进行了训练，使其能够识别出照片中典型的主体（如人物、动物和物体），并根据它们创建选区。通过它们创建的选区可能有不足，但大体上是精确的，用户能够使用其他选择工具轻松、快速地进行调整。

　　⑤ 在属性面板的"视图模式"部分，从"视图"下拉列表中选择"黑白"，在这种视图模式下更容易看清蒙版边缘。

　　⑥ 如果必要，展开属性面板的"调整模式"部分，并单击"颜色识别"按钮。如果出现一个消息对话框，单击"确定"按钮即可。此时可以看到蒙版边缘发生了变化。

　　有两种调整模式，它们以不同的方式解读潜在的主体边缘。背景比较简单时（这里的照片就是这样的），使用"颜色识别"按钮的效果很好；背景很复杂时，使用"对象识别"按钮的效果可能更好。要比较这两种调整模式的结果，可选择菜单"编辑">"切换最终状态"在这两种模式之间切换。

⑦ 在属性面板的"视图模式"部分，从"视图"下拉列表中选择"叠加"，以便更好地对蒙版边缘和实际图像进行比较。

可以注意到模特胸前的几个地方被遗漏了，可使用快速选择工具轻松地将这些地方添加到选区中。

⑧ 选择快速选择工具，然后在选项栏中将画笔大小设置为 15 像素。

⑨ 在遗漏的区域上按住鼠标左键并拖曳（注意不要拖曳到背景中），将它们添加到选区中，如图 6.4 所示。快速选择工具能够检测出内容边缘，因此拖曳时不用非常精确。

图 6.4

> 💡 提示　在编辑选区时，可以通过放大图像找出遗漏的区域。

在拖曳时，不要让鼠标指针位于模特的边缘或背景区域。如果添加了不想添加的区域，可选择菜单"编辑">"还原"，也可切换到减去模式，并使用快速选择工具在要剔除的区域拖曳。要切换到减去模式，可单击选项栏中的"从选区减去"按钮（⊖）。

在模特身上拖曳时，指定的要显示的区域上的浅红色将消失。在这个阶段，无须确保蒙版十分精确。

> 💡 提示　要调整不透明度，可拖曳"透明度"滑块。

⑩ 在"视图模式"部分，从"视图"下拉列表中选择"图层"。此时，可看到当前设置将如何遮住图层 Episode Background 上面的图层 Model，如图 6.5 所示。

图 6.5

在较大的缩放比例（如400%）下查看模特的边缘。有些较亮的背景区域依然会透过模特显示出来，但总体而言，使用"选择主体"按钮和快速选择工具准确地找出了衬衫和脸庞的边缘。接下来，将解决一些边缘缺口和不准确的头发边缘问题。

使用"选择并遮住"按钮既快又好地创建蒙版

使用"选择并遮住"按钮时，应使用不同的工具来指定要完全显示、完全遮住和部分显示的区域，可以按以下操作进行。

- 使用"选择主体"按钮可快速创建初步选区。
- 快速选择工具可用于快速调整通过"选择主体"按钮生成的选区，还可用于创建初步选区。当使用这个工具时，它将通过边缘检测技术自动找出蒙版边缘。不要在蒙版边缘拖曳，拖曳时确保鼠标指针完全位于要显示的区域里面（在添加模式下）或外面（在减去模式下）。
- 要手动指定蒙版边缘（不自动检测边缘），可使用画笔工具、套索工具或多边形套索工具。这些工具也有添加模式和减去模式，它们分别用于指定要显示的区域和要遮住的区域。

💡 **提示** 在"选择并遮住"对话框中，多边形套索工具和套索工具在一组。

- 不要使用工具面板在添加模式和减去模式之间切换，应该让工具处于添加模式，并在需要临时切换为减去模式时，按住 Alt 键（Windows）或 Option 键（macOS）进行切换。
- 在蒙版边缘为头发等复杂的情况时，为让边缘更精确，可使用调整边缘画笔工具在这些边缘上拖曳。不要使用调整边缘画笔在需要完全显示或完全遮住的区域拖曳。
- 不一定要完全使用"选择并遮住"按钮来创建选区。例如，使用其他工具（如"色彩范围"命令）创建了选区，可让这个选区处于活动状态，再单击选项栏中的"选择并遮住"按钮，以便对蒙版进行调整。

6.3.1 调整蒙版

使用"选择主体"按钮没有选择模特的所有头发，如从模特发髻垂下的几丝发丝。下面在"选择并遮住"工作空间中，使用调整边缘画笔工具（ ✐ ）找出细节丰富的边缘。

💡 **提示** 在"选择并遮住"对话框的属性面板中，调整模式提供了两种处理头发的方式，其中的"颜色识别"适用于处理背景简单的图像（如这里的图像），而"对象识别"适用于处理背景复杂的图像。

❶ 在缩放比例为300%甚至更大的情况下，查看模特发髻附近的头发边缘，如图6.6所示。

❷ 选择调整边缘画笔工具。在选项栏中，将画笔大小设置为20像素、硬度设置为100%，如图6.7所示。

💡 **提示** 如果初始选区是使用工具手动创建的（而不是使用"选择主体"按钮创建的），单击"调整细线"按钮，这样可减少使用调整边缘画笔工具进行绘画的工作量。

❸ 在发髻和遗漏发丝的末端之间拖曳。沿着从发髻下垂的发丝拖曳，会发现它们包含在可见区域内，如图 6.8 所示。

图 6.6 图 6.7 图 6.8

❹ 向下拖曳到衬衫后面的头发处。

可以看到现在已经选择了这个发圈内部，但还有一个更小的空洞没有选择，需要透过这个空洞将背景显示出来，因此下面使用调整边缘画笔工具将这些区域加入蒙版中。

❺ 在选项栏中，将调整边缘画笔工具的画笔大小调整为 15 像素，将硬度设置为 100%。

来自 Photoshop 官方培训师的提示

编辑图像时，经常需要放大图像以处理细节，或缩小图像以查看修改效果。下面是一些快捷键，使用它们执行缩放操作更快捷。

- 在选择了其他工具的情况下，按 Ctrl++ 组合键（Windows）或 Command++ 组合键（macOS）进行放大，按 Ctrl+- 组合键（Windows）或 Command+- 组合键（macOS）进行缩小。
- 双击工具面板中的缩放工具，将图像的缩放比例设置为 100%。
- 选择选项栏中的"细微缩放"复选框，向右拖曳可放大视图，向左拖曳可缩小视图。
- 按住 Alt 键（Windows）或 Option 键（macOS）从放大工具切换为缩小工具，然后单击图像。每执行一次这样的操作，图像都将按下一个预设的缩放比例进行缩小，同时单击的位置显示在文档窗口中央。

❻ 在发丝的缝隙间拖曳，将这些透明的区域显示出来，如图 6.9 所示。

❼ 从"视图"下拉列表中选择"黑白"，这是另一种蒙版检查方式。在不同的缩放比例下查看蒙版，查看完毕后选择菜单"视图">"按屏幕大小缩放"。黑色表示的区域是透明的，如图 6.10 所示。

如果发现头发或其他应显示的细节被遮住，使用调整边缘画笔工具在它们上面拖曳。要显示的细节越小，就应将调整边缘画笔设置得越小，但也不用让调整边缘画笔工具的大小刚好覆盖细节。

图 6.9

图 6.10

如果使用调整边缘画笔工具在错误的区域拖曳，将它们错误地指定为要显示的区域，可按住 Alt 键（Windows）或 Option 键（macOS），并使用调整边缘画笔工具在正确的区域拖曳。

要将某些离散的区域变成完全可见或完全透明的，可使用画笔工具（工具面板中的第三个工具）在这些区域绘画。要让相应的区域是可见的，可使用白色绘画；要让相应的区域被隐藏，可使用黑色绘画。

> 💡 提示　仅蒙版边缘处才有可能是灰色的。主体外面的所有区域都应该是黑色的，而主体里面的所有区域都是白色的。

> 💡 提示　要牢记该使用什么颜色在蒙版中绘画，有一个速记口诀是"黑色隐藏，白色显示"。

6.3.2　全局调整

至此，蒙版已经创建好了，但还需稍微缩小一点。要微调蒙版的整体外观，可通过"全局调整"部分的设置进行。

❶ 在属性面板的"视图模式"部分，从"视图"下拉列表中选择"图层"。这样能够以图层 Model 下面的图层 Episode Background 为背景来预览效果。

> 💡 注意　修改"全局调整"部分的设置时应注意细节。例如，调整"平滑"的值时，如果发现蒙版的尖角变成了圆角或影响到了重要的细节，就说明"平滑"的值太大了。同样，"羽化"的值太高可能导致边缘出现难看的光晕。

❷ 在"全局调整"部分，将"平滑"滑块拖曳到 1 处，让轮廓更平滑；将"对比度"设置为 20%，让选区边界的过渡更明显；将"移动边缘"设置为 -15%，从而将选区边界往内移，以删除不想显示的背景部分（如果将"移动边缘"设置为正值，选区边界将向外移），如图 6.11 所示。

图 6.11

❸ 以背景图层为背景查看这个蒙版，并根据需要做必要的调整。

6.3.3 完成蒙版创建

对蒙版的效果满意后，就可进行最终结果的输出，可以输出为选区、带透明度的图层、图层蒙版或新文档。在这里，要将其用作进入"选择并遮住"对话框时选择的图层 Model 的图层蒙版。

> 💡提示 如果要使用类似的设置来处理很多图像，可从"预设"下拉列表中选择"存储预设"，创建一个名为"选择并遮住"的预设，以便随时调用。

❶ 如果输出设置被隐藏，单击箭头按钮显示它们。

❷ 将图像放大到至少 200%，以便看清脸庞周围的亮条纹，这些条纹是图层 Model 中的背景透过蒙版而形成的。

❸ 选择"净化颜色"复选框，以消除这些条纹。如果生成了伪像，可降低"数量"的值，以获得所需的结果。这里将其设置为 25%。

❹ 从"输出到"下拉列表中选择"新建带有图层蒙版的图层"，如图 6.12 所示，然后单击"确定"按钮，退出该工作空间。

这时，在图层面板中，新增了一个带图层蒙版（像素蒙版）的图层 Model 拷贝，这个图层是由"选择并遮住"按钮创建的，如图 6.13 所示。

图 6.12

之所以复制图层 Model，是因为"净化颜色"复选框需要使用它来生成新像素。原来的图层 Model 被保留，并自动隐藏。如果要重做蒙版，可删除图层"Model 拷贝"，让图层 Model 可见并选择它，然后打开"选择并遮住"对话框。

> 💡注意 如果没有选择"净化颜色"复选框，就可从"输出到"下拉列表中选择"图层蒙版"。在这种情况下，将给图层 Model 添加一个图层蒙版，而不会复制它。

图 6.13

如果对蒙版不满意，可继续编辑。为此，可在图层面板中选择图层蒙版缩览图，然后单击属性面板中的"选择并遮住"按钮、单击选项栏中的"选择并遮住"按钮（应确保当前选择的是选择工具）或选择菜单"选择">"选择并遮住"。

⑤ 保存所做的工作。

6.4 创建快速蒙版

下面来修改镜框的颜色，将使用快速蒙版进行修改。快速蒙版可通过绘画来创建。修改之前，先清理一下图层面板。

① 隐藏图层 Episode Background，以便将注意力集中在模特上。确保选择了图层 Model 拷贝，如图 6.14 所示。

② 单击工具面板底部的"以快速蒙版模式编辑"按钮（▣），如图 6.15 所示。

图 6.14

图 6.15

> 💡 注意　如果显示器较小且工具面板处于单栏模式，"以快速蒙版模式编辑"按钮可能没有显示在屏幕中。
> 如果工具面板处于双栏模式，"以快速蒙版模式编辑"按钮将位于工具面板的左下角。

在快速蒙版模式下，创建选区时，将出现红色叠加层，像传统照片冲印店使用红色醋酸纸覆盖选区外的区域那样（类似于"选择并遮住"中的"叠加"视图模式）。用户只能修改选定并可见的区域，因为这些区域未受到保护。在图层面板中，选定的图层呈红色，这表明当前处于快速蒙版模式，如图 6.16 所示。

❸ 选择工具面板中的画笔工具。

❹ 在选项栏中，确保模式为"正常"。打开弹出式画笔面板，并选择一种大小为 13 像素、硬度为 100% 的画笔，然后在面板外单击以关闭它。

❺ 在眼镜腿上绘画，如图 6.17（a）所示，可以适当放大视图。绘画的区域将变成红色，表明创建了一个蒙版。

❻ 继续绘画以覆盖眼镜腿和镜片周围的镜框，如图 6.17（b）所示。在镜片周围绘画时缩小画笔，最终效果如图 6.17（c）所示。

图 6.16

（a）　　　　　　　　（b）　　　　　　　　（c）

图 6.17

可以暂时忽略被头发覆盖的眼镜腿部分。

💡 提示　这里是通过在要选择的区域内绘画来创建选区的，在第 3 课中是使用创建选框的工具来创建选区的。

在快速蒙版模式下，Photoshop 将红色遮盖层视为灰度蒙版，其中的灰度对应于蒙版的透明度。在快速蒙版模式下使用绘画或编辑工具时，请牢记以下原则。

· 使用黑色绘画将增大蒙版（红色覆盖层）并缩小选区。

· 使用白色绘画将缩小蒙版并增大选区。

· 使用灰色绘画将在蒙版中添加透明区域——灰度越大透明程度越高（遮盖程度越高）。

❼ 单击"以标准模式编辑"按钮（▢），退出快速蒙版模式。

接下来选择未覆盖的区域，退出快速蒙版模式后，将快速蒙版转换为选区。

💡 提示　如果要将选区保留以便以后使用，请将其保存为 Alpha 通道（选择菜单"选择">"存储选区"），否则取消选择后，选区将丢失。

❽ 选择菜单"选择">"反选"，选择前面遮盖的区域。

❾ 选择菜单"图像">"调整">"色相 / 饱和度"，选区将被转换为图层蒙版，确保色相 / 饱和度的调整只应用于未被遮盖的区域。

❿ 在"色相/饱和度"对话框中，将"色相"设置为 70，然后单击"确定"按钮，镜框将变成绿色，如图 6.18 所示。

⓫ 选择菜单"选择">"取消选择"。

图 6.18

6.5 使用操控变形操纵图像

使用操控变形能够灵活地操纵图像。在本例中，可以调整头发和胳膊等的位置，就像提拉木偶上的绳索一样，可在要控制移动的地方加入图钉。下面使用操控变形让模特的头后仰，使其向上看。

❶ 缩小图像以便能够看到整个模特。

❷ 在图层面板中选择了图层"Model 拷贝"的情况下，选择菜单"编辑">"操控变形"。

♡ 注意 Photoshop 提供了多种不同的让图层变形的方式，这里之所以使用操控变形，是因为它是让图像特定部分绕中心旋转（如这里的让头后仰）的较简单的方式。

图层的可见区域（这里是模特区域）出现网格，如图 6.19 所示，下面使用该网格在要控制移动（或确保它不移动）的地方添加图钉。

❸ 沿身体边缘和头的下部单击，每次单击都将添加一颗图钉。添加 10~12 颗图钉就够了，如图 6.20（a）所示。

在身体周围添加图钉，可确保模特头部向后仰时，身体保持不动。

❹ 选择颈背上的图钉，该图钉将变成蓝色，表明选择了该图钉，如图 6.20（b）所示。

图 6.19　　　　　　　（a）　　　　　　　　（b）
　　　　　　　　　　　　　　图 6.20

❺ 按住 Alt 键（Windows）或 Option 键（macOS），将在图钉周围出现一个更大的圆圈，如图 6.21 所示。鼠标指针将变成弯曲的双箭头，如图 6.22（a）所示，按住 Alt 键或 Option 键和鼠标左键并拖曳，让模特的头部后仰，如图 6.22（b）所示。在选项栏中可看到旋转角度，也可以设置其数值为 170，如图 6.22（c）所示。

（a）　　　　　　　　　（b）

（c）

图 6.21　　　　　　　　　　　　　　　　　　　　图 6.22

💡 注意 按住 Alt 键（Windows）或 Option 键（macOS）后不要单击图钉，否则图钉会被删除。

⑥ 对旋转角度满意后，单击选项栏中的提交按钮或按 Enter 键。

⑦ 保存所做的工作。

6.6　使用 Alpha 通道创建投影

不同的图层存储图像中的不同信息，同样，通道也能够存储图像的特定信息。Alpha 通道将选区存储为灰度图像，而颜色信息通道存储有关图层中每种颜色的信息。例如，RGB 图像默认包含红色、绿色、蓝色和复合通道。

为避免将通道和图层混为一谈，可这样理解：通道包含图像的颜色和选区信息，而图层包含的是绘画、形状、文本和其他内容。

为创建投影，先把图层 Model 拷贝的透明区域转换为选区，然后在另一个图层中使用黑色来填充该选区。由于将通过修改选区来创建投影，因此下面将该选区存储为 Alpha 通道，以便后面需要时加载它。

① 在图层面板中，按住 Ctrl 键（Windows）或 Command 键（macOS）并单击图层 Model 拷贝的缩览图，选择蒙版对应的区域。

② 选择菜单"选择">"存储选区"，在"存储选区"对话框中，确保从"通道"下拉列表中选择了"新建"，然后将通道命名为 Model Outline，单击"确定"按钮，如图 6.23 所示。

图 6.23

图层面板和文档窗口都没有任何变化，但在通道面板中添加了一个名为 Model Outline 的新通道。选区依然处于活动状态。

💡 提示　将选区存储为 Alpha 通道后，可随时重用它（甚至可在其他 Photoshop 文档中重用它），为此可选择菜单"选择">"载入选区"。

Alpha 通道简介

下面是 Alpha 通道的相关知识。

- 一幅图像最多可包含 56 个通道，其中包括所有的颜色通道和 Alpha 通道。
- Alpha 通道是 8 位的灰度图像，能够存储 256 种灰度。
- 可以指定每个通道的名称、颜色、蒙版选项和不透明度。其中，不透明度只影响通道的预览效果，而不会影响图像。
- 所有新通道的像素尺寸都与当前图像相同。
- 可以使用绘画工具和滤镜对 Alpha 通道进行编辑。
- 可以将 Alpha 通道转换为专色通道。
- 选择菜单"选择">"载入选区"，可从另一个文档中载入 Alpha 通道，条件是这两个文档的像素尺寸相同。

❸ 单击图层面板底部的"创建新图层"按钮，将新图层拖曳到图层 Model 拷贝的下面，然后双击新图层的名称，并将其重命名为 Shadow，如图 6.24（a）所示。

🔔 注意　有些图像文件格式支持随图像文档存储 Alpha 通道。在 Photoshop 中，如果存储文档时选择了"Alpha 通道"复选框，将创建一个 Alpha 通道，该通道覆盖合成图像中没有不透明像素的所有区域。

❹ 在选择了图层 Shadow 的情况下，选择菜单"选择">"选择并遮住"，把当前选区载入"选择并遮住"工作空间。

❺ 在属性面板的"视图模式"部分，从"视图"下拉列表中选择"黑底"。

❻ 在"全局调整"部分，将"移动边缘"滑块拖曳到 36% 处。在"输出设置"部分，确保从"输出到"下拉列表中选择了"选区"，如图 6.24（b）所示，单击"确定"按钮。

❼ 选择菜单"编辑">"填充"，在打开的"填充"对话框中，从"内容"下拉列表中选择"黑色"，单击"确定"按钮，如图 6.25 所示。

图层 Shadow 将显示用黑色填充的模特轮廓。投影通常没有这么暗，下面降低该图层的不透明度。

❽ 在图层面板中，将图层不透明度改为30%，如图 6.26 所示。

（a）　　　　　　　（b）

图 6.24

图 6.25   图 6.26

当前，投影与模特完全重合。下面调整投影的位置。

⑨ 选择菜单"选择"＞"取消选择"。

⑩ 选择菜单"编辑"＞"变换"＞"旋转"。手动旋转投影或在选项栏的"旋转"文本框中输入"–15"，再向左拖曳投影或在选项栏的"X"文本框中输入"545"，如图 6.27（a）所示。单击提交按钮或按 Enter 键让变换生效，效果如图 6.27（b）所示。

⑪ 单击图层 Episode Background 的眼睛图标，让这个图层可见。删除图层 Model，结果如图 6.28 所示。

（a）

（b）

图 6.27   图 6.28

⑫ 选择菜单"文件"＞"存储"，保存文件。

6.7　创建用作背景的图案

在最终的图像中使用了一个图案来填充背景，下面通过定制一个矢量图形来快速创建这个图案。

定制多边形

这个背景图案是基于星形的。Photoshop 没有提供星形工具，但可轻松地创建这种图形，方法是使用多边形工具绘制一个图形，并对其进行调整。

❶ 打开文件夹 Lesson06 中的文件 06Pattern.psd。

❷ 选择多边形工具（◯），它与矩形工具位于同一工具组中，如图 6.29（a）所示。
在选项栏中，确保从"模式"下拉列表中选择了"形状"，如图 6.29（b）所示。

（a）　　　　　　　　　　　（b）

图 6.29

❸ 按住 Shift 键和鼠标左键并拖曳，绘制一个宽度大约为 340 像素的多边形。如果这个多边形并不位于矩形画布中央，可在绘制后使用移动工具调整其位置。

❹ 在选择了这个形状图层的情况下，在属性面板的"外观"部分将填色设置为"无"，将描边宽度设置为 20 像素，将描边颜色设置为比背景稍深的蓝色（这里使用的颜色值为 R=27、G=58、B=185）。

❺ 将边数设置为 8，将星形比例设置为 70%，如图 6.30（a）所示。当星形比例小于 100% 时，边数指定的是角数，效果如图 6.30（b）所示。

（a）　　　　　　　　　　　（b）

图 6.30

❻ 在图层面板中，将这个星形图层拖曳到"创建新图层"按钮上以复制它。

❼ 在属性面板中，将旋转角度设置为 24 度。

❽ 选择菜单"编辑">"自由变换"，按住 Alt（Windows）或 Option（macOS）键拖曳某个角上的手柄，将复制的星形图层缩小，使其位于原始星形的内部，如图 6.31 所示，按 Enter 键提交变换。

❾ 选择菜单"视图">"图案预览"，看看使用这个图形创建图案时结果是什么样的，如图 6.32 所示。如果出现消息对话框，单击"确定"按钮。在图案预览中，只能修改原始图形，当修改原始图形时，图案预览将产生相应变化。

图 6.31　　　　　　　　　　　　　　　　　　　　图 6.32

⑩ 选择移动工具，然后在图层面板中选择图层"多边形 1"（较大的星形），可以看到右上角的角内有一个小型圆形手柄。如果看不到这个手柄，在选项栏中选择"显示变换控件"复选框，并增大缩放比例。

⑪ 拖曳这个手柄，将多边形的角变成圆角（此处通过拖曳将圆角半径设置为 20 像素），图案预览将相应地更新，如图 6.33 所示。

图 6.33

⑫ 在图层面板中，选择图层"多边形 1 拷贝"（较小的星形）。在属性面板中，将角数设置为 15，并将描边宽度减小为 15 像素，如图 6.34 所示。

图 6.34

⑬ 选择菜单"编辑">"定义图案"，将图案命名为 Podcast Pattern，单击"确定"按钮，如图 6.35 所示。这样就创建了一个图案预设，可以在任何 Photoshop 文档中使用它。

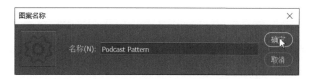

图 6.35

⑭ 选择菜单"文件">"存储为"，将文件另存为 06Pattern_Working.psd。如果出现"Photoshop 格式选项"对话框，单击"确定"按钮。

⑮ 切换到文件 06Working.psd，选择图层 Episode Background。

⑯ 在图层面板中单击"创建新的填充或调整图层"按钮（◑），选择"图案"，如图 6.36 所示。

图 6.36

⑰ 在"图案填充"对话框中单击图案选择器下拉按钮，选择刚创建的蓝色图案，它位于下拉列表末尾。将角度设置为 45 度，将缩放设置为 35%，单击"确定"按钮，如图 6.37 所示。

图 6.37

⑱ 保存所做的工作。至此，这个背景就做好了。

6.8 复习题

1. 快速蒙版有何用处和优点?
2. 取消选择快速蒙版,将发生什么情况?
3. 将选区存储为 Alpha 通道时,Alpha 通道被存储在什么地方?
4. 存储蒙版后,如何在通道中编辑蒙版?
5. 通道和图层之间有何不同?

6.9 复习题答案

1. 使用快速蒙版可以创建一次性选区。通过快速蒙版,可使用绘图工具轻松地编辑选区。
2. 与其他选区一样,取消选择快速蒙版后它将消失。
3. Alpha 通道与其他可见的颜色通道一起存储在通道面板中。
4. 可使用黑色、白色和灰色在 Alpha 通道中的蒙版上绘画。
5. Alpha 通道用于存储选区的存储区。所有可见图层都将出现在打印或导出的结果中,但在打印或导出的结果中,只有颜色通道可见,而 Alpha 通道不可见。图层包含有关图像内容的信息,而 Alpha 通道包含有关选区和蒙版的信息。

第 7 课

文字设计

本课概览

- 利用参考线在合成图像中添加文字。
- 根据文字创建剪贴蒙版。
- 将文字和其他图层合并。
- 预览字体。

- 设置文字的格式。
- 沿路径放置文字。
- 使用高级功能控制文字及其位置。

学习本课大约需要 **1** **小时**

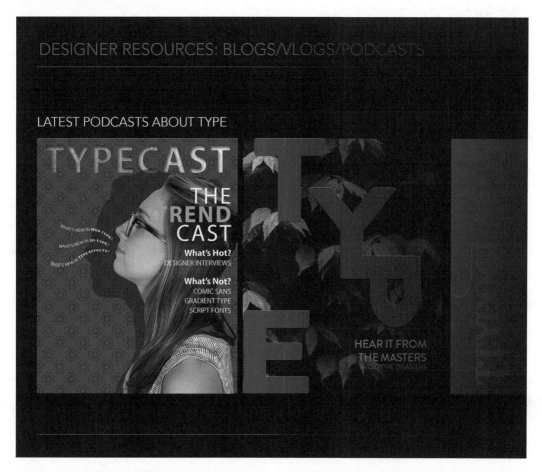

Photoshop 提供了功能强大且灵活的文字工具，让用户能够轻松且颇具创意地在图像中加入文字。

7.1 关于文字

Photoshop 文字图层由矢量的图形组成，这些图形可以是某种字体中的字母、数字和符号。很多字体都有多种格式，其中常见的是 TrueType 和 OpenType（有关 OpenType 的详细信息，请参阅本课后面的 "Photoshop 中的 OpenType"）。Type 1 PostScript 字体是一种较老的字体格式，现在用得比较少。

💡 注意 从 2023 年 1 月起，Photoshop 将不再支持 Type 1 PostScript 字体。用户可以考虑购买这些字体的 OpenType 版本的使用许可证。

Photoshop 保留矢量的文字的轮廓，当编辑、缩放文字图层或调整其大小时，将以 Photoshop 文档的分辨率来渲染文字。然而，文档的像素尺寸决定文字的清晰度，因此对于像素尺寸较小的文档（如用于网站的低分辨率文档），当放大它们时，文字的边缘就会出现锯齿。

7.2 概述

在本课中，将制作一个图形，这个图形以第 6 课制作的图形为基础，其中包含一位模特、模特投影和蓝色背景。本课将在这个图形中添加文字，设置其样式，包括对文字进行变形。

下面来查看最终的合成图像。

❶ 启动 Photoshop 并立刻按住 Ctrl + Alt + Shift 组合键（Windows）或 Command + Option + Shift 组合键（macOS）。

❷ 在出现的提示对话框中单击 "是" 按钮，确认删除 Photoshop 设置文件。

❸ 选择菜单 "文件" > "在 Bridge 中浏览"，启动 Bridge。

💡 注意 如果没有安装 Bridge，当选择 "在 Bridge 中浏览" 时将提示安装 Bridge。更详细的信息请参阅前言。

❹ 在 Bridge 左上角的收藏夹面板中，单击文件夹 Lessons，然后双击内容面板中的文件夹 Lesson07，以便能够看到其中的内容。

❺ 选择文件 07End.psd。向右拖曳缩览图滑块加大缩览图，以便清晰地查看该图像。

下面将使用 Photoshop 的文字功能来完成图形的制作。所需的文字处理功能 Photoshop 都有，无须切换到其他软件就能完成文字的添加及样式设置。

💡 注意 虽然本课是第 6 课的延续，但使用的文件是 07Start.psd，它包含一条路径和一个注释，这些在存储的文件 06Working.psd 中是没有的。

❻ 双击文件 07Start.psd，在 Photoshop 中打开它。

❼ 选择菜单 "文件" > "存储为"，将文件另存为 07Working.psd。

💡 注意 如果 Photoshop 显示了一个对话框，指出保存到云文档和保存到计算机之间的差别，则单击 "保存在您的计算机上" 按钮。此外，还可选择 "不再显示" 复选框，但当恢复 Photoshop 的默认首选项设置后，将取消选择这个复选框。

❽ 在 "Photoshop 格式选项" 对话框中，单击 "确定" 按钮。

❾ 单击选项栏中的工作区选择按钮（），并从下拉列表中选择"图形和 Web"，如图 7.1 所示。

图 7.1

图形和 Web 工作区中显示本课将使用的字符面板和段落面板，还显示了图层面板和字形面板。这里显示的工具面板可能与其他课程中的不同，因为图形和 Web 工作区中的工具面板是定制的。

7.3　使用文字创建剪贴蒙版

剪贴蒙版是一个或一组对象，会遮住其他元素，只有对象内部的区域才是可见的。

实际上，这是系统对其他元素进行了裁剪，使其符合剪贴蒙版的形状。在 Photoshop 中，可以使用形状或字母来创建剪贴蒙版。在本节中，将把字母用作剪贴蒙版，让另一个图层中的图像能够透过这些字母显示出来。

7.3.1　添加参考线以方便放置文字

在本课中，将添加多个需要对齐的文字图层。为简化对齐工作，下面将先添加几条非打印的参考线，用于帮助确定文字的位置。

> ♀提示　选择菜单"视图" > "实际大小"，Photoshop 标尺将与现实中的标尺相同。这种设置适合需要打印的文档，但不适合度量单位为像素的文档。

❶ 选择菜单"视图" > "按屏幕大小缩放"，以便能够看到整个画布。

❷ 选择菜单"视图" > "标尺"，在文档窗口顶端和左侧显示标尺。

❸ 如果标尺的单位不是英寸，在标尺上单击鼠标右键（Windows）或按住 Control 键并单击标尺（macOS），然后选择"英寸"。

④ 从左标尺上拖曳出一条垂直参考线，并将其放在文档中央（4.25 英寸处），如图 7.2 所示。

图 7.2

💡 提示 如果难以将垂直参考线拖曳到 4.25 英寸处，可在拖曳时按住 Shift 键，这样参考线将自动与 4.25 英寸处的标尺刻度对齐。

7.3.2 添加点文字

下面在合成图像中添加文字。可以添加点文字（一个字母、一个单词或一行字）或段落文字。在本课中，将添加这两种文字。下面添加点文字。

① 在图层面板中选择图层 Pattern Fill 1，如图 7.3（a）所示。

② 选择横排文字工具，并在选项栏中做以下设置，如图 7.3（b）所示。

- 在"字体系列"下拉列表中选择一种带衬线的字体，如 Minion Pro。
- 在"字体大小"文本框中输入"115 点"并按 Enter 键；
- 单击"居中对齐文本"按钮（☰）。

③ 在字符面板中，将"字距"设置为 50，如图 7.3（c）所示。

字距值用于指定字母的间距，影响文本行的紧密程度。

（a）   （c）

（b）

图 7.3

④ 在前面添加的中央参考线与模特投影交叉的地方单击以设置插入点，输入"TYPECAST"，单击选项栏中的提交按钮，结果如图 7.4 所示。

💡 注意 输入文字后，要提交编辑，要么单击提交按钮，要么切换到其他工具或图层，注意不能按 Enter 键来提交，因为这样做将换行。

文字 TYPECAST 作为一个新图层出现在图层面板中。可以像对其他图层那样编辑和管理文字图层：可以添加和修改文本、改变文字的朝向、消除其锯齿、

图 7.4

应用图层样式和变换，以及创建蒙版；可以移动和复制文字图层、调整其排列顺序，以及编辑其图层选项。

对这里的图形来说，文字已足够大，但不够时尚。下面来尝试使用另一种字体。

⑤ 双击文字 TYPECAST。

⑥ 打开选项栏中的"字体系列"下拉列表，通过拖曳鼠标或使用方向键让鼠标指针指向字体选项。

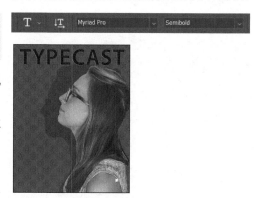

> ♀ 提示 在图层面板中选择了文字图层时，属性面板中显示的是文字设置，因此也可在这里修改文字选项，如字体。

当鼠标指针指向字体选项时，Photoshop 将暂时把该字体应用于选定文字，让用户能够预览其效果。

⑦ 选择 Myriad Pro Semibold 或类似的字体，再单击提交按钮。

使用这种字体的效果要好得多，如图 7.5 所示。

⑧ 如果必要的话，选择移动工具并将文字 TYPE-CAST 拖曳到顶部附近。

图 7.5

⑨ 选择菜单"文件">"存储"，保存文件。

7.3.3 创建剪贴蒙版及应用投影效果

默认情况下，添加的文字为黑色，但要让添加的字母使用来自图像的纹理进行填充，接下来将使用这些字母来创建一个剪贴蒙版，让另一个图层中的图像透过它们显示出来。

① 在图层面板中，确保选择了文字图层 TYPECAST。

② 选择菜单"文件">"置入嵌入对象"，切换到文件夹 Lesson07，双击文件 Metal.tif。这个文件出现在文档窗口中，且周围有定界框，能够根据需要进行对其缩放或移动。

③ 在显示了定界框的情况下，向上拖曳文件 Metal.tif，使其与画布顶端对齐，按 Enter 键确认文件置入，如图 7.6 所示。

图 7.6

④ 在选择图层 Metal 的情况下，从图层面板菜单中选择"创建剪贴蒙版"，如图 7.7 所示。

> ♀ 提示 也可使用下面这两种方法来创建剪贴蒙版：按住 Alt 键（Windows）或 Option 键（macOS），并在图层 Metal 和图层 TYPECAST 之间单击；在选择了图层 Metal 的情况下，选择菜单"图层">"创建剪贴蒙版"。

通过创建剪贴蒙版，让金属纹理透过字母 TYPECAST 显示出来。图层 Metal 的缩览图左边有一个小箭头，而文字图层的名称带下划线，这表明应用了剪贴蒙版。下面添加内阴影效果，赋予字母立体感。

⑤ 选择文字图层 TYPECAST，单击图层面板底部的"添加图层样式"按钮，从下拉列表中选择"内阴影"，如图 7.8 所示。

图 7.7　　　　　　　　　　　　　　　　　　　　　　图 7.8

⑥ 在"图层样式"对话框中，将混合模式设置为"正片叠底"，并设置"不透明度"为 48%、"距离"为 18、"阻塞"为 0、"大小"为 16，单击"确定"按钮，如图 7.9 所示。如果选择了"预览"复选框，将看到修改对图层的影响。

"内阴影"效果赋予标题文本以立体感，如图 7.10 所示。

图 7.9　　　　　　　　　　　　　　　　　　　　　　图 7.10

⑦ 选择菜单"文件">"存储"，保存文件。

来自 Photoshop 官方培训师的提示

文字工具使用技巧

- 选择横排文字工具后，按住 Shift 键并在文档窗口单击，可创建一个新的文字图层。这样做可避免在另一个文字块附近单击时，Photoshop 会选择它。
- 在图层面板中双击任何文字图层的缩览图，将选中该图层中所有的文字。
- 选中任何文字后，在该文字上单击鼠标右键（Windows）或按住 Control 键并单击该文字（macOS），打开上下文菜单，然后选择"拼写检查"，可检查拼写。

段落样式和字符样式

在 Photoshop 中，如果经常使用文字，或者需要将图像中大量的文字格式设置成一致的，使用段落样式和字符样式可提高工作效率。段落样式是一组文字属性，只须单击就可将其应用于整段文字；字符样式是一组可应用于各个字符的属性。要使用这些样式，可打开相应的面板：选择菜单"窗口">"段落样式"或"窗口">"字符样式"。

Photoshop 文字样式与 InDesign 等排版软件、Microsoft Word 等文字处理软件中的样式类似，但其设置稍有不同。在 Photoshop 中，为使文字样式获得更佳的效果，需牢记以下几点。

- 在 Photoshop 中创建的所有文字，都将默认应用基本段落样式。基本段落样式是由默认的文字设置定义的，但可修改其属性。
- 创建新样式前，取消选择所有的图层。
- 对于选定的文字，如果做了不同于当前段落样式（通常是基本段落样式）的修改，这些修改（覆盖）是永久性的，即便应用了新样式。为确保段落样式的所有属性都应用到了文字，必须在应用样式后，单击段落样式面板中的"清除覆盖"按钮（🔄）。
- 可将同一个段落样式和字符样式用于多个文件。要保存当前样式，将其作为所有新文档的默认设置，可选择菜单"文字">"存储默认文字样式"；要在既有文档中使用默认样式，可选择菜单"文字">"载入默认文字样式"。

7.4　沿路径放置文字

在 Photoshop 中，可创建沿使用钢笔或形状工具创建的路径排列的文字。文字的方向取决于在路径中添加锚点的顺序。使用横排文字工具在路径上添加文字时，文字将与路径垂直。如果调整路径的位置或形状，文字也将相应地移动。

下面在一条路径上创建文字，让文字看起来像是从模特嘴中说出来的。路径已经创建好，可在路径面板中找到。

1 在图层面板中选择图层 Model。

2 选择菜单"窗口">"路径"，显示路径面板。

3 在路径面板中选择路径 Speech Path，如图 7.11 所示。

4 选择横排文字工具。

5 在选项栏中单击"右对齐文本"按钮（▤），如图 7.12（a）所示。

6 在字符面板中做以下设置，如图 7.12（b）所示。

- 字体为 Myriad Pro。
- 字体样式为 Regular。
- 字体大小为 14 点。
- 字距为 -10。
- 颜色为白色。
- 单击"全部大写字母"按钮。

图 7.11

⑦ 将鼠标指针指向路径，在出现一条斜线后，单击模特嘴巴附近的路径起点，输入文字"What's new in 3D type?"，文字将自动转为大写，如图7.12（c）所示。

（a）

（b） （c）

图7.12

💡 **注意** 路径不是形状图层，只存在于路径面板中，因此不会被打印或导出。路径上的文字是文字图层，会被打印或导出。

在路径上输入文字时，文字将从右往左延伸，这是因为第5步单击了"右对齐文本"按钮。

⑧ 选择文字"3D TYPE?"，并将其字体样式改为Bold，然后单击选项栏中的提交按钮，如图7.13所示。

⑨ 在图层面板中，选择文字图层"What's new in 3D type?"，然后从图层面板菜单中选择"复制图层"，单击"确定"按钮。

图7.13

现在看不到复制的文字图层，因为它与原来的图层完全重叠在一起。但从图层面板中可以看到，复制的图层的名称末尾有"拷贝"字样。下面移动复制的图层，使其不再与原图层重叠。

💡 **注意** 在选择了文字工具的情况下，将鼠标指针指向有替代字的字符时，可能出现一个包含替代字的网格，可单击它来选择替代字（详情请参阅本课后面的"字形面板"）。如果觉得显示的替代字碍事，可在"首选项"对话框的"文字"选项卡中取消选择"启用文字图层替代字形"复选框。

⑩ 选择菜单"编辑">"自由变换路径"，将路径左端旋转大约15度，并将该路径移到第一条路径的右上方。然后，单击选项栏中的提交按钮。

💡 **注意** 如果不记得如何使用定界框来执行旋转，可将鼠标指针指向定界框外面一点点，等鼠标指针变成旋转图标（带两个箭头的弧线）后再拖曳。

⑪ 使用文字工具选择上面的文字图层中的文字"3D"，并将其替换为"WEB"，然后单击选项栏中的提交按钮，如图7.14所示。

当编辑文字图层中的字符时，图层名将自动更新，以便与图层的内容匹配（如果修改了图层名，使其与图层的内容不一致；再编辑图层内容时，图层名不会自动更新）。

⑫ 重复第 9 ~ 11 步，将文字"3D TYPE"替换为"TYPE EFFECTS"。将路径旋转大约 −15 度，并将该路径移到第一条路径的下方，结果如图 7.15 所示。

图 7.14

图 7.15

⑬ 选择菜单"文件">"存储"，保存文件。

7.5 点文字变形

位于弯曲路径上的文字比直线路径上的文字有趣，下面使文字变形，让其更有趣。变形操作能够扭曲文字，使其变成各种形状，如圆弧形或波浪形。选择的变形样式是文字图层的一种属性——用户可以随时修改图层的变形样式，以修改文字的整体形状。通过变形选项能够准确地控制变形效果的方向和透视。

① 如果有必要，通过缩放或滚动来移动文档窗口的可见区域，让模特左边的文字位于文档窗口中央。

② 在图层面板中，在文字图层"What's new in 3D type?"上单击鼠标右键（Windows）或按住 Control 键并单击文字图层（macOS），然后从上下文菜单中选择"文字变形"，如图 7.16 所示。

> **注意** 如果在上下文菜单中没有看到"文字变形"命令，可在图层名（而不是图层缩览图）上单击鼠标右键（Windows）或按住 Control 键并单击图层名（macOS）。

图 7.16

③ 在"变形文字"对话框中，从"样式"下拉列表中选择"波浪"，并选择"水平"单选按钮。设置"弯曲"为 +33%、"水平扭曲"为 −23%、"垂直扭曲"为 +5%，然后单击"确定"按钮，如图 7.17 所示。"弯曲"滑块用于指定变形程度，而"水平扭曲"和"垂直扭曲"滑块用于指定变形的透视。

文字"What's new in 3D type?"看起来是浮动的，就像波浪。

④ 重复第 2 ~ 3 步，对路径上添加的其他文字进行变形，如图 7.18 所示。

⑤ 将文件保存。

图 7.17 图 7.18

7.6 设计段落文字

前面添加的文字都是点文字，它们都是单行的。在 Photoshop 中还可以添加段落文字并应用段落样式，而无须切换到排版软件对段落文字进行复杂的设置。

7.6.1 使用参考线帮助放置段落文字

下面添加段落文字。先在工作区中添加一些参考线以帮助放置段落文字。

① 如果有必要，进行放大或滚动，让文档的上半部分更清楚。

② 从左边的垂直标尺上拖曳出一条参考线，将其放在距离画布右边缘大约 0.25 英寸处；从顶端的水平标尺上拖曳出一条参考线，将其放在距离画布顶端大约 2 英寸处，如图 7.19 所示。

图 7.19

7.6.2 添加来自注释中的段落文字

下面添加段落文字。在实际的设计中，文字可能是以文档或电子邮件正文等方式提供的，可将其复制并粘贴到 Photoshop 中，也可能需要自己输入。另一种添加少量文字的简易方式是使用注释将其附加到图像文件中，这里就是这样做的。

① 选择移动工具，然后双击文档窗口右下角的黄色注释，在注释面板中打开它。如果有必要，扩大注释面板以便能够看到所有文本，如图 7.20 所示。

💡 提示 要创建注释，可使用注释工具。在图形和 Web 工作区中，这个工具被隐藏起来了，要快速找到它，可选择菜单"编辑">"搜索"。

图 7.20

② 选择注释面板中的所有文本，然后按 Ctrl + C 组合键（Windows）或 Command + C 组合键（macOS），将其复制到剪贴板，并关闭注释面板。

③ 选择图层 Model，然后选择横排文字工具。

④ 按住 Shift 键单击两条参考线（离画布右

边缘 0.25 英寸的参考线和离画布顶端 2 英寸的参考线）的交点。按住 Shift 键并向左下方拖曳，然后松开 Shift 键继续拖曳，直到绘制出一个宽约 4 英寸、高约 6 英寸的文本框。这个文本框的右边缘和上边缘与前面添加的参考线对齐。

> ♡ 提示　在第 4 步中，按住 Shift 键旨在确保新建一个文字图层。如果没有按住 Shift 键，横排文字工具可能会选择包含标题"TYPECAST"的文字图层中的文本。

⑤ 按 Ctrl + V 组合键（Windows）或 Command + V 组合键（macOS）粘贴文本。新文字图层位于图层面板顶部，因此此文本出现在模特前面。

> ♡ 注意　如果粘贴的文本不可见，将图层面板中新建的文字图层拖曳至图层 Model 上面。

> ♡ 提示　粘贴文本时，如果文本包含不想要的格式设置，可选择菜单"编辑"＞"选择性粘贴"＞"粘贴且不使用任何格式"，删除文本的所有格式设置。

⑥ 选择文字"The Trend Cast"，然后在字符面板中进行以下设置。
- 字体为 Myriad Pro（或其他无衬线字体）。
- 字体样式为 Regular。
- 字体大小为 70 点。
- 行间距为 55 点。
- 字距为 50 点。
- 颜色为白色。

⑦ 在这些文本被选择的情况下，单击选项栏或段落面板中的"右对齐文本"按钮。

⑧ 选择文字"TREND"，并将其字体样式改为 Bold，结果如图 7.21 所示。

至此，标题的格式就设置好了，下面设置其他文字的格式。

⑨ 选择粘贴的其他文字，在字符面板中做以下设置。

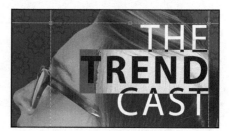

图 7.21

- 字体为 Myriad Pro。
- 字体样式为 Regular。
- 字体大小为 22 点。
- 行间距为 28 点。
- 字距为 0。
- 单击"全部大写字母"按钮。

> ♡ 注意　行间距决定相邻行的垂直间距。

下面让子标题更突出。

⑩ 选择文字"What's Hot?"，在字符面板中做以下修改，然后按 Enter 键。
- 将字体样式改为 Bold。
- 将字号改为 28 点。

⑪ 对子标题文字"What's Not?"进行第 10 步的操作。

⑫ 选择文字"TREND"，然后在字符面板中将文字颜色改为蓝色（这里使用的蓝色的 RGB 值为 R=0、G=174、B=239，其十六进制表示为 #00aeef）。

⑬ 单击选项栏中的提交按钮，结果如图 7.22 所示。

⑭ 保存所做的修改。

图 7.22

保存为 Photoshop PDF 文件

如果添加的文字是由矢量的轮廓构成的，放大后依然锐利且清晰。如果将图像存储为 JPEG 或 TIFF 格式，Photoshop 将栅格化文字，导致文字不能被编辑。将文字存储为 Photoshop PDF 格式时，会保留矢量文字。

此外，还可在 Photoshop PDF 文件中保留 Photoshop 图层的相关信息。例如，可保留图层、颜色信息，乃至注释。

为确保以后能够对文档进行编辑，在"存储 Adobe PDF"对话框中选择"保留 Photoshop 编辑功能"复选框，这会使 PDF 文件更大。

在将文件存储为 PDF 文件时，要保留文件中的所有注释并将其转换为 Acrobat 注释，可在 "另存为"对话框的"存储选项"部分选择"注释"复选框。

用户可在 Acrobat 或 Photoshop 中打开 Photoshop PDF 文件，也可将其置入其他软件，还可打印它们或将其上传到网站。有关存储为 Photoshop PDF 的详细信息，请参阅第 14 课的"将图像保存为 Photoshop PDF 文件"一节。

▎7.7 清理工作

下面来做些清理工作并保存最终的项目。

❶ 选择移动工具，在黄色注释的左上角附近单击鼠标右键（Windows）或按住 Control 键并单击注释（macOS），然后从上下文菜单中选择"删除注释"，将注释删除，如图 7.23 所示。单击"是"按钮，确认要删除注释。

图 7.23

如果希望设计熟悉的字体的外观，可尝试使用字体相似性功能。为此，在字符面板或选项栏的"字体系列"下拉列表中选择一种字体，再单击字体列表上方的"显示相似字体"按钮（），如图 7.24 所示。字体列表将显示系统或 Adobe Fonts 中 20 种较相似的字体。

图 7.24

❷ 要隐藏参考线，可以选择菜单"视图">"显示">"参考线"，让这个命令左边没有勾选。选择菜单"视图">"按屏幕大小缩放"，以便查看作品。

显示或隐藏参考线（"视图">"显示">"参考线"）的组合键为 Ctrl +；（Windows）或 Command +；（macOS）。

❸ 选择菜单"文件">"存储"，保存文件。

至此，为背景图像添加了所需的文字并设置了样式。作品制作好后，下面导出其副本，以便上传使用。

字形面板

字形面板中列出选定字体中所有的字符，包括专用字符和替代字（如花式字）。在字体名和样式下拉列表上方，有一行最近使用过的字形；如果还没有使用过任何字形，这一行是空的。字体名下方有一个下拉列表，能够从中选择文字系统（如阿拉伯语）或字符类别（如标点或货币符号）。

对于特定的字符，如果包围它的方框的右下角有黑点，就说明这个字符有替代字。要查看其替代字或将这些替代字输入文字图层中，可在字符上按住鼠标左键，如图 7.25 所示。

图 7.25

通过字形面板（选择菜单"窗口">"字形"）可使用 OpenType 字体中的所有替代字。编辑文字时，双击字形面板中的字符可将其添加到文字中。

❹ 选择菜单"文件">"导出">"导出为"，从"格式"下拉列表中选择"JPG"，保留其他设置不变，单击"导出"按钮。将文件名改为 07Upload.jpg，确保存储位置为文件夹 Lesson07，然后单击"保存"按钮。

❺ 保存所做的修改并关闭文档窗口，最终的作品如图 7.26 所示。

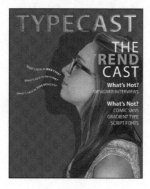

图 7.26

Photoshop 中的 OpenType

OpenType 是 Adobe 和 Microsoft 联合开发的一种跨平台字体文件格式，这种格式可将同一种字体用于 macOS 和 Windows 操作系统，这样在不同平台之间传输文件时，无须替换字体或重排文字。OpenType 支持多种扩展字符集和版面设计功能，如传统的 PostScript 和 TrueType 字体不支持的花饰字和自由连字，这也提供了更丰富的语言支持和高级文字控制功能。在 Photoshop 字体下拉列表中，OpenType 字体带 OpenType 图标（*O*）。下面是一些有关 OpenType 的要点。

* OpenType 菜单。字符面板菜单中有一个 "OpenType" 命令，可显示对当前 OpenType 字体来说可用的所有特性，包括连字、替代和分数字。呈灰色显示的特性对当前字体不可用，选中的特性应用于当前字体。

* 自由连字。要将自由连字应用于两个 OpenType 字符，如 Bickham Script Standard 字体的 th，可在文档窗口中选中它们，然后从字符面板菜单中选择菜单 "OpenType" > "自由连字"。

* 花饰字。添加花饰字和替代字的方法与添加自由连字的方法相同。选择字母（如 "Bickham Script" 字体的大写字母 T），然后选择菜单 "OpenType" > "花饰字"，将常规大写字母 T 改成极其华丽的花饰字 T。

* 真正的分数。要创建真正的分数，可像通常那样输入分数，如 1/2，然后选中这些字符，并从字符面板菜单中选择菜单 "OpenType" > "分数字"，Photoshop 将把它变成真正的分数。

* 彩色字体。虽然在 Photoshop 中可以给文字指定颜色，但 OpenType-SVG 格式的字体本身包含多种颜色和渐变效果。例如，使用彩色字体能够让字母 A 变为纯蓝色、纯红色，以及蓝绿渐变色等，如图 7.27（a）所示。

* 绘文字字体（Emoji fonts）。OpenType-SVG 字体也是绘文字字体，如图 7.27（b）所示，这种字体支持将矢量图作为字符。在 Photoshop "字体系列" 下拉列表中，使用 OpenType-SVG 图标（ ）来标识彩色字体和绘文字字体。

（a）

（b）

图 7.27

* 可变字体（Variable fonts）。在要求的字体粗细比 Regular 粗且比 Bold 细时，可使用可变字体，这样可在属性面板中指定字体的粗细、宽度和倾斜等属性。在 Photoshop "字体系列" 下拉列表中，使用 OpenType-VAR 图标（ ）来标识可变字体。

注意，有些 OpenType 字体的选项比其他 OpenType 字体的多。

💡 提示　怎样知道字符是否有 OpenType 替代字呢？如果选定的字符下面有很粗的下划线，将鼠标指针指向它来显示替代字，可像在字形面板中那样选择这些字，也可打开字形面板显示这些字。

使用"匹配字体"命令确保项目的一致性

在另一个设计作品中包含文字 Premiere Episode（参见文件夹 Lesson07 中的文件 Match-Font.jpg），如果想知道这些文字使用的是哪种字体，以便将新作品的一些文本也设置为同样的字体，应该怎么办呢？

此时唯一可供参考的文件已拼合，因此原来的文字图层丢失了。不用担心，在 Photoshop 中，可使用"匹配字体"命令来确定其使用的字体。Photoshop 可使用机器学习判断出图片中的文字使用的是哪种字体。使用"匹配字体"命令还可识别照片中文字使用的字体，如街景照片中招牌文字使用的字体。

❶ 打开文件夹 Lesson07 中的文件 MatchFont.jpg。

❷ 使用矩形选框工具选择文字 Premiere Episode 所在的区域，并确保选区尽可能小，如图 7.28 所示。

图 7.28

❸ 选择菜单"文字">"匹配字体"，Photoshop 将显示一个与图像中字体类似的字体列表，其中包括计算机中安装的字体，以及来自 Adobe Fonts 的字体，如图 7.29 所示。

图 7.29

❹ 若只想列出计算机中安装的字体，可取消选择"显示可从 Adobe Fonts 激活的字体"复选框。

❺ 在"匹配字体"对话框的类似字体列表中选择一种与图像中字体最接近的字体，最终的字体匹配结果可能与这里显示的不同。

❻ 单击"确定"按钮，Photoshop 能够将新文本指定为选择的字体。

7.8 复习题

1. 在 Photoshop 中如何处理文字？
2. 在 Photoshop 中，文字图层与其他图层之间有何异同？
3. 何为剪贴蒙版？如何从文字图层创建剪贴蒙版？

7.9 复习题答案

1. 在 Photoshop 中，文字由矢量图形组成，这些图形描述了字体中的字母、数字和符号。在 Photoshop 中将文字加入图像中时，文字将出现在文字图层中，其分辨率与图像文件相同。只要文字图层还在，Photoshop 就会保留文字的轮廓，这样当缩放文字、将其保存为 Photoshop PDF 文件、使用高分辨率打印机打印图像时，它们依然很清晰。
2. 添加到图像中的文字作为文字图层出现在图层面板中，可以像对其他图层那样对其进行编辑和管理：可以添加和编辑文字、更改文字的朝向、消除其锯齿、应用图层样式和变换，以及创建蒙版，还可以移动和复制文字图层、调整其排列顺序，以及编辑图层选项。
3. 剪贴蒙版是一个或一组对象，会遮住其他元素，只有位于对象内部的区域才是可见的。要将某个文字图层中的字母转换为剪贴蒙版，可选择该文字图层，以及要透过字母显示出来的图层（并确保后者位于前者上面），然后从图层面板菜单中选择"创建剪贴蒙版"（也可从"图层"菜单中或图层的上下文菜单中选择这个命令）。

矢量图绘制技巧

本课概览

- 区分位图和矢量图。
- 使用钢笔工具绘制笔直和弯曲的路径。
- 保存路径。

- 绘制和编辑图形。
- 绘制自定义图形。
- 使用智能参考线。

学习本课大约需要 **1.5** 小时

与位图不同，矢量图无论怎么放大都是清晰的。在 Photoshop 中，可绘制矢量图形和路径，还可添加矢量蒙版以控制哪些内容在图像中可见。

8.1　位图和矢量图

要使用矢量图和矢量路径，必须了解两种主要的计算机图像——位图和矢量图之间的基本区别。使用 Photoshop 可以处理这两种图像，事实上，一个 Photoshop 图像文件中可以包含多幅位图和矢量图。

从技术上说，位图又被称为光栅图像，它是基于像素网格创建的。每个像素都有特定的位置和颜色值。在处理位图时，编辑的是像素组而不是对象或形状。位图可以表现出颜色和颜色深浅的细微变化，因此适用于表示连续调图像，如照片或在绘画软件中创作的作品。位图的缺点是它们包含的像素数是固定的，因此在屏幕上放大或以低于创建时的分辨率打印时，可能丢失细节或出现锯齿。

矢量图由直线和曲线组成，直线和曲线是由被称为矢量的数学对象定义的。无论被移动、调整大小还是修改颜色，矢量图都是清晰的。矢量图适用于表示插图、文字，以及诸如徽标等可能被缩放到不同尺寸的图形。图 8.1 所示为矢量图和位图的差别。

矢量图 Logo

位图 Logo

图 8.1

在前面的课程中处理的都是包含位图的 Photoshop 图层，其实还有一种 Photoshop 图层——形状图层，它们包含的是矢量图。

8.2　路径和钢笔工具

在 Photoshop 中，矢量图的轮廓被称为路径。路径是使用钢笔工具、自由钢笔工具（ ）、弯度钢笔工具（ ）或形状工具绘制的曲线或直线。使用钢笔工具和弯度钢笔工具绘制路径的准确度较高；形状工具用于绘制矩形、椭圆形和其他图形；在使用自由钢笔工具绘制路径时，就像用钢笔在纸张上绘画一样。

来自 Photoshop 官方培训师的提示——快速选择工具

工具面板中的任何工具都可以使用只包含一个字母键的快捷键来选择，按字母键将选择相应的工具，按 Shift 和字母键可遍历一组工具。例如，按 P 键将选择钢笔工具，按 Shift + P 组合键可在钢笔工具、自由钢笔工具和弯度钢笔工具之间切换，如图 8.2 所示。

图 8.2

路径可以是闭合或非闭合的。非闭合路径（如波形线）有两个端点，闭合路径（如圆形）是连续的。路径类型决定了如何选择和调整它。

在打印图稿时，没有填充或描边的路径不会被打印。这是因为不同于使用铅笔工具等绘画工具绘制的位图图形，路径是不包含像素的矢量对象。要让路径包含填充或描边，可以通过形状图层的方式创建它。形状图层是基于矢量对象（而不是像素）的图层，它不同于路径，可将颜色和效果应用于形状图层。

▌8.3　概述

在本课中，将制作一张柑橘种植园明信片。这家种植园并非只种植橘子，因此要给其中一个橘子着色，让它看起来像柠檬。要给对象着色，需根据其轮廓创建一个蒙版，以便将其隔离。一种创建整洁轮廓的快速而精确的方式是使用钢笔工具绘制一条路径。

下面来看一下要创建的图像。

①　启动 Photoshop 并立刻按住 Ctrl + Alt + Shift 组合键（Windows）或 Command + Option + Shift 组合键（macOS）。

②　在出现的提示对话框中单击"是"按钮，确认删除 Photoshop 设置文件。

③　选择菜单"文件"＞"在 Bridge 中浏览"。

> ♀注意　如果没有安装 Bridge，在选择菜单"文件"＞"在 Bridge 中浏览"时，将启动桌面应用程序 Creative Cloud，而它将下载并安装 Bridge。安装完成后，便可启动 Bridge。更详细的信息请参阅前言。

④　在收藏夹面板中单击文件夹 Lessons，然后双击内容面板中的文件夹 Lesson08。

⑤　选择文件 08End.psd，按空格键在全屏模式下查看它。

要创建这张明信片，绕一个橘子绘制路径，并根据这条路径创建一个矢量蒙版，以便修改橘子的颜色。下面练习使用钢笔工具创建路径和选区。

⑥　查看文件 08End.psd 后，按空格键。双击文件 08Practice_Start.psd，在 Photoshop 中打开它。

⑦ 选择菜单"文件">"存储为"，将文件另存为 08Practice_Working.psd。在"Photoshop 格式选项"对话框中，单击"确定"按钮。

> 💡 **注意** 如果 Photoshop 显示了一个对话框，指出保存到云文档和保存到计算机之间的差别，则单击"保存到云文档"按钮。此外，还可选择"不再显示"复选框，但当恢复 Photoshop 的默认首选项设置后，将取消选择这个复选框。

8.4　使用钢笔工具绘制图形

在计算机上创建矢量图时，常使用钢笔工具。在很多软件中都有钢笔工具，如 Illustrator、Photoshop 和 InDesign。另外，Premiere Pro 和 After Effects 等视频软件也包含钢笔工具，因为使用它可精确地绘制图形、蒙版和路径，以创建运动图形和视觉效果。钢笔工具的使用方法虽然学起来不那么容易，但绝对值得花时间和精力去掌握，因为它的功能非常强大。

相比于画笔工具和铅笔工具，钢笔工具的工作原理稍有不同。下面利用图 8.3 所示的练习文件来学习如何使用钢笔工具绘制笔直路径、简单曲线和 S 曲线。

图 8.3

> 💡 **提示** 要绘制精准的矢量路径，使用弯度钢笔工具可能比使用钢笔工具更容易。如果发现钢笔工具使用起来很难，可考虑使用弯度钢笔工具。这里之所以介绍钢笔工具，是因为它是绘制精准路径的传统标准方式。

使用钢笔工具创建路径

可以使用钢笔工具来创建由线段或曲线段组成的闭合或非闭合路径。刚开始使用钢笔工具可能有点困难，了解路径的组成元素，以及如何使用钢笔工具后，绘制路径会容易得多。

选择钢笔工具后，首次单击时，将设置第一个锚点，随后每次单击，都将在前一个锚点和当前锚点之间绘制一条线段，如图 8.4 所示。要绘制由线段组成的复杂路径，只需通过不断单击来添加线段即可。

图 8.4

要创建由曲线段组成的路径，可单击以设置一个锚点，然后按住鼠标左键并拖曳，为该锚点创建一条方向线，在适当的位置单击设置下一个锚点。每条方向线有两个方向点，方向线和方向点的位置决定了曲线段的长度和形状。通过移动方向线和方向点可以调整路径中曲线段的形状，如图 8.5 所示。

光滑曲线由被称为平滑点的锚点连接，急转弯的曲线路径由角点连接。移动平滑点上的方向线时，该点两边的曲线段将同时调整，但移动角点上的方向线时，只有与方向线位于同一边的曲线段被调整。

可单独或成组地移动路径段和锚点。路径包含多个路径段时，可通过拖曳锚点来调整相应的路径段，也可选择路径中所有的锚点以编辑整条路径。可使用直接选择工具来选择并调整锚点、路径段或整条路径。

创建闭合路径和非闭合路径之间的差别在于结束路径绘制的方法。要结束非闭合路径的绘制，可按 Enter 键；要结束闭合路径的绘制，可将鼠标指针指向路径起点并单击，如图 8.6 所示。路径闭合后，鼠标指针将包含一个 *，表明下次单击将开始绘制新路径。

A. 曲线段
B. 方向点
C. 方向线
D. 选定的锚点
E. 未选定的锚点

图 8.5

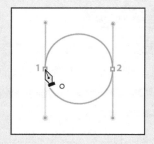

图 8.6

在绘制路径时，路径将作为工作路径（临时对象）出现在路径面板中。对于以后要使用的工作路径，务必将其保存起来，尤其是要在同一个文档中使用多条路径时。要保存工作路径，可在路径面板中双击它，然后在打开的"存储路径"对话框中输入名称，并单击"确定"按钮。它将作为一条新的路径被添加到路径面板中，且依然被选中。如果工作路径未被保存，一旦取消选择它并重新开始绘制时，它就会丢失。当以形状的方式绘制路径时，不必保存它，因为形状将放在具名图层中。

下面配置钢笔工具选项和工作区。

❶ 在工具面板中选择钢笔工具。

❷ 在选项栏中进行以下设置，如图 8.7 所示。

· 从"工具模式"下拉列表中选择"形状"。

· 在"路径选项"下拉列表中，确保没有选择"橡皮带"复选框。

· 确保选择"自动添加 / 删除"复选框。

· 从"填充"下拉列表中选择"无颜色"。

· 从"描边"下拉列表中选择绿色，这里使用的是预设组 CMYK 中的绿色。

· 将描边宽度设置为 4 像素。

· 在"描边选项"部分"对齐"下拉列表中选择"居中"（第二个选项）。

A. 工具模式　B. 描边选项　C. 路径选项

图 8.7

8.4.1　绘制直线

下面绘制一条线段。锚点表示路径段的端点，将要绘制的直线是单个路径段，有两个锚点。

❶ 单击"路径"标签并将该面板拖曳出图层面板组，以便能够同时看到路径面板和图层面板。此外，也可将路径面板停放到其他面板组中。

路径面板显示路径的缩览图，当前它是空的，因为还没有绘制路径。

❷ 如果有必要，放大视图以便能够看到形状模板上用字母标记的点和红圈。确保能够在文档窗口中看到整个模板，并在放大视图后重新选择钢笔工具。

❸ 单击第一个图形的 A 点并松开鼠标，创建第一个锚点，如图 8.8（a）所示。

> 💡**注意**　如果弹出了有关弯度钢笔工具的教程信息，不用理会，因为现在不用阅读这些内容，将其关闭即可。

❹ 单击 B 点，创建一条线段，如图 8.8（b）所示。

❺ 按 Enter 键结束绘制，如图 8.8（c）所示。

（a）　　　　　　　　　（b）　　　　　　　　　（c）

图 8.8

绘制的路径出现在路径面板中，同时图层面板中出现了一个新图层，如图 8.9 所示。

图 8.9

新绘制的路径同时出现在了路径面板和图层面板中，因为在选项栏中，从"工具模式"下拉列表中选择了"形状"。如果从"工具模式"下拉列表中选择了"路径"，新绘制的路径将只出现在路径面板中。

8.4.2 绘制曲线

在选择曲线段上的锚点时，将显示一条或两条方向线，具体有多少条方向线取决于相邻路径段的形状。要调整曲线段的形状，可拖曳方向线末端的方向点；要调整曲线段的形状，可拖曳方向线。接下来将使用平滑点来创建曲线。

❶ 单击圆弧上的 A 点，创建第一个锚点，如图 8.10（a）所示。

❷ 在 B 点上按住鼠标左键并拖曳到它右边的红圈，松开鼠标，如图 8.10（b）和图 8.10（c）所示，创建第一条弯曲的路径段和一个平滑的锚点。

（a）　　　　　　　　（b）　　　　　　　　（c）

图 8.10

红圈表示要获得所需的曲线，应将锚点的方向点拖曳到的地方。将方向点拖曳到不同的地方，曲线的形状也将不同。

平滑的锚点有两条方向线，移动其中一条方向线将同时调整锚点两边的弯曲路径段。

❸ 在 C 点上按住鼠标左键并拖曳到它下面的红圈，松开鼠标左键，如图 8.11（a）和图 8.11（b）所示，创建第二条弯曲的路径段和另一个平滑点。

❹ 单击 D 点，创建最后一个锚点。按 Enter 键结束路径绘制，如图 8.11（c）所示。

（a）　　　　　　　　（b）　　　　　　　　（c）

图 8.11

为何要使用锚点和手柄来绘制路径，而不使用自由钢笔工具进行手动绘制呢？因为对大多数人来说，要绘制出理想的曲线或直线很难，而使用锚点和手柄就比较容易。用户如果喜欢手动绘制，可使用自由钢笔工具。

在使用钢笔工具绘制路径时，应使用尽可能少的锚点来创建所需的曲线。使用的锚点越少，曲线越平滑，以后编辑起来也越容易。

下面使用同样的方法绘制一条 S 形曲线。

① 单击 A 点，然后在 B 点上按住鼠标左键并拖曳到第一个红圈。

② 分别单击 C 点、D 点、E 点和 F 点，并在每次单击后都按住鼠标左键并拖曳到相应的红圈。

③ 单击 G 点，创建最后一个锚点，然后按 Enter 键结束路径的绘制，如图 8.12 所示。

图 8.12

在图层面板中，这 3 个图形位于不同的图层中，但在路径面板中只有一条路径，这是因为路径面板只显示图层面板中选定的图层中的路径。

可以看到，与手动绘制的曲线相比，使用钢笔工具绘制的曲线更平滑，也更容易精准地控制。

8.4.3 绘制更复杂的图形

知道钢笔工具的用法后，下面来绘制一个更复杂的图形，如图 8.13 所示。

首先绘制一些线段　　　　通过拖曳创建曲线段　　　　闭合路径

图 8.13

① 单击图形上的 A 点，绘制第一个锚点。

② 按住 Shift 键单击 B 点。按住 Shift 键可确保绘制的线的角度为 45 度的整数倍，这里确保绘制的线为水平线。

③ 按住 Shift 键依次单击 C 点、D 点、E 点，创建笔直的路径段。

④ 在 F 点上按住鼠标左键并拖曳到相应的红圈，松开鼠标，以创建一条弯曲的路径段。

⑤ 在 G 点上按住鼠标左键并拖曳到相应的红圈，松开鼠标，以创建另一条弯曲的路径段。

> 💡 提示　如果在拖曳方向点时才发现当前锚点与模板中相应的红圈不完全重叠，可调整其位置而不必重新开始。可在不松开鼠标的情况下，按住空格键并拖曳，等锚点位于正确的位置后松开空格键，以便继续拖曳该锚点的方向线。

⑥ 单击 H 点创建一个角点。

在移动角点的方向线时，只能调整一条相应的曲线段，能够在两个路径段之间进行急转弯。

⑦ 单击 A 点绘制最后一条路径段并闭合这条路径。闭合路径后自动结束绘制，如果接着单击并拖曳，将创建一条新路径。闭合路径后，无须按 Enter 键，除非要取消选择刚绘制的路径。

⑧ 至此，使用钢笔工具成功地绘制了曲线和直线。将这个文件关闭，不保存所做的修改。

8.5　绘制环绕照片中物体的路径

下面绘制环绕照片中物体的路径。先使用前面学习的技巧来绘制一条路径，使其环绕一个橘子中的一个。然后把绘制的这条路径转换为图层蒙版，以便能够修改这个橘子的颜色。这个橘子的有些部分被周围的橘子遮住了，因此将绘制由直线和曲线段组成的路径，与前面练习绘制的路径类似。修改橘子的颜色后，添加文本和形状图层，创建一张明信片。

① 在 Photoshop 或 Bridge 中，打开文件 08Start.psd。

这个图像文件包含两个图层：背景图层和模板图层 Path Guide，其中后者是为绘制路径而提供的，如图 8.14 所示。

图 8.14

② 选择菜单"文件">"存储为"，将文件另存为 08Working.psd。如果出现"Photoshop 格式选项"对话框，单击"确定"按钮。

③ 选择钢笔工具，在选项栏中从"工具模式"下拉列表中选择"路径"，如图 8.15 所示。

图 8.15

由于在选项栏的"工具模式"下拉列表中选择了"路径"而不是"形状"，因此绘制时看到的情况与前面的不同。由于绘制的是路径而不是图形，且绘制的路径将作为临时工作路径出现在路径面板中，因此不会创建形状图层。

为何选择"路径"呢？因为即将绘制的路径并不需要打印或导出，而是将根据它来创建一个图层蒙版，因此它不是最终文档的可见部分。有关"工具模式"中"形状"和"路径"的详细信息，请参阅下面的"形状、路径和像素的比较"。

形状、路径和像素的比较

选择了钢笔工具（或与它位于同一工具组的其他工具）或矩形工具（或与它位于同一工具组的其他工具）时，选项栏中将有一个下拉列表，让用户选择要使用当前工具创建形状、路径还是像素，如图 8.16 所示。

图 8.16

这个选择很重要，因为每个选项都有不同的优点。

形状是矢量对象，在图层面板中，位于独立的图层中。可像像素图层一样，对形状图层应用图层效果、蒙版并设置其他属性。两者的区别在于，对于作为矢量路径的图形，可使用钢笔工具和直接选择工具等路径编辑工具进行编辑，但不能使用画笔工具等基于像素的工具来编辑它们。

只要形状图层是可见的，其中的内容就是可见的，而且可以被打印和导出。在图层面板中选择了形状图层后，可修改其填充颜色和描边颜色。

在图层面板中选择了形状图层后，路径面板中将显示其路径，如图 8.17 所示。

图 8.17

路径是不会被显示、打印或导出的矢量对象，因此不会出现在图层面板中，只出现在路径面板中。路径很有用，可根据路径来创建选区、剪贴路径及沿路径放置文字，还可充当其他"后台"角色。

由于路径不是图层，因此只有在路径面板中选择了它时，才能在文档窗口中看到它，而且路径没有描边和填充颜色。如果路径看不清，可单击选项栏中的"路径选项"按钮（⚙），并调整其粗细和颜色。

由于路径在打印或导出的图像中不可见，因此只有在 Photoshop 中绘画时，这些选项才会影响路径的可见性。

有些工具（如矩形工具，以及与它属于同一组的其他工具）还提供了"像素"选项。选择"像素"选项时，可在当前选定的图层中创建像素，而不会创建矢量路径或形状图层。

由于"像素"选项用于创建像素图层而不是矢量路径或形状，因此不能使用路径工具来编辑生成的图层。要编辑这种图层，必须使用基于像素的工具，如画笔工具、橡皮擦工具和选择工具。

④ 单击 A 点，路径面板中将出现临时的工作路径，如图 8.18（a）和图 8.18（b）所示。

⑤ 单击 B 点，按住鼠标左键并拖曳到它右边的圆圈，以创建第一段曲线，如图 8.18（c）所示。

（a）　　　　　　　　（b）　　　　　　　　（c）

图 8.18

⑥ 单击 C 点，按住鼠标左键并拖曳到它右边的圆圈。

⑦ 沿这个橘子的边缘继续前行，依次单击 D 点至 F 点，每次单击后都按住鼠标左键并拖曳到相

应的圆圈。

⑧ 单击 G 点（但不要拖曳），创建一个角点。

⑨ 依次单击 H 点和 I 点，按住鼠标左键并拖曳到相应的圆圈，创建相应的曲线段，如图 8.19 所示。

> 💡 提示　在跟踪定义好的边缘时，并非只能使用钢笔工具。对于有些形状和边缘，使用套索工具、对象选择工具或快速选择工具进行跟踪可能更容易。

⑩ 单击 J 点，创建一个角点。

⑪ 按住 Shift 键并单击 K 点，创建一条水平线，如图 8.20 所示。

图 8.19

图 8.20

⑫ 依次单击 L 点、M 点和 N 点，每次单击后都按住鼠标左键并拖曳到相应的圆圈，创建相应的曲线段。

⑬ 将鼠标指针指向 A 点，当鼠标指针旁边出现一个小圆圈后单击以闭合路径，如图 8.21 所示。出现小圆圈表明当前位置离起点足够近，单击可闭合路径。

⑭ 对绘制的路径进行评估，如果要调整其中的路径段，执行第 15 步，否则直接执行第 16 步。

⑮ 选择与路径选择工具（▶）位于同一组的直接选择工具（▷），然后按 Esc 键（也可在路径外面单击）以取消选择所有的锚点，同时确保依然能够看到路径。接着根据需要使用直接选择工具执行下面的操作。

图 8.21

- 要调整锚点或直线段的位置，拖曳它们即可。
- 要调整两个锚点之间的曲线段的形状，拖曳该曲线段（不是锚点）即可。
- 要调整从锚点向外延伸的曲线段的形状，拖曳方向点，调整方向线的角度即可。

> 💡 提示　要移动整个路径，可使用与直接选择工具位于同一组的路径选择工具。

⑯ 创建路径后，不要取消选择，将所做的工作保存。

8.6　将路径转换为选区和图层蒙版

使用钢笔工具可轻松地创建图像中央橘子的轮廓，下面使用图层蒙版修改这个橘子的颜色，同时不修改其他橘子的颜色。要创建图层蒙版，需要创建选区，将路径转换为选区很容易。

前面创建的路径是工作路径，它是临时性的，如果接着创建另一条路径，它将取代这条路径。可根据工作路径创建选区，且最好将以后可能重用的路径保存起来。

❶ 在路径面板中双击工作路径，在"存储路径"对话框中，将路径名称设置为 Lemon，单击"确定"按钮，如图 8.22（a）所示。

❷ 在路径面板中，确保选择了路径 Lemon，然后单击路径面板底部的"将路径作为选区载入"按钮（⬚），如图 8.22（b）所示。

💡 提示 如果要创建可作为路径进行编辑的蒙版，可创建一个矢量蒙版。为此，可跳过第 2 步，并在第 4 步添加色相/饱和度调整图层时，确保在路径面板中选择了路径 Lemon。

💡 提示 将选区转换为路径也很容易。只需在选区处于活动状态的情况下，单击路径面板底部的"从选区生成工作路径"按钮，它位于"将路径作为选区载入"按钮的右边。

下面将选定橘子的颜色改为柠檬黄色，为此将使用一个色相/饱和度调整图层，以及一个覆盖选定橘子的图层蒙版。当前，覆盖这个橘子的选区处于活动状态，能够快速而轻松地创建图层蒙版，因为在添加调整图层时，当前活动选区将自动转换为图层蒙版。

❸ 在图层面板中，隐藏图层 Path Guide（因为不再需要它），然后选择图层 Background。

❹ 在调整面板中，单击图 8.23（a）所示的"色相/饱和度"按钮，在图层面板中新增一个色相/饱和度调整图层，它自动包含一个从当前活动选区创建的图层蒙版，如图 8.23（b）所示。

（a）　　　　　　（b）　　　　　　（a）　　　　　　（b）

图 8.22　　　　　　　　　　　　　　图 8.23

❺ 在属性面板中，修改"色相"的值，让选定的橘子的颜色变成柠檬黄色，如图 8.24 所示，这里设置的"色相"值为 17。

图 8.24

❻ 将文档保存。

修改中间那个橘子的颜色后，可能会发现图层蒙版边缘存在细微的误差，此时可编辑蒙版：在图层面板中单击图层蒙版缩览图，然后选择画笔工具，在调整图层应用的颜色可见的地方用白色绘画，在背景图层可见的地方用黑色绘画（如果是矢量蒙版，可使用直接选择工具和钢笔工具来编辑）。

前面使用钢笔工具快速而精确地绘制了一条环绕橘子的路径，将这条路径转换为选区，以便在应用调整图层时，使用这个选区创建一个图层蒙版来隔离主体。

8.7　使用文字和形状图层创建 Logo

下面使用文字和形状图层创建一个 Logo，并将它覆盖在图像上面。

① 如果看不到标尺，选择菜单"视图">"标尺"，显示标尺。

② 如果当前的标尺单位为像素，在标尺上单击鼠标右键（Windows）或按住 Control 键并单击标尺（macOS），然后选择"英寸"。这幅图像是一张要印刷的明信片，对于印刷品来说，合适的度量单位为英寸。

③ 在图层面板中，确保选择了色相/饱和度调整图层，接下来创建的图层将位于它上面。

④ 选择横排文字工具，在选项栏中做以下设置，如图 8.25 所示。

- 从"字体系列"下拉列表中选择一种字体，这里使用的是 Arial，且为粗体（Bold），但也可使用其他适合的字体。
- 将字体大小设置为 55 点。
- 单击"右对齐文本"按钮，因为稍后要在文本左边添加图形元素。
- 单击色板并将文本颜色设置为白色。

图 8.25

⑤ 拖曳鼠标在图像底部创建一个文字图层，它离两边和下边的距离都大约为 0.5 英寸。这里创建的图层宽约为 9 英寸、高约为 1 英寸。

⑥ 输入"Citrus Lane Farms"以替代占位文字，然后单击选项栏中的"提交"按钮，结果如图 8.26 所示。在图层面板中，不要取消选择这个文字图层。

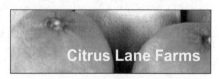

图 8.26

⑦ 当字距较小时，所选字体看起来更漂亮，因此选择这些文字，并在字符面板或属性面板中将字距设置为负数，这里使用的是 –25，如图 8.27 所示。

⑧ 在属性面板的"文字选项"部分单击"全部大写字母"按钮，如图 8.27 所示。如果没有看到这个按钮，在属性面板中向下滚动。

⑨ 如果有需要，使用移动工具调整这个文字图层的位置，使其相对于下边和右边的距离更合适，在左边留下一定的空间，用于放置接下来要添加的图形，如图 8.28 所示。

图 8.27

图 8.28

添加预设形状

符号或物体等形状可以通过形状面板添加。形状面板中包含多种预定义的形状，在文档中添加形状时，它将是一个形状图层。

形状是使用路径绘制的矢量对象，具有两个优点：可像编辑路径那样编辑它们；与文字图层一样，在文档分辨率允许的情况下，它们总是平滑而清晰的。

用户可在形状面板中查找形状。这个面板易于使用，其工作原理类似于 Photoshop 中其他包含预设的面板（如色板面板、渐变面板和画笔面板），在其中能看到小型的预设预览，可将预设编组，还可创建自己的预设。

① 选择菜单"窗口">"形状"，显示形状面板。形状面板包含成组的形状预设。

② 展开预设编组"花卉"，如图 8.29 所示。

图 8.29

💡 提示 除预设列表中默认显示的预设编组外，Photoshop 还提供了其他预设编组，要加载其他的预设编组（包括 Photoshop 旧版本中的预设），可从面板菜单中选择"旧版形状及其他"。

使用 Creative Cloud 库共享链接的智能对象

通过 Creative Cloud 库来组织和分享设计素材，可让用户和其团队成员能够在 Creative Cloud 桌面应用程序和移动应用程序中使用这些内容。下面就来尝试一下。

① 打开文件 08End.psd。如果没有打开库面板，选择菜单"窗口">"库"，打开它。

② 在库面板菜单中选择"新建库"，将库命名为 Citrus Lane Farms，并单击"创建"按钮。

③ 在图层面板中选择图层 Flower，然后按住 Shift 键单击文字图层 Citrus Lane Farms，以同时选择这两个图层。

④ 将这两个图层从图层面板拖曳到 Citrus Lane Farms 库中。

这个形状被库面板同步到 Creative Cloud 后（见图 8.30），就可在所有 Creative Cloud 应用程序和使用 Creative Cloud 库的移动应用程序中使用它。

对文字图层 Citrus Lane Farms 的外观进行调整，使其位于橘子图像上面时很清晰。库项目是链接到 Creative Cloud 的智能对象，可在 Photoshop 中双击它，以对其进行编辑。保存所做的修改时，将更新所有使用它的文档。

将颜色加入库中

可在库中存储颜色，供各种 Adobe 软件使用。

❶ 选择吸管工具，然后单击文档窗口中的花朵，让工具面板中的前景色变成花朵的颜色。

❷ 单击库面板底部的"添加内容"按钮（🔲）并从下拉列表中选择"前景色"，将前景色加入当前库中，如图 8.31 所示。

图 8.30   图 8.31

协作

通过邀请人员，可将库中的素材与他人共享。在库面板菜单中选择"邀请人员"，在打开的对话框中填写邀请的相关信息，如图 8.32 所示。被邀请的人员登录 Creative Cloud 账户后，将在其 Creative Cloud 应用程序中看到分享的库。

图 8.32

使用 Adobe 移动应用程序在库中添加素材

使用诸如 Adobe Capture 等 Adobe 移动应用程序可记录使用的颜色主题、形状和画笔，并将它们添加到 Creative Cloud 库中。使用移动应用程序添加的库素材将自动同步到 Creative Cloud 账户，因此在计算机中打开 Creative Cloud 应用程序时，就能在库面板中看到新增的素材。

③ 将最后一个形状预设拖曳到文本 Citrus Lane Farms 的左边，如图 8.33 所示。

图 8.33

这个花朵形状将出现在图层面板中。在文档窗口中，这个形状周围有定界框，可以做些调整再提交。

💡 提示 如果要保存自定义的形状预设，可绘制路径或形状。使用路径选择工具选择它，然后选择菜单"编辑">"定义自定形状"，给形状命名，并单击"确定"按钮。它将添加到形状面板中，如果当前选择了某个形状编组，它将添加到这个编组中。

④ 拖曳花朵形状的手柄，将其高度调整到 1.5 英寸左右。

💡 提示 如果智能参考线妨碍做精确调整，可在拖曳时按住 Ctrl 键。

⑤ 拖曳花朵形状，将其放在文档窗口左边和文本 Citrus Lane Farms 之间。

⑥ 单击选项栏中的提交按钮或按 Enter 键，定界框消失。

这就添加了一个形状，它使用当前的填充和描边设置——这些设置是前面练习绘制形状时指定的。这里要用黄色填充这个花朵形状。在定界框处于活动状态的情况下，无法修改填充颜色，但现在已提交变换，因此可以修改填充颜色。

⑦ 在图层面板中，确保选择了花朵形状图层。

⑧ 双击这个形状图层，输入"Flower"并按 Enter 键，以重命名这个图层。

⑨ 选择一种形状工具，如矩形工具或与它位于同一组的其他工具，选项栏中将显示形状的设置。

💡 提示 如果想修改预设的形状，由于所有的预设形状都是路径，因此将其添加到文档中后，可使用钢笔工具、与钢笔工具属于同一组的工具或直接选择工具编辑它们。

⑩ 在选项栏中单击填色色板，在下拉列表中，展开色板预设组 RGB，并单击其中的黄色色板；单击描边色板并从下拉列表中选择"无颜色"，然后按 Enter 键折叠这个下拉列表，如图 8.34 所示。

⑪ 选择菜单"选择">"取消选择图层"，以便在不突出其路径的情况下查看花朵形状。

⑫ 如果需要，使用移动工具调整花朵和文本的位置，同时调整整个 Logo 与文档边缘的距离，如图 8.35 所示。

图 8.34

图 8.35

⑬ 将文件保存。

至此，这张明信片就做好了。

使用预设快速添加颜色和效果

可使用预设快速改善 Logo 中花朵和文本的外观，方法类似于使用形状面板添加花朵形状并使用色板面板修改其颜色。

① 打开文件 08Working.psd，并将其存储为 08StylePresets.psd。

② 将一种预设应用于花朵形状。选择菜单"窗口">"样式"，打开样式面板，并展开"基础"预设组。

③ 将"基础"预设组中的第二个预设拖曳到文档窗口中的花朵上，如图 8.36 所示，该样式将应用于形状图层 Flower，然后将这个样式拖曳到文本上。

要应用预设，可将其拖曳到图层上，也可在选择了图层的情况下单击预设。这两种方式都可行。

这里使用的基础样式包括简单的描边和投影效果，如图 8.37 所示。要探索各种设计选项，可编辑样式、渐变、图案和色板面板中的预设，并将其应用于图层，直到得到所需的结果。此外，还可在这些面板中添加自定义的预设。

图 8.36

图 8.37

在图层面板中，可查看应用预设的效果，还可以不同的方式微调这些效果。

· 单击图层效果的眼睛图标，以禁用或启用它们。

- 双击图层效果名打开"图层样式"对话框，并在其中编辑图层效果。
- 应用样式时，如果图层看起来没有变化，需要先删除已应用的效果。为此，可在图层面板中，将"效果"拖曳到图层面板底部的"删除"按钮上。请注意，预设也可能修改图层的不透明度和填充不透明度设置，因此也要将这些设置恢复到默认值100%。
- 应用样式后，如果在图层名下方没有看到任何效果，可能因为这个预设是作为填充或描边效果而不是图层效果应用的。要编辑它，可双击形状图层的缩览图（注意不是图层名）。
- 将预设应用于形状后，如果选择了矩形工具等形状工具，选项栏中将显示形状选项。此时，单击填充色板或描边色板可编辑预设。

使用智能参考线确保对齐及间距相同

可使用图层 Flower 来创建重复的装饰图案，以便制作包装上的标志。智能参考线可让图案均匀分布。

① 打开文件 08End.psd，并将其存储为 08SmartGuides.psd。选择菜单"视图">"显示"，确认选择了"智能参考线"命令，这表明启用了智能参考线。

② 选择图层 Flower，然后选择移动工具，按住 Alt 键（Windows）或 Option 键（macOS）和鼠标左键并拖曳，将复制的图层 Flower 往上拖曳，等到洋红色框中的值大约为 3 英寸时松开鼠标。请注意，洋红色的智能参考线可帮助复制的图层 Flower 与原图层对齐。如果没有智能参考线，就必须按住 Shift 键来确保复制图层与原图层对齐。拖曳时按住 Alt 键或 Option 键将复制选定的图层。

③ 在图层面板中，将图层"Flower 拷贝"的不透明度设置为50%。

④ 确保选择了移动工具和图层"Flower 拷贝"。按住 Alt 键或 Option 键和鼠标左键，向右拖曳图层"Flower 拷贝"的副本，等洋红色的值大约为 1 英寸且两个图层是对齐的时候，松开鼠标。

⑤ 在选择了图层"Flower 拷贝 2"的情况下，按住 Alt 键或 Option 键和鼠标左键，向右拖曳图层"Flower 拷贝 2"，等 3 个花朵图层之间出现两个变换值框后松开鼠标，出现这些变换值框表明 3 个花朵图层之间的距离是相等的，如图 8.38 所示。拖曳图层时，使用智能参考线可快速而轻松地确保它们的分布是均匀的。

⑥ 重复第 4 步，以便有 4 朵分布均匀的花朵，如图 8.39 所示。

图 8.38

图 8.39

8.8 复习题

1. 位图和矢量图有何不同？
2. 在使用钢笔工具添加锚点时，如何确保绘制的路径段是弯曲的？
3. 如何在文档中添加预设形状？
4. 在编辑路径和形状时，为何要使用直接选择工具而不是路径选择工具？
5. 有哪些调整弯曲路径段形状的方式？

8.9 复习题答案

1. 位图（光栅图像）是基于像素网格的，适用于表示连续调图像，如照片或使用绘画软件创作的作品。矢量图由基于数学表达式的形状组成，适用于表示插图、文字，以及诸如徽标等可能被缩放到不同尺寸的图形。
2. 使用钢笔工具拖曳（而不是单击）创建下一个锚点。
3. 要添加预设形状，可打开形状面板，找到所需的形状，将其拖曳到文档窗口中。
4. 使用直接选择工具能够编辑路径或形状中的点、路径段和方向线，使用路径选择工具能够移动整个路径或形状及调整它们的大小。
5. 要调整弯曲路径段的形状，可使用直接选择工具拖曳其任何一个锚点、任何一个锚点的方向点或弯曲路径段本身。

高级合成技术

本课概览

- 应用和编辑智能滤镜。
- 使用液化滤镜来扭曲图像。
- 对选择的图像区域应用颜色效果。

- 应用滤镜以创建多种效果。
- 使用历史记录面板恢复图像以前的状态。
- 提高图像的分辨率用于高分辨率印刷。

学习本课大约需要 1 小时

　　使用滤镜可将普通图像转换成出色的数字作品。对于使用智能滤镜所做的变换，可随时进行编辑而不会损害原始图像。Photoshop 提供了丰富的功能，方便用户进行多种多样的创意设计。

9.1　概述

在本课中，将把一些图像合成起来制作成电影海报，并探索 Photoshop 滤镜的使用方法。下面先来查看要完成的效果文件。

1 启动 Photoshop，并立刻按住 Ctrl + Alt + Shift 组合键（Windows）或 Command + Option + Shift 组合键（macOS）。

2 在出现的提示对话框中单击"是"按钮，确认删除 Photoshop 设置文件。

3 选择菜单"文件">"在 Bridge 中浏览"。

> 💡注意　如果没有安装 Bridge，在选择菜单"文件">"在 Bridge 中浏览"时，将启动桌面应用程序 Creative Cloud，而它将下载并安装 Bridge。安装完成后，便可启动 Bridge。

4 在收藏夹面板中单击文件夹 Lessons，然后双击内容面板中的文件夹 Lesson09。

5 查看文件 09End.psd 的缩览图，如图 9.1 所示。如果希望看到图像的更多细节，可以将 Bridge 窗口底部的缩览图滑块向右拖曳。

这是一张电影海报，由背景、怪人图像和其他几幅图像组成，并且对其中的每幅图像都应用了一种或多种滤镜或效果。

怪人是使用正常的人像和几幅有些恐怖的图像合成的。这种怪异效果由 Russell Brown 根据 John Connell 绘制的插图制作而成。

6 在 Brige 中，切换到文件夹 Lesson09\Monster_Makeup，如图 9.2 所示。

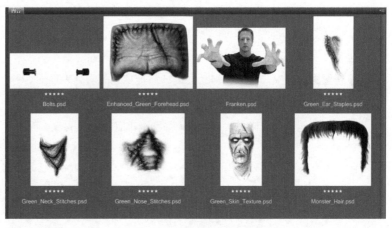

图 9.1 　　　　　　　　　　　　　　　　　图 9.2

7 按住 Shift 键单击文件夹 Monster_Makeup 中的第一个和最后一个文件，以选择这个文件夹中的所有文件，然后选择菜单"工具">"Photoshop">"将文件载入 Photoshop 图层"，如图 9.3 所示。

新建一个 Photoshop 文件，并将所有选定文件作为不同的图层导入其中。对于怪人的组成部分，已使用了红色来标识它们所属的图层。

8 在 Photoshop 中，选择菜单"文件">"存储为"，将文件另存为 09Working.psd，并将其存储到文件夹 Lesson09 中。在"Photoshop 格式选项"对话框中，单击"确定"按钮。

图 9.3

> **注意** 如果 Photoshop 显示了一个对话框，指出保存到云文档和保存到计算机之间的差别，则单击"保存在您的计算机上"按钮。此外，还可选择"不再显示"复选框，但当恢复 Photoshop 的默认首选项后，将取消选择这个复选框。

9.2 排列图层

这个图像文件包含 8 个图层，它们是按字母顺序排列的。在以这样的顺序排列图层时，组成的图像并不是怪人。下面来重新排列图层，并调整图层内容的尺寸，以构成怪人的雏形。

① 缩小或滚动视图，以便能够看到所有图层中的图像。另外，如果不能在图层面板中同时看到所有的图层，可以拖曳图层面板的上边缘直至图层全部显示。

② 在图层面板中，将图层 Monster_Hair 拖曳到图层列表顶部。

③ 将图层 Franken 拖曳到图层列表底部。

④ 选择移动工具，将图层 Franken 移到画布底部，如图 9.4 所示。

图 9.4

注意 如果选择了错误的图层，请取消选择选项栏中的"自动选择"复选框，然后尝试将图层 Franken 拖曳到画布底部。

⑤ 在图层面板中，按住 Shift 键单击除图层 Franken 外的所有图层，然后选择菜单"编辑">"自由变换"，如图 9.5 所示。

图 9.5

提示 "自由变换"命令的快捷键为 Ctrl + T（Windows）或 Command + T（macOS），使用它可移动、缩放或旋转选定的图层，因此有必要记住其快捷键。

⑥ 向右下方拖曳定界框的左上角，将所有选定图像缩小到原来的 50% 左右，如图 9.6（a）和图 9.6（b）所示（注意查看选项栏中的宽度和高度百分比）。

⑦ 在显示了定界框的情况下，将这些图层拖曳到人像的头部上面，如图 9.6（c）所示，然后按 Enter 键提交变换。

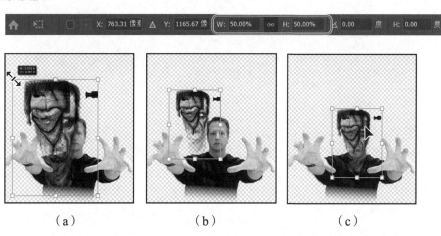

（a）　　　　　　　　（b）　　　　　　　　（c）

图 9.6

⑧ 将图像放大到能够看清人像的头部区域。

⑨ 隐藏除图层 Green_Skin_Texture 和 Franken 外的所有图层。选择图层 Green_Skin_Texture，并使用移动工具将该图层与人像脸部居中对齐，如图 9.7 所示。

图 9.7

💡提示　如果拖曳时出现智能参考线，导致难以调整图层 Green_Skin_Texture 的位置，可按住 Ctrl
键（Windows）或 Control 键（macOS）暂时禁用对齐到智能参考线功能。此外，也可选择菜单"视
图"＞"显示"＞"智能参考线"，永久性禁用对齐到智能参考线功能。

⑩ 选择菜单"编辑"＞"自由变换"，调整图层 Green_Skin_Texture 的大小，使其与人像的脸部
匹配。可拖曳定界框上的手柄来调整图层 Green_Skin_Texture 的大小，使用方向键微调该图层的位置，
确保眼睛和嘴巴都是对齐的（要在调整时保持图像的宽高比不变，可在拖曳手柄时按住 Shift 键）。调
整好这个图层的大小和位置后，按 Enter 键提交变换，如图 9.8 所示。

图 9.8

💡提示　要更精确地调整纹理，使其与人像的脸部更匹配，可选择菜单"编辑"＞"变换"＞"变形"，
并拖曳变换网格或手柄，调整好后按 Enter 键提交变换。

⑪ 将文件保存。

9.3　使用智能滤镜

使用常规滤镜能永久性地修改图像，而智能滤镜是非破坏性的，它们是可以调整、开启、关闭和
删除的。注意，智能滤镜只能应用于智能对象。

9.3.1 应用液化滤镜

下面使用液化滤镜来缩小怪人的眼睛，并修改其脸部的形状。为了以后能够调整应用的液化滤镜的设置，这里将以智能滤镜的方式使用它。为此，需要将图层 Green_Skin_Texture 转换为智能对象。

❶ 在图层面板中确保选择了图层 Green_Skin_Texture，然后选择菜单"滤镜">"转换为智能滤镜"，将选定图层转换为智能对象。如果出现对话框，询问是否要转换为智能对象，单击"确定"按钮。

> 💡 **提示** 在图层面板中，如果图层 Green_Skin_Texture 的缩览图右下角有个图标，表示它是一个智能对象，如图 9.9 所示。

图 9.9

❷ 选择菜单"滤镜">"液化"。

"液化"对话框中显示图层 Green_Skin_Texture。

❸ 在"液化"对话框中，如果展开了"人脸识别液化"部分，单击旁边的三角形将其折叠。人脸识别液化在第 5 课使用过，这虽然是一种快速而强大的修改工具，但其修改方式有限。在这里，将尝试使用一些手动液化方法。将"人脸识别液化"部分折叠起来，可以专注于"液化"对话框中的其他选项。

❹ 选择"显示背景"复选框，然后从"模式"下拉列表中选择"背后"，将"不透明度"设置为 75，如图 9.10 所示。

图 9.10

> 💡 **注意** 第 4 步并没有修改文档，只是改变了在"液化"对话框中调整选定图层时，可看到的其他图层内容的多少。

⑤ 从对话框左边的工具面板中选择缩放工具（🔍），放大眼睛区域。

⑥ 选择向前变形工具（👋）。

按住鼠标左键并拖曳，向前变形工具将像素往前推。

⑦ 在"画笔工具选项"部分，将大小设置为150，将压力设置为75，如图9.11（a）所示。

⑧ 使用向前变形工具在右眼处往下拖曳以缩小眼睛，然后从右眼下方往上拖曳，如图9.11（b）所示。

（a）　　　　　　　　　　　（b）

图 9.11

⑨ 对左眼进行第8步的操作。可以使用向前变形工具以不同的方式处理两个眼睛，让它们看起来更恐怖。

⑩ 消除眼睛周围的空白后，单击"确定"按钮。

由于是以智能滤镜的方式应用"液化"滤镜，因此以后可进一步修改脸部，而不会降低原始图像的质量，修改时只需在图层面板中双击这个智能对象即可。

9.3.2 调整其他图层的位置

下面调整其他图层的位置——从图层面板的底部图层开始往上处理。

❶ 在图层面板中，让图层Green_Nose_Stiches可见并选择它，如图9.12所示。

❷ 选择菜单"编辑">"自由变换"，然后将图层Green_Nose_Stiches移到怪人鼻子上，如果有必要可调整其大小。按Enter键提交变换，如图9.13所示。

图 9.12

图 9.13

💡 提示　要在调整图像大小时保持其中心位置不变，可在拖曳定界框手柄时按住 Alt 键（Windows）或 Option 键（macOS）。

提示 如果只想调整图层的位置，只需使用移动工具拖曳即可。在这些步骤中，选择菜单"编辑">"自由变换"，既能调整图层的位置，又能调整其大小。

下面重复上述操作，将其他图层放置到正确的位置。

③ 让图层 Green_Neck_Stiches 可见并选择它，将这个图层移到怪人脖子上。如果需要调整其大小，可选择菜单"编辑">"自由变换"，调整后按 Enter 键，如图 9.14 所示。

④ 让图层 Green_Ear_Staples 可见并选择它，将其移到怪人右耳上。选择菜单"编辑">"自由变换"，调整其大小和位置，然后按 Enter 键，如图 9.15 所示。

图 9.14

⑤ 让图层 Enhanced_Green_Forehead 可见并选择它，将这个图层移到怪人前额上。选择菜单"编辑">"自由变换"，调整这个图层的大小使其与前额匹配，然后按 Enter 键，如图 9.16 所示。

图 9.15

图 9.16

提示 要调整选定图层的位置和大小，可使用移动工具、选择菜单"编辑">"自由变换"或按方向键。可根据需要完成的任务选择合适的工具。

⑥ 让图层 Bolts 可见并选择它，拖曳这些螺钉，使它们分别位于怪人脖子两边。选择菜单"编辑">"自由变换"，调整这个图层的大小，让螺钉贴在脖子上。调整好螺钉的位置后，按 Enter 键提交变换，如图 9.17 所示。

⑦ 让图层 Monster_Hair 可见并选择它，将这个图层移到怪人前额上方。选择菜单"编辑">"自由变换"，调整这个图层的大小，让头发与前额匹配，然后按 Enter 键提交变换，如图 9.18 所示。

图 9.17

图 9.18

⑧ 保存所做的全部工作。

9.3.3 编辑智能滤镜

调整好所有图层的位置和大小后，进一步调整怪人眼睛的大小，并尝试让眉毛更粗。

❶ 在图层面板中，双击图层 Green_Skin_Texture 中智能滤镜下方的"液化"。

Photoshop 将打开"液化"对话框。此时所有图层都是可见的，因此选择了"显示背景"复选框后，可看到所有图层。在没有背景分散注意力的情况下进行修改更容易，而在有背景的情况下查看编辑结果很有用。

❷ 放大图像，让怪人眼睛更清晰。

❸ 选择对话框的工具面板中的褶皱工具（ 🔅 ），并在两个眼睛的外眼角上单击，如图 9.19 所示。

在单击或拖曳时，像素往画笔中央移动，形成褶皱效果。

❹ 选择膨胀工具（ ✧ ），单击一条眉毛的外边缘将眉毛加粗，再对另一条眉毛做同样的处理，结果如图 9.20 所示。

图 9.19

图 9.20

在单击或拖曳时，像素从画笔中央向外移动。

> 💡 提示 相比于"人脸识别液化"部分的选项，使用"液化"对话框左边的褶皱工具、膨胀工具等能够更好地控制液化扭曲，而且它们可用于图像的任何部分，但使用"人脸识别液化"部分的选项更容易对脸部特征进行快速而细微的调整。

❺ 尝试使用褶皱工具、膨胀工具和液化滤镜中的其他工具调整怪人的脸部。可修改画笔大小和其他设置，还可以选择菜单"编辑" > "还原"撤销一些步骤，或使用 Ctrl + Z 组合键（Windows）或 Command + Z 组合键（macOS）。如果想放弃所有的修改并重新开始，可以直接单击"取消"按钮，重新打开"液化"对话框。

❻ 对怪人的脸部修改完成后，单击"确定"按钮，保存所做的工作。

▌9.4 在图层上绘画

在 Photoshop 中，在图层和对象上绘画的方式有很多，其中最简单的方式之一是使用"颜色"混合模式和画笔工具。下面就使用这种方法将怪人暴露的皮肤变成绿色。

❶ 在图层面板中选择图层 Franken。

❷ 单击图层面板底部的"新建图层"按钮（ 🗔 ）。

新建一个名为图层 1 的图层。

❸ 在选择了图层 1 的情况下，从图层面板顶部的"混合模式"下拉列表中选择"颜色"，如图 9.21 所示。

> 💡 提示 不要将图层的混合模式（在图层面板中设置）和工具的混合模式（在选项栏中设置）混为一谈。有关混合模式的详细信息，请参阅 Photoshop 帮助文档中的"混合模式"。

混合模式"颜色"组合基色（图层上的既有颜色）的明度及应用颜色的色相和饱和度，适用于给单色图像着色或给彩色图像染色。

❹ 在工具面板中选择画笔工具。在选项栏中，将画笔大小设置为 60 像素，并将硬度设置为 0，如图 9.22（a）所示。

❺ 按住 Alt 键（Windows）或 Option 键（macOS）暂时切换为吸管工具，并从怪人前额采集绿色，如图 9.22（b）所示。松开 Alt 键或 Option 键切换回画笔工具。

采集的颜色将作为前景色，并载入画笔工具中。

❻ 按住 Ctrl 键（Windows）或 Command 键（macOS）并单击图层 Franken 的缩览图，此时在文档窗口中出现了一个覆盖该图层中图像的选框，如图 9.23 所示。

图 9.21

（a）

（b）

图 9.22

图 9.23

通常，在图层面板中选择某个图层时，选择的图层将处于活动状态，但此时并没有处于活动状态的选区。当按住 Ctrl 键或 Command 键并单击图层的缩览图时，Photoshop 将选择图层中的图像，因此有一个处于活动状态的选区。这是一种选择图层中所有图像的快捷方式，但不包括图层的透明区域。

⑦ 确保在图层面板中选择了图层 1，使用画笔在怪人的手和胳膊上绘画，如图 9.24 所示。对于位于透明区域附近的手掌，可快速绘画，因为即便绘制到了选区外面，也不会有任何影响。衬衫也位于选区内，因此在衬衫附近绘画时，要注意只在皮肤上绘画，不在衬衫上绘画。

图 9.24

💡 提示　要在绘画时调整画笔的大小，可按 [或] 键。按 [键可缩小画笔，按] 键可增大画笔。

⑧ 在脸和脖子部分，对透过图层 Green_Skin_Texture 显露出来的原来皮肤颜色的区域进行绘画。

⑨ 绘画完成后，选择菜单"选择">"取消选择"，然后保存所做的工作，如图 9.25 所示。

图 9.25

9.5　添加背景

怪人制作完成，下面制作其所处的环境背景。为轻松地将怪人加入背景中，需要拼合图层。

① 确保所有的图层都可见，从图层面板菜单中选择"合并可见图层"，如图 9.26 所示。

💡 提示　合并或拼合图层是永久性地将它们合并成一个图层，这将缩小 Photoshop 文档的大小。如果希望以后能够分别编辑各个图层，应在第 1 步中选择"从图层新建组"而不是"合并可见图层"，然后在第 6 步中，将这个图层组从图层面板中拖曳到文件 Backdrop.psd 中。

Photoshop 将把所有图层合并成一个图层，并将其命名为"图层 1"，因为合并时选择的是图层 1。

② 将图层 1 重命名为 Monster，如图 9.27 所示。

③ 选择菜单"文件">"打开"，打开文件夹 Lesson09 中的文件 Backdrop.psd。

④ 选择菜单"窗口">"排列">"双联垂直"，同时显示怪人图像和背景图像。

⑤ 单击文件 09Working.psd，使其处于活动状态。

图 9.26

图 9.27

⑥ 选择移动工具，将图层 Monster 拖曳到文件 Backdrop.psd 中。调整怪人的位置，使其双手位于电影名的上方，如图 9.28 所示。

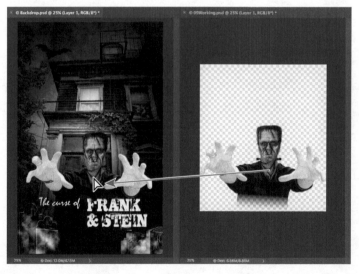

图 9.28

⑦ 保存所做的修改，关闭文件 09Working.psd。

下面处理电影海报的文件。

⑧ 选择菜单"文件">"存储为"，将文件另存为 Movie-Poster.psd。在"Photoshop 格式选项"对话框中，单击"确定"按钮。

9.6 使用历史记录面板撤销编辑

之前使用过"还原"命令来撤销最后一次修改，还可使用"重做"命令来重新应用刚撤销的修改。不断使用这两个命令，可撤销或重做多个步骤。

要撤销或重做最后一次修改，可选择菜单"编辑">"切换最终状态"。要快速比较最后一次修改前后的情况，可按 Ctrl + Alt + Z 组合键（Windows）或 Command + Option + Z 组合键（macOS）。

另一种撤销修改的方式是使用历史记录面板，要显示这个面板，可选择菜单"窗口">"历史记录"。历史记录面板包含修改清单，要返回到某一状态（如第 4 步的状态），只需在历史记录面板中选择它即可。

9.6.1 应用滤镜和效果

下面在电影海报中添加一块墓碑。可以尝试使用不同的滤镜和效果，看看哪些更合适。在尝试过程中，如果有必要，可使用历史记录面板来撤销操作。

❶ 在 Photoshop 中，选择菜单"文件">"打开"。

❷ 切换到文件夹 Lesson09，双击文件 T1.psd，打开它，如图 9.29（a）所示。

下面给墓碑图像加上纹理并着色。

❸ 在工具面板中单击"默认前景色和背景色"按钮（🔳），将前景色恢复为黑色。

> 💡 **提示** 一种快速完成第 3 步的方式是按 D 键，它是将背景色和前景色分别设置为默认的黑色和白色的快捷键。

下面赋予墓碑一点感染力。

❹ 选择菜单"滤镜">"渲染">"分层云彩"，效果如图 9.29（b）所示。

> 💡 **注意** 读者添加"分层云彩"滤镜后的效果可能与这里显示的不同，因为每次应用滤镜"分层云彩"时，结果都是随机的。

下面使用"光圈模糊"滤镜让墓碑上半部分清晰的同时模糊其他部分，使用默认的模糊设置即可。

❺ 选择菜单"滤镜">"模糊画廊">"光圈模糊"，进入"模糊画廊"任务空间，其中只显示与某些模糊效果相关的工具。

❻ 在文档窗口中，将光圈模糊椭圆形往上拖曳，让墓碑上半部分清晰，而其他部分模糊，如图 9.30 所示，单击"确定"按钮。

（a）　　　（b）

图 9.29

图 9.30

提示 要调整模糊效果的形状和覆盖的区域，可拖曳手柄。要调整模糊量，除可以在"模糊画廊"工作空间右边的"光圈模糊"部分设置"模糊"的值外，还可以在文档窗口中拖曳光圈模糊椭圆形中央附近的圆圈。

下面使用调整图层让这幅图像变暗并修改其颜色。

⑦ 在调整面板中单击"亮度 / 对比度"按钮，然后在属性面板中将"亮度"滑块拖曳到 70 对应的位置，如图 9.31 所示。

图 9.31

⑧ 在调整面板中单击"通道混合器"按钮（），如图 9.32（a）所示。

⑨ 在属性面板中，从"输出通道"下拉列表中选择"绿"，然后设置"绿色"值为 +37，"蓝色"值为 +108，如图 9.32（b）所示。

此时墓碑呈泛绿的效果，如图 9.32（c）所示。

注意 由于输出通道被设置为绿色通道，因此第 9 步的设置将绿色通道增强 37%，将蓝色通道增强的108% 添加到绿色通道中。

（a）　　　　　　　（b）　　　　　　　（c）

图 9.32

在校正色彩平衡时，通道混合器很有用，但设置的参数值通常比这里的小得多。通道混合器还可用于替代黑白调整，以控制如何将颜色值转换为灰度值，以及实现染色效果。这里使用通道混合器是为了对图像进行创意颜色调整。

⑩ 在调整面板中单击"曝光度"按钮（⯐）。在属性面板中，将"曝光度"滑块拖曳到 +0.90 处，让较亮的图像区域更亮些，如图 9.33 所示。

提示 "曝光度"滑块主要用于校正 HDR 图像，这里使用它实现了一种创意效果。

图 9.33

9.6.2　撤销多个步骤

此时这块墓碑无疑与调整前的样子大相径庭，但与图 9.1 的墓碑不太一样。下面使用历史记录面板来查看墓碑的各个状态。

① 如果没有打开历史记录面板，选择菜单"窗口">"历史记录"，打开它。向下拖曳这个面板的下边框将其增大，以便能够看到整个列表。

历史记录面板中记录了最近对图像执行的操作。

> **♀ 注意**　历史记录面板中只列出在当前会话中执行的操作。当关闭文档后，其中的列表将重置，因此刚打开文档时，历史记录面板是空的。

② 在历史记录面板中选择"模糊画廊"，如图 9.34 所示。

所选步骤下面的步骤呈灰色，图像发生了变化：颜色没了，亮度 / 对比度调整效果也没了。当前，只应用了"分层云彩"滤镜和"光圈模糊"滤镜，其他的调整都没了。在图层面板中，没有列出任何调整图层。

③ 在历史记录面板中，选择"修改通道混合器图层"。

可以看到，图像的颜色恢复了，亮度和对比度调整效果也恢复了，图层面板中列出了两个调整图层。然而，选择的步骤下面的步骤依然呈灰色，图层面板中也没有列出曝光度调整图层。

下面恢复到对墓碑应用各种滤镜和效果前的步骤。

④ 在历史记录面板中，选择"分层云彩"，如图 9.35 所示。

图 9.34　　　　　　　　　　　　　　　图 9.35

"分层云彩"步骤下面的所有步骤都呈灰色。

⑤ 选择菜单"滤镜">"杂色">"添加杂色"。

添加杂色，给墓碑添加石头纹理。

⑥ 在"添加杂色"对话框中，将"数量"设置为 3%，选择"高斯分布"单选按钮和"单色"复

选框，然后单击"确定"按钮。

　　在历史记录面板中，原来位于"分层云彩"状态下面且呈灰色的步骤不见了，它们被刚才执行的
任务（添加杂色）替换掉了，如图 9.36 所示。可选择任何一个步骤并恢复到该步骤，但一旦执行新任
务，Photoshop 就会将所有呈灰色的步骤替换掉。

图 9.36

　　下面将墓碑加入电影海报中。

　　⑦ 选择菜单"窗口">"排列">"全部垂直拼贴"。

　　⑧ 使用移动工具将刚才创建的墓碑拖曳到文件 Movie-Poster.psd
中。如果出现颜色管理警告对话框，在其中单击"确定"按钮。

　　⑨ 将墓碑拖曳到电影海报的左下角，并使其只露出三分之一，如
图 9.37 所示。

　　⑩ 选择菜单"文件">"存储"，保存文件 Movie-Poster.psd，然
后关闭文件 T1.psd，但不保存它。

　　前面使用了一些新的滤镜和效果，还使用了历史记录面板来撤销操
作。默认情况下，历史记录面板只保留最后的 50 个步骤，但可对这种
设置进行修改，方法是选择菜单"编辑">"首选项">"性能"（Windows）
或"Photoshop">"首选项">"性能"（macOS），然后在"历史记录状态"文本框中输入所需的值。

图 9.37

9.7　改善低分辨率图像

　　在有些情况下，使用的图像的像素尺寸可能很小。虽然将这样的图像用于网页和社交媒体没问

题，但用于高品质印刷时，它们包含的信息可能不够。在 Photoshop 中，可对图像进行重采样：根据既有像素创建新像素，从而增大图像的像素尺寸。在对低分辨率图像进行采样时，"保留细节（扩大）"选项是不错的选择。

> 💡 **注意** 有很多选项可用于增大低分辨率图像的像素尺寸，但如果图像有高分辨率版本，还是应该使用该版本，这样可获得更高的品质。

在电影海报中，添加一幅社交媒体网站发布的低分辨率图像。为此，需要调整这幅图像的大小，以免影响印刷出来的海报的质量。

❶ 选择菜单"文件">"打开"，并打开文件夹 Lesson09 中的文件 Faces.jpg。

❷ 将图像放大到至少 300%，以便能够看清其中的像素。

❸ 选择菜单"图像">"图像大小"。

❹ 选择"重新采样"复选框。

❺ 将宽度和高度度量方式都改为百分比，然后将它们的值都设置为 400%。

宽度和高度默认链接，以确保调整图像的大小时其宽高比不变。如果需要分别修改图像的宽度和高度，可单击链接按钮以解除链接。

❻ 拖曳预览图像，以便能够看到眼镜。

❼ 在"重新采样"下拉列表中选择"两次立方（较平滑）"，使图像看起来不像原来那样粗糙。

"重新采样"下拉列表中的选项用于指定如何调整图像以便放大或缩小它。其默认设置为"自动"，用户可根据要放大还是缩小图像选择合适的重新采样方法。

❽ 在选择"重新采样"复选框的情况下，从"重新采样"下拉列表中选择"保留细节（扩大）"。

> 💡 **注意** 在 Photoshop 中，"重新采样"下拉列表中还包含"保留细节 2.0"选项。这是"保留细节"选项的升级版，作为技术预览与"保留细节"选项一起提供。用户可根据要扩大的图像选择更合适的选项。

相比于"两次立方（较平滑）"选项，选择"保留细节（扩大）"选项生成的扩大图像更清晰，但会导致图像中的杂色更显眼。

❾ 将"减少杂色"滑块拖曳到 50% 处以平滑图像，如图 9.38 所示。

图 9.38

⑩ 按住鼠标左键，在预览窗口中显示原始图像，以便将原始图像与当前图像进行比较。此外，还可将当前图像与使用"两次立方（较平滑）"选项生成的图像进行比较，方法是在"重新采样"下拉列表切换这两个选项。当扩大或缩小图像时，选择能够在保留细节和消除像素锯齿之间取得最佳平衡的重采样方法，然后使用"减少杂色"选项来消除遗留的杂色。如果"减少杂色"选项消除了太多的细节，可以适当降低其数值。

⑪ 单击"确定"按钮。

下面将这幅图像粘贴到电影海报中的一个羽化选区中。

⑫ 选择菜单"选择">"全部"，然后选择菜单"编辑">"拷贝"。

⑬ 切换到 Movie-Poster.psd 文档窗口中，然后选择椭圆选框工具。

⑭ 在选项栏中，将"羽化"设置为 50 像素，以柔化粘贴的图像的边缘。

⑮ 在电影海报的右上角（怪人的上方）绘制一个椭圆形，这个椭圆形应与窗户和安全出口重叠。

⑯ 选择图层 1，然后选择菜单"编辑">"选择性粘贴">"贴入"。如果出现"粘贴配置文件不匹配"对话框，单击"确定"按钮。

⑰ 选择移动工具，将粘贴的图像移到羽化选区的中央。

⑱ 在图层面板中，从"混合模式"下拉列表中选择"明度"，然后将"不透明度"滑块拖曳到 50% 处，结果如图 9.39 所示。

图 9.39

⑲ 至此，电影海报制作完成。保存所做的修改，关闭文件 Movie-Poster.psd。关闭文件 Faces.jpg，但不保存它。

9.8 复习题

1. 在给图像添加效果时，使用智能滤镜和使用常规滤镜之间有何区别？
2. 液化滤镜中的膨胀工具和褶皱工具有何用途？
3. 历史记录面板有何用途？
4. "还原"和"重做"命令与历史记录面板有什么关系？

9.9 复习题答案

1. 使用智能滤镜添加的效果是非破坏性的，可随时调整、启用、关闭和删除它们，而且不会修改原始图像；使用常规滤镜会永久性地修改原始图像，应用后便不能撤销。智能滤镜只能应用于智能对象。
2. 膨胀工具用于将像素向远离画笔中央的方向移动，褶皱工具用于将像素向画笔中央移动。
3. 历史记录面板用于记录在当前会话期间执行的步骤。利用它可恢复到图像以前的某一状态，只需在历史记录面板中选择相应步骤即可。
4. "还原"和"重做"命令分别用于沿历史记录面板中的步骤后退和前进。

第 10 课

使用混合器画笔工具绘画

本课概览

- 定制画笔。
- 清理画笔。
- 混合颜色。

- 创建自定义画笔预设。
- 使用湿画笔和干画笔混合颜色。

学习本课大约需要 1 **小时**

混合器画笔工具（ ）提供了像在实际画布上绘画那样的灵活性。

10.1 混合器画笔工具简介

在前面的课程中，使用 Photoshop 中的画笔工具执行了多种任务。混合器画笔工具不同于其他画笔工具，用它能够混合颜色。用户可以修改画笔的湿度、颜色和画布上现有颜色的混合方式。

Photoshop 中的有些画笔工具模拟了逼真的硬毛刷，让用户能够添加类似于实际绘画中的纹理效果。这是一项很不错的功能，在使用混合器画笔工具时显示得尤其明显。通过结合使用不同的硬毛刷设置、画笔笔尖、湿度、载入量、混合设置等，可准确地创建所需的效果。

10.2 概述

本课将介绍 Photoshop 中的混合器画笔工具，以及笔尖和硬毛刷等设置。下面看看要完成的图像效果。

① 启动 Photoshop 并立刻按住 Ctrl + Alt + Shift 组合键（Windows）或 Command + Option + Shift 组合键（macOS）。

② 在出现的提示对话框中单击"是"按钮，确认删除 Photoshop 设置文件。

③ 选择菜单"文件" > "在 Bridge 中浏览"，启动 Bridge。

> ♡ 注意　如果没有安装 Bridge，在选择菜单"文件" > "在 Bridge 中浏览"时，将启动桌面应用程序 Creative Cloud，而它将下载并安装 Bridge。安装完成后，便可启动 Bridge。

④ 在 Bridge 中，单击收藏夹面板中的文件夹 Lessons，然后双击内容面板中的文件夹 Lesson10。

⑤ 预览第 10 课要完成的图像文件。本课将通过调色板图像来探索画笔的相关设置并学习如何混合颜色，然后应用所学知识将一张风景照变成画作。

⑥ 双击文件 10Palette_start.psd，在 Photoshop 中打开它，如图 10.1 所示。

图 10.1

⑦ 选择菜单"文件" > "存储为"，将文件另存为 10Palette_Working.psd。如果出现"Photoshop 格式选项"对话框，单击"确定"按钮。

> ♡ 注意　如果 Photoshop 显示了一个对话框，指出保存到云文档和保存到计算机之间的差别，则单击"保存在您的计算机上"按钮。此外，还可选择"不再显示"复选框，但当恢复 Photoshop 的默认首选项设置后，将取消选择这个复选框。

> ♡ 注意　如果打算在 Photoshop 中进行数字绘画，可以考虑使用带压敏光笔的绘图板。如果光笔能够传递压力、角度和旋转等信息，Photoshop 将把这些数据应用于画笔。

⑧ 单击工作区右上角的"选择工作区"按钮（），并在其下拉列表中选择"绘画"，如图 10.2 所示。

图 10.2

10.3　画笔设置

文件 10Palette_Working.psd 包含 1 个调色板、2 支画笔和 4 罐颜料，下面从中采集要使用的颜色。在使用不同颜色绘画时，需修改设置，如画笔笔尖设置和潮湿选项。

① 选择缩放工具，放大 4 个颜料罐，并在红色颜料罐上方留出一些空白。

② 选择吸管工具，单击红色颜料罐，从中采集红色。

此时前景色将变成红色，如图 10.3（a）和图 10.3（b）所示。

> ♡ 注意　选择吸管工具后，在图像中按住鼠标左键时，Photoshop 将显示一个取样环，从环中能够预览将采集的颜色。只有当 Photoshop 能够使用计算机中的图形处理器时，才会出现取样环。

③ 在工具面板中选择混合器画笔工具（如果当前处其他工作区，混合器画笔工具位于画笔工具组中），如图 10.3（c）所示。

（a）　　　　　　（b）　　　　　　（c）

图 10.3

④ 选择菜单"窗口">"画笔设置"，打开画笔设置面板，并从中选择第一种画笔。

画笔设置面板包含画笔预设，以及多个定制画笔的选项，如图 10.4 所示。

> ♡ 提示　要在画笔设置面板中查找特定的画笔，可将鼠标指针指向画笔缩览图，以查看包含画笔名称的工具提示。

图 10.4

画笔潮湿选项

画笔的效果取决于选项栏中的"潮湿""载入""混合"选项。其中,"潮湿"选项决定画笔笔尖从画布采集的颜料量;"载入"选项决定开始绘画时,画笔储存的颜料量(与实际画笔一样,不断绘画时,储存的颜料将不断减少);"混合"选项决定来自画布和来自画笔的颜料量的比例。

用户可以分别修改这些选项,更快捷的方式是从"画笔混合组合"下拉列表中选择一种标准组合。

❶ 在选项栏中,从"画笔混合组合"下拉列表中选择"干燥",如图 10.5(a)所示。

在选择"干燥"时,"潮湿"为 0%,"载入"为 50%,而"混合"不可用。使用这种预设,绘制的颜色是不透明的,因为在干画布上不能混合颜色。

❷ 在红色颜料罐上方绘制一条连续的锯齿形描边。开始出现的是红色,在不松开鼠标的情况下不断绘画,红色将逐渐变淡,最终因储存的颜料耗尽而变成无色,如图 10.5(b)所示。

(a)

(b)

图 10.5

❸ 使用吸管工具从蓝色颜料罐上采集蓝色。

💡 **注意** 也可按住 Alt 键（Windows）或 Option 键（macOS），并使用混合器画笔工具单击，把画笔覆盖的区域作为图像进行采集。如果想修改采集的内容，可在选项栏中的"当前画笔载入"下拉列表中选择"只载入纯色"。

④ 选择混合器画笔工具。在画笔设置面板中选择"圆形素描圆珠笔"（第二行的第一个），并从选项栏的"画笔混合组合"下拉列表中选择"潮湿"，如图 10.6（a）所示。

如果画笔与这里所说的不一致，请调整画笔设置面板的尺寸，使其每行显示 6 个画笔缩览图。

⑤ 在蓝色颜料罐上方绘画，颜料将与白色背景混合，如图 10.6（b）所示。

（a）　　　　　　　　　　　（b）

图 10.6

💡 **注意** 如果读者的操作结果与这里的不一致，请确认是否在图层面板中选择了背景图层。

⑥ 从选项栏的"画笔混合组合"下拉列表中选择"干燥"，并在蓝色颜料罐上方绘画，出现的蓝色更暗、透明度更低且不与白色背景混合。

⑦ 从黄色颜料罐上采集黄色，然后选择混合器画笔工具。在画笔设置面板中，选择画笔"铅笔 KTW 1"（第二行的第四个）。从选项栏的"画笔混合组合"下拉列表中选择"干燥"，然后在黄色颜料罐上方绘画，如图 10.7 所示。

图 10.7

💡 **注意** 如果读者在画笔设置面板中看到的画笔与本课显示的不一致，打开画笔面板，按住 Shift 键单击以选择所有的画笔和画笔文件夹，单击"删除画笔"按钮，然后单击"确定"按钮，确认删除这些画笔，最后在画笔面板菜单中选择"恢复默认画笔"。

⑧ 从选项栏的"画笔混合组合"下拉列表中选择"非常潮湿",然后进行绘画。此时会注意到黄色与白色背景混合在了一起。

⑨ 从绿色颜料罐上采集绿色,然后选择混合器画笔工具。在画笔设置面板中选择"尖角 30"(第五行的第六个)。在选项栏的"画笔混合组合"下拉列表中选择"干燥"。

⑩ 在绿色颜料罐上方绘制描边,尝试使用不同的混合器画笔工具设置在刚绘制的绿色描边上绘画。

10.4 混合颜色

前面使用了湿画笔和干画笔,修改了画笔设置,并混合了颜料与背景色。下面将在调色板中添加颜料以混合颜色。

💡 注意　在混合颜色时,可能需要用户多些耐心,因为这一操作耗费时间较长。

① 缩小图像,以便能够同时看到调色板和颜料罐。

② 在图层面板中选择图层 Paint mix,如图 10.8(a)所示,以免绘画的颜色与图层 Background 中的棕色调色板混合。

除非选择了选项栏中的"对所有图层取样"复选框,否则混合器画笔工具将只在活动图层中混合颜色。

③ 使用吸管工具从红色颜料罐上采集红色,如图 10.8(b)所示。选择混合器画笔工具,并在画笔设置面板中选择画笔"柔角 30"(第一行的第一个)。从选项栏的"画笔混合组合"下拉列表中选择"潮湿",并在调色板中最上面的圆圈内绘画。

④ 单击选项栏中的"每次描边后清理画笔"按钮(🖌)以取消选择它,如图 10.8(c)所示。

(a)　　　　　　　　　　(b)

(c)

图 10.8

💡 提示　如果颜料罐被画笔设置面板遮住了,可调整工作区以腾出空间,例如将不使用的面板折叠或关闭,进行这一操作时务必确保依然能够看到图层面板。

⑤ 使用吸管工具从蓝色颜料罐上采集蓝色,如图 10.9(a)所示。使用混合器画笔工具在同一个圆圈内绘画,蓝色将与红色混合得到紫色,如图 10.9(b)所示。

💡 提示　即便没有选择颜色所在的图层,也可使用吸管工具来采集其中的颜色。

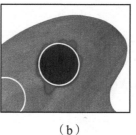

（a） （b）

图 10.9

⑥ 使用吸管工具从刚绘制的圆圈内采集紫色，然后在下一个圆圈内绘画，如图 10.10 所示。

💡提示 因为这种颜色位于另一个图层中，所以要使用吸管工具来采集。

⑦ 在选项栏中，从"当前画笔载入"下拉列表中选择"清理画笔"，如图 10.11 所示。预览框中为空白，这表明画笔没有载入颜色。

图 10.10

图 10.11

要消除载入的颜料，可从选项栏中的"当前画笔载入"下拉列表中选择"清理画笔"，然后采集其他颜色替换载入的颜料。

如果想在每次描边后清理画笔，可单击选项栏中的"每次描边后清理画笔"按钮。要在每次描边后载入前景色，可单击选项栏中的"每次描边后载入画笔"按钮（ ✔ ）。默认情况下，这两个按钮都会启用。

⑧ 使用吸管工具从蓝色颜料罐中采集蓝色，然后使用混合器画笔工具在下一个圆圈的右半部分绘画，如图 10.12（a）所示。

💡提示 这样频繁地在不同工具之间切换时，务必注意观察鼠标指针的形状，确定当前选择的就是需要的工具。

⑨ 从黄色颜料罐上采集黄色，并使用湿画笔在蓝色上绘画，将这两种颜色混合，如图 10.12（b）所示。

⑩ 使用黄色和红色颜料在最后一个圆圈中绘画，使用湿画笔混合这两种颜色，混合后会生成橘色，如图 10.13 所示。

（a） （b）

图 10.12

图 10.13

⑪ 在图层面板中隐藏图层 Circles，以隐藏调色板上的圆圈，如图 10.14 所示。

图 10.14

⑫ 选择菜单"文件">"存储"，保存文件，然后关闭这个文件。

来自 Photoshop 官方培训师的提示——混合器画笔工具的快捷键

默认情况下，混合器画笔工具没有快捷键，但用户可以自己定义。

要创建自定义键盘快捷键，可按以下步骤进行。

❶ 选择菜单"编辑">"键盘快捷键"。

❷ 从"快捷键用于"下拉列表中选择"工具"。

❸ 从列表框中选择一个工具面板命令，输入自定义快捷键。可为下述与

混合器画笔工具相关的命令定义快捷键。

- 载入混合器画笔。
- 清理混合器画笔。
- 切换混合器画笔自动载入。
- 切换混合器画笔自动清理。
- 切换混合器画笔对所有图层取样。
- 锐化侵蚀笔尖。

10.5 混合颜色和照片

在设置画笔后，可以保存所有设置，以便在以后的项目中使用该画笔。Photoshop 提供了画笔预设功能，能够保存有关画笔的设置。

💡提示 如果使用过旧版本的 Photoshop，会发现在 Photoshop CC 2018 和更高版本的 Photoshop 中，画笔预设比以前更简单，但功能却更强大。

❶ 选择菜单"文件">"打开"，双击文件 10Land-scape_Strat.jpg，打开它，如图 10.15 所示。

图 10.15

② 选择菜单"文件">"存储为"，将文件另存为 10Landscape_Working.jpg。在出现的"JPEG 选项"对话框中，单击"确定"按钮。

Photoshop 提供了很多画笔预设，使用起来很方便。如果项目需要不同的画笔，可创建自定义或下载他人创建并分享到网上的画笔预设，这样能够提高工作效率。下面将下载、编辑和保存自定义画笔预设。

10.5.1　加载自定义画笔预设

画笔面板显示了使用多种画笔创建的描边的样式。如果知道要使用的画笔的名称，按名称来查找画笔可简化工作。下面打开画笔面板，以便能够找到接下来要使用的画笔预设。

① 选择菜单"窗口">"画笔"打开画笔面板，在画笔面板中展开一个画笔预设编组，看看画笔是如何组织的，如图 10.16 所示。

> ♀ 提示　如果使用的显示器很大，可拖曳画笔面板边框将其加大，这样可同时看到更多画笔。

下面加载要使用的画笔预设。要使用下载或购买的画笔预设，必须先加载它。

② 从画笔面板菜单中选择"导入画笔"。

③ 切换到文件夹 Lesson10，选择文件 CIB Landscape Brushes.abr，然后单击"打开"或"载入"按钮。

> ♀ 提示　要分享或备份自定义画笔，可选择画笔或画笔编组，然后从画笔面板菜单中选择"导出选中的画笔"。

④ 单击画笔编组 CIB Landscape Brushes，显示其中的画笔，如图 10.17 所示。

图 10.16

图 10.17

有些画笔预设不仅包含描边预览和名称，还包含色板，这是因为画笔预设也可能包含颜色。

10.5.2　创建自定义画笔预设

下面对刚导入的画笔编组 CIB Landscape Brushes 中的画笔预设进行修改。

❶ 选择混合器画笔工具，然后在画笔面板中选择画笔编组 CIB Landscape Brushes 中的画笔预设 Round Fan Brush。接下来将以这种画笔预设为基础创建一种新的画笔预设。

❷ 在画笔设置面板中，进行以下设置，如图 10.18 所示。

- 大小：36 像素。
- 形状：圆扇形。
- 硬毛刷：35%。
- 长度：32%。
- 粗细：2%。
- 硬度：75%。
- 角度：0°。
- 间距：2%。

> 💡 提示　在画笔设置面板中，"画笔笔尖形状"部分包含"角度"选项，用于设置握住画笔时的角度。有些绘图板配置的光笔，能够在绘画时通过旋转光笔来旋转画笔笔尖。如果没有这样的光笔，可在绘画时按←键或→键将画笔笔尖旋转 1 度；还可同时按住 Shift 键，这样每按一次←键或→键，画笔笔尖都将旋转 15 度。当前的画笔角度显示在选项栏右端。

❸ 单击工具面板中的前景色色板，选择一种较淡的蓝色（这里使用的颜色的 RGB 值分别为 86、201、252），然后单击"确定"按钮，如图 10.19（a）所示。

❹ 从选项栏的"画笔组合混合"下拉列表中选择"干燥"，如图 10.19（b）所示。

图 10.18

（a）

（b）

图 10.19

下面将这些设置保存为画笔预设。

⑤ 从画笔设置面板菜单中选择"新建画笔预设"。

⑥ 在"新建画笔"对话框中将画笔命名为 Sky Brush，选择所有的复选框，然后单击"确定"按钮，如图 10.20 所示。

图 10.20

💡提示   "新建画笔"对话框中的复选框能够在画笔预设中包含画笔大小、工具设置和画笔颜色。

这个新画笔预设存储在编组 CIB Landscape Brushes 中，因为它是基于该编组中的一个画笔预设创建的。要想重新组织画笔预设，可在画笔面板中将画笔预设拖曳到其他画笔预设编组中。要创建画笔预设编组，可单击画笔面板底部的"创建新组"按钮（▢）；还可调整画笔面板编组的顺序，以及设置子编组。

10.5.3   使用画笔预设绘画和混合颜色

下面使用刚创建的画笔预设在天空中绘画。

① 在画笔面板中选择画笔 Sky Brush。

画笔预设存储在系统中，因此添加后便随时可用。

② 在天空中接近树木的区域绘画。由于使用的是干画笔，蓝色颜料不会与原有颜色混合，如图 10.21 所示。

③ 选择画笔 Clouds Brush。

④ 使用画笔沿对角线方向画到右上角，将两种颜色（蓝色、白色）与背景色混合，如图 10.22 所示。

图 10.21   图 10.22

💡提示   使用不同的画笔预设时，注意观察选项栏和画笔设置面板中的设置是如何影响画笔行为的，这是一种学习如何创建自定画笔预设的好方法。

对天空的效果满意后，对树木和草地进行绘画。

⑤ 选择画笔 Green Grass Highlight Brush，然后在较暗的绿草上绘制较短的垂直描边，让它们变

成淡绿色，如图 10.23 所示。

⑥ 选择画笔 Foreground Tree Brush，并在较暗的树木区域绘画。选择画笔 Background Trees Brush，并在右边两棵较小的树上绘画。选择画笔 Select the Tree Highlights Brush，并在较亮的树木区域绘画。上面使用的都是湿画笔，因此能够混合颜色，结果如图 10.24 所示。

💡 提示 使用混合器画笔绘画时，要减少描边抖动，可在选项栏中增大"设置描边平滑度"值。

图 10.23

到目前为止，只有棕色草地上面还没有绘画。

⑦ 选择画笔 Brown Grass Brush，在棕色草地上绘画垂直描边，制作出草地效果，然后在树干上绘画。

⑧ 选择画笔 Foreground Grass Brush，并沿对角线方向绘画以混合草地的颜色，如图 10.25 所示。

图 10.24

图 10.25

💡 提示 为获得不同的效果，请沿不同的方向绘画，或者修改画笔大小或其他设置。使用混合器画笔工具时，可充分发挥用户的创意。

⑨ 选择菜单"文件">"存储"，保存文件，然后将文件关闭。

至此，对文件 10Landscape_Working.jpg 的处理就完成了。

Kyle T. Webster 设计的画笔

2017 年，画笔设计师 Kyle T. Webster 加入 Adobe，同时 Adobe 收购了 KyleBrush.com 深受欢迎的画笔集。Kyle T. Webster 是一位插画师，获得过国际大奖，还是数字画笔设计领域的领头羊。他为《纽约客》《时代》《纽约时报》《华尔街日报》《大西洋月刊》《娱乐周刊》、学者出版社、耐克、IDEO，以及其他文艺、广告、出版和公共机构客户绘制过插画，其插画作品得到了插画家协会、传媒艺术协会和美国插画协会的认可。

要在Photoshop中添加Kyle T. Webster设计的画笔，可打开画笔面板（选择菜单"窗口">"画笔"），然后从画笔面板菜单中选择"获取更多画笔"。下载画笔包后，在启动了Photoshop的情况下，双击下载的ABR文件，就可将其中的画笔添加到画笔面板中的一个新编组中。

对称绘画

在采用了对称设计的作品上绘画时，可尝试使用"对称绘画"按钮（ ）。若选择的画笔支持对称绘画，选项栏中将有一个对称绘画按钮。单击这个按钮并选择想要的对称轴类型，它将作为引导对象出现在文档窗口中，用户可根据需要移动、缩放或旋转该引导对象，完成后按Enter键。这样，当绘画时，画笔描边将沿设置的轴重复，如图10.26所示。

图 10.26

对于简单的镜像对称，可使用单条轴，也可使用多条以不同方式排列的轴。例如，设计平铺图案时，可使用垂直轴和水平轴；设计曼陀罗图案时，可使用径向轴。这些轴实际上是路径，可在路径面板中看到和编辑它们。此外，可以创建自定义轴，为此可使用钢笔工具、弯度钢笔工具或自定形状工具在路径模式下绘制路径。在路径面板中选择相应路径，然后从路径面板菜单中选择"建立对称路径"即可创建对称路径。

画廊

使用绘画工具和画笔笔尖能够创建多种绘画效果。

图10.27所示为一些使用Photoshop绘画工具和画笔笔尖创作的艺术作品。

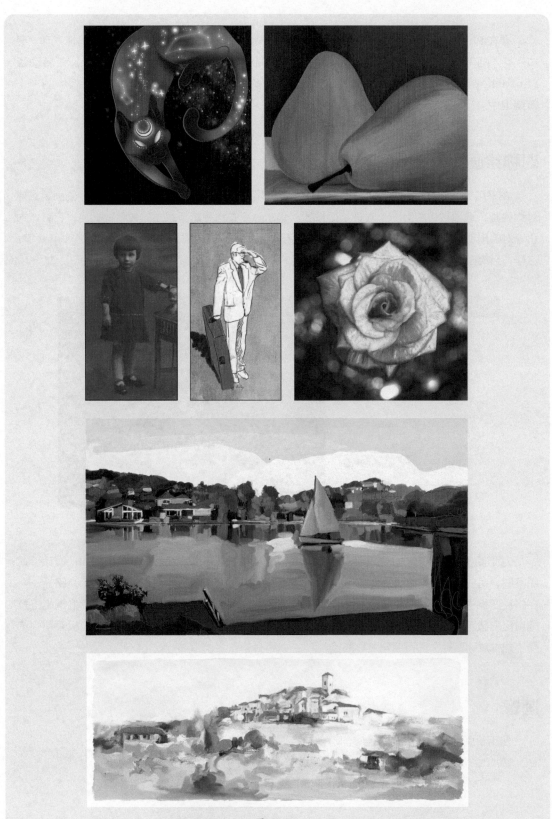

图 10.27

10.6　复习题

1. 混合器画笔工具具备哪些其他画笔没有的功能？
2. 如何给混合器画笔工具载入颜色？
3. 如何清理混合器画笔工具？
4. 用来管理画笔预设的面板叫什么？

10.7　复习题答案

1. 使用混合器画笔工具可以混合画笔的颜色和画布上的颜色。
2. 要给混合器画笔工具载入颜色，可使用吸管工具，使用该工具也可修改前景色。如果画笔是干净的，可从选项栏中的"当前画笔载入"下拉列表中选择"载入画笔"，将画笔的颜色指定为前景色。
3. 要清理混合器画笔工具，可从选项栏中的"当前画笔载入"下拉列表中选择"清理画笔"。
4. 该面板叫作画笔面板。

第 11 课

编辑视频

本课概览

- 在 Photoshop 中创建视频时间轴。
- 在时间轴面板中给视频组添加媒体文件。
- 给静态图像添加动感效果。
- 使用关键帧制作文字和效果动画。

- 在视频剪辑之间添加过渡效果。
- 在视频文件中添加音频。
- 渲染视频。

学习本课大约需要 1.5 小时

Photoshop 中用于编辑图像文件的许多效果也可用于编辑视频文件。用户可使用视频文件、静态图像、智能对象、音频文件和文字图层来创作影视作品，可为其应用过渡效果，还可使用关键帧制作效果动画。

11.1 概述

在本课中，将编辑一段使用智能手机拍摄的视频：创建视频时间轴、导入剪辑、添加过渡效果和其他视频效果，并渲染最终的视频。下面来看看要创建的最终视频。

❶ 启动 Photoshop 并立刻按住 Ctrl + Alt + Shift 组合键（Windows）或 Command + Option + Shift 组合键（macOS）。

❷ 在出现的提示对话框中单击"是"按钮，确认删除 Photoshop 设置文件。

❸ 选择菜单"文件">"在 Bridge 中浏览"。

> **注意** 如果没有安装 Bridge，在选择菜单"文件">"在 Bridge 中浏览"时，将启动桌面应用程序 Creative Cloud，而它将下载并安装 Bridge。安装完成后，便可启动 Bridge。

❹ 在 Bridge 中，选择收藏夹面板中的文件夹 Lessons，然后双击内容面板中的文件夹 Lesson11。

❺ 双击文件 11End.mp4，在系统默认的视频播放器，如 Movies & TV（Windows）或 Quick-TimePlayer（macOS）中打开它。

❻ 单击"播放"按钮（▶）观看要创建的最终视频，如图 11.1 所示。

图 11.1

本课要完成的是一次海滩活动视频的剪辑，其中包含过渡效果、图层效果、文字动画和音乐。

❼ 关闭视频播放器，返回到 Bridge。

❽ 双击文件 11End.psd，在 Photoshop 中打开它。

11.2 时间轴面板简介

如果用户使用过 Premiere Pro 或 After Effects 等视频软件，可能已经熟悉时间轴面板。使用时间轴面板可以合成和排列视频、图像及音频文件，以创建电影文件。用户使用 Photoshop，就可编辑每个视频的时长、应用滤镜和效果，创建基于位置和不透明度等属性的动画，让音频文件静音，添加过渡效果，以及执行其他标准的视频编辑任务。

❶ 选择菜单"窗口">"时间轴"，打开时间轴面板，如图 11.2 所示。

A. "播放"按钮　B. 播放头　C. 图像文件　D. 视频剪辑　E. 音轨　F. "渲染视频"按钮
G. 当前时间　H. 帧速　I. "控制时间轴显示比例"滑块

图 11.2

在时间轴面板中，每个视频剪辑或图像文件都用一个矩形表示，在图层面板中，它们都是图层。在时间轴面板中，视频剪辑的背景色为蓝色，而图像文件的背景色为紫色。时间轴底部的是音轨。

如果看不到其内容，可向右拖曳"控制时间轴显示比例"滑块，以便能够看到更多细节。

> 💡 提示　如果时间轴面板太矮，无法同时显示两个视频组和音轨，可向上拖曳其上边框，增加时间轴面板的高度。

② 单击时间轴面板中的"播放"按钮，播放这个视频。

播放头将沿时间标尺移动，逐步显示视频中的每一帧。

③ 按空格键暂停播放视频。

④ 将播放头拖曳到时间标尺上的其他位置。

播放头的位置决定出现在文档窗口中的内容。

在处理视频时，Photoshop 会在文档窗口中显示参考线。为最大限度地降低内容因位于边缘附近而被剪切掉的风险，请将重要的内容放在这些参考线标注的区域的中央。

> 💡 提示　如果不想看到参考线，可选择菜单"视图" > "显示" > "参考线"，确保这个命令前面没有对钩。

⑤ 查看完这个最终视频文件后，将其关闭，但不要关闭 Photoshop，也不要保存所做的修改。

11.3　新建视频

在 Photoshop 中处理视频时，其方式与处理静态图像稍微不同。一种简单的方式是先创建 Photoshop 文件，再导入要使用的素材。但在创建本课的视频时，将选择一种视频预设，并添加 9 个视频和图像文件。

Photoshop 提供了多种胶片和视频预设，下面新建一个视频文件并选择合适的视频预设。

① 在"主页"屏幕中单击"新建"按钮，或者选择菜单"文件" > "新建"。

② 将文件命名为 11Working.psd。

③ 单击"新建文档"对话框顶部的文档类型栏中的"胶片和视频"选项卡。

④ 在"空白文档预设"部分，选择"HDV/HDTV 720p"。

💡 注意 本课使用的视频是使用苹果手机拍摄的，因此使用 HDV 预设较合适，而预设 720P 的品质良好，同时包含的数据不太多，方便在线播放。

⑤ 其他设置保持默认，单击"创建"按钮，如图 11.3 所示。

图 11.3

⑥ 选择菜单"文件">"存储为"，将文件保存到文件夹 Lesson11 中。

💡 注意 如果 Photoshop 显示了一个对话框，指出保存到云文档和保存到计算机之间的差别，则单击"保存在您的计算机上"按钮。此外，还可选择"不再显示"复选框，但恢复 Photoshop 的默认首选项设置后，将取消选择这个复选框。

11.3.1 导入素材

Photoshop 提供了专门用于处理视频的工具，如时间轴面板。为确保能够访问所需的资源，下面将选择工作区"动感"，并对面板进行组织，然后导入创建电影所需的视频、图像和音频文件。

① 选择菜单"窗口">"工作区">"动感"，这种预设通过排列面板，使用户能够轻松地使用创建时间轴的工具。

② 向上拖曳时间轴面板的上边框，让该面板占据工作区的三分之一。

③ 选择缩放工具，然后单击选项栏中的"适合屏幕"按钮，以便在屏幕上半部分能够看到整个画布。

④ 在时间轴面板中，单击"创建视频时间轴"按钮，如图 11.4 所示，Photoshop 将新建一个视

频时间轴，其中包含两个默认轨道："图层 0"和"音轨"。

图 11.4

⑤ 从轨道"图层 0"的"视频"下拉列表中选择"添加媒体"，如图 11.5 所示。

图 11.5

⑥ 切换到文件夹 Lesson11。

⑦ 按住 Shift 键并选择编号为 1~6 的视频和照片素材，然后单击"打开"按钮，结果如图 11.6 所示。

图 11.6

> 💡提示 如果媒体文件的排列顺序与这里的相反，选择菜单"编辑">"还原"，重新添加媒体文件，并
> 确保先选择文件 1_Family.jpg，再按住 Shift 键选择文件 6_Sunset.jpg。当通过这种方式选择媒体文件
> 时，如果文件是按名称排序的，选择起来更容易。在图层面板中，这些媒体文件的排列顺序与时间轴面
> 板中的相反，这是正常的，因为最下面的图层被认为是第一个媒体文件。

　　Photoshop 将选择的 6 个素材全部导入一个轨道中，在时间轴面板中，该轨道现在名为"视频组
1"。其中，静态图像以紫色背景显示，而视频剪辑以蓝色背景显示。在图层面板中，这些素材位于不同
的图层中，但这些图层都包含在图层组"视频组 1"中。因为不再需要图层 0，下面将其删除。

⑧ 在图层面板中，选择图层 0，然后单击图层面板底部的"删除图层"按钮（🗑），如图 11.7 所示。当 Photoshop 弹出确认是否要删除对话框时，单击"是"按钮。

图 11.7

⑨ 选择菜单"文件">"存储"，在打开的"Photoshop 格式选项"对话框中单击"确定"按钮。

11.3.2 在时间轴中修改视频剪辑的长度

视频剪辑的持续时间各异，这意味着它们播放的时间各不相同。就这段视频而言，希望所有视频剪辑的长度相同，因此下面将每段视频剪辑都缩短为 3 秒。视频剪辑的长度（持续时间）用秒和帧表示，如 03; 00 表示 3 秒，而 02; 25 表示 2 秒 25 帧。

❶ 向右拖曳时间轴面板底部的"控制时间轴显示比例"滑块，放大时间轴，使每个视频剪辑在时间标尺中都足够清晰，这样能够准确地调整视频剪辑的长度。

💡提示　如果"控制时间轴显示比例"滑块不好控制，可单击它两边的按钮来增大或减小显示比例。

❷ 将第一个视频剪辑（1_Family）的右边拖曳到 03; 00 处，如图 11.8 所示。在拖曳时，Photoshop 会显示结束时间和持续时间，以便找到合适的位置。

💡注意　这里缩短所有视频剪辑，使其持续时间相同。在不同的视频中，可根据具体情况让视频剪辑的持续时间各不相同。

❸ 拖曳第二个视频剪辑（2_BoatRide）的右边，将该视频剪辑的持续时间设置为 03; 00。

缩短视频剪辑并不会改变其速度，而会将一部分视频剪辑删除。在这里，使用的是每个视频剪辑的前 3 秒。如果要使用视频剪辑的其他部分，需要通过调整两端来实现。当拖曳视频剪辑的右边时，Photoshop 会显示预览，以便用户知道此时松开鼠标，视频剪辑最后一帧的内容是什么样的。

图 11.8

💡提示　要快速修改视频剪辑的持续时间，可单击右上角的箭头，再输入新的持续时间。注意，这种方法对静态图像来说不适用。

❹ 对余下的每个视频剪辑进行第 3 步的操作，让它们的持续时间都为 3 秒，结果如图 11.9 所示。

图 11.9

至此，所有视频剪辑的持续时间都设置完毕，但相对于画布而言，有些图像的大小不合适。下面调整第一幅图像的大小。

⑤ 确保播放头位于时间轴开头，然后在图层面板中选择图层 1_Family，如图 11.10 所示。在时间轴面板中也会选择这个视频剪辑。

⑥ 在时间轴面板中，单击视频剪辑 1_Family 右上角的三角形，打开"动感"对话框。

> 💡 提示　单击视频剪辑名左边（剪辑缩览图右边）的箭头将显示一些属性，基于这些属性，可使用关键帧来制作动画。单击视频剪辑右边的箭头，可打开"动感"对话框。

⑦ 从第一个下拉列表中选择"平移和缩放"，并确保选择了"调整大小以填充画布"复选框，如图 11.11 所示。单击时间轴面板的空白区域，关闭"动感"对话框。

图 11.10

图 11.11

这样，该图像的大小将会自动调整以填充画布。应用这种效果只是想快速调整图像大小，而不想平移和缩放图像，因此下面删除这种效果，删除这种效果并不会导致图像恢复为原来的大小。

⑧ 打开视频剪辑 1_Family 的"动感"对话框，并从第一个下拉列表中选择"无运动"。单击时间轴面板的空白区域，关闭"感动"对话框。

⑨ 保存所做的工作。

11.4 使用关键帧制作文字动画

使用关键帧能够控制动画、效果，使其随时间发生变化。关键帧可标识一个时间点，用户能够指定该时间点的属性，如位置、大小和样式。要实现随时间发生变化，至少需要两个关键帧，其中一个表示变化前的状态，另一个表示变化后的状态。Photoshop 在这两个关键帧之间插入值，以确保平滑而循序渐进地完成变化。下面使用关键帧来制作视频标题动画 Beach Day，让它从图像左边移到右边。

① 从轨道"视频组 1"的"视频"下拉列表中选择"新建视频组"，Photoshop 将在时间轴面板中添加轨道"视频组 2"，如图 11.12 所示。

图 11.12

> 💡 注意　在 Photoshop 中，同一个视频组的内容将依次播放。为何要在第 1 步新建一个视频组呢？这是为了让接下来要添加的视频与其他视频同时播放。例如，对于在整个视频播放期间始终出现在左上角的 Logo，必须将其放在与视频剪辑序列不同的视频组中。

② 选择横排文字工具，然后单击图像左边的中央。

Photoshop 将在轨道"视频组 2"中新建一个图层"图层 1"，这个图层最初包含占位文字 Lorem Ipsum。

③ 在选项栏中选择一种无衬线字体（如 Myriad Pro），将字体大小设置为 600 点，并将文字颜色设置为白色，如图 11.13（a）所示。

④ 输入"BEACH DAY"以替换选定的占位文字，然后单击选项栏中的提交按钮，将新文字提交给图层。

在图 11.13(b)中，可以看到文字超出了画布，这是有意为之的，旨在让文字以动画方式掠过画布。

⑤ 在图层面板中，将文字图层 BEACH DAY 的"不透明度"改为 25%，如图 11.13（c）所示。

（a）

（b）   （c）

图 11.13

⑥ 在时间轴面板中，将文字图层 BEACH DAY 的终点拖曳到 03；00 处，使其持续时间与图层 1_Family 相同。

⑦ 单击视频剪辑标题 BEACH DAY 左边的箭头，以显示该视频剪辑的属性，如图 11.14（a）所示。

⑧ 确保播放头位于时间标尺的开头。

⑨ 单击属性"变换"旁边的秒表图标（⏱），给图层设置一个起始关键帧。在时间轴中，关键帧用黄色菱形表示，如图 11.14（b）所示。

（a）   （b）

图 11.14

⑩ 选择移动工具，然后向上拖曳文字图层，使字母的上边被裁剪掉一点点。按住 Shift 键向右拖曳文字，使得只有字母 B 的左边可见。在第 9 步设置的起始关键帧处，文字位于刚才指定的位置。

⑪ 将播放头拖曳到第一个视频剪辑的最后一帧处（02；29）。

💡 提示　如果要使用快捷键来准确地移动播放头，需要自定义快捷键，方法是选择菜单"编辑">"键盘快捷键"，从"快捷键用于"下拉列表中选择"面板菜单"，展开"时间轴（视频）"部分，并给"下一帧""上一帧"等命令添加快捷键。

💡 提示　在时间轴面板的左下角显示播放头的当前位置。

⑫ 按住 Shift 键向左拖曳文字图层，使得只有字母 Y 的右边可见。按住 Shift 键可确保拖曳时文字垂直移动。

由于改变了文字的位置，Photoshop 将新建一个关键帧，如图 11.15 所示。

图 11.15

⑬ 拖曳播放头，使其跨越时间标尺的前 3 秒，以预览动画，其效果为标题不断移动，并横跨图像。

⑭ 单击视频剪辑标题 BEACH DAY 左边的三角形，将该视频剪辑的属性隐藏起来，然后选择菜单"文件">"存储"，保存文件。

11.5　创建效果

在 Photoshop 中处理视频的优点是可使用调整图层、样式和简单变换来创建效果。

11.5.1　给视频剪辑添加调整图层

在本书前面的项目中使用过调整图层处理静态图像，其实它们也适用于视频剪辑。在视频组中添加调整图层时，Photoshop 只将其应用于它下面的那个图层。

❶ 在图层面板中，选择图层 3_DogAtBeach。

❷ 在时间轴面板中，将播放头拖曳到图层 3_DogAtBeach 的开头，以便能够看到应用调整图层后的效果。

💡 提示　要快速而准确地将播放头移到视频剪辑的第一帧处，可在拖曳时按住 Shift 键。

❸ 在调整面板中单击"黑白"按钮，如图 11.16（a）所示。

❹ 在属性面板中，选择"色调"复选框，其他设置保持默认，如图 11.16（b）所示。默认的色调可创造出怀旧效果，如图 11.16（c）所示。用户可根据自己的喜好，调整滑块和色调，以修改黑白效果。

❺ 在时间轴面板中，拖曳播放头以跨越视频剪辑 3_DogAtBeach，从而预览应用的效果。

（a）

（b）　　　　　　（c）

图 11.16

11.5.2　制作缩放效果动画

即便是简单的变换，也可将其制作成动画，以实现有趣的效果。下面在视频剪辑 4_Dogs 中实现缩放效果动画。

① 在时间轴面板中，将播放头拖曳到视频剪辑 4_Dogs 的开头（09；00）。

② 单击视频剪辑 4_Dogs 右上角的箭头，以显示"动感"对话框。

③ 从第一个下拉列表中选择"缩放"，然后从"缩放"下拉列表中选择"放大"，如图 11.17 所示。在"缩放起点"网格中选择左上角的网格，以指定从这个地方开始放大图像。确保选择了"调整大小以填充画布"复选框，然后单击时间轴面板的空白区域，关闭"动感"对话框。

④ 拖曳播放头跨越该视频剪辑，预览效果。

下面放大最后一个关键帧，让缩放效果更强烈。

⑤ 单击视频剪辑 4_Dogs 标题左边的箭头，以显示该视频剪辑的属性。

可以看到有两个关键帧（它们显示在视频剪辑下方，以红色菱形表示）：一个表示放大效果的起点，另一个表示放大效果的终点。

图 11.17

⑥ 在时间轴面板左边的"视频组 1"部分，单击属性"变换"旁边指向右边的三角形，将播放头移到最后一个关键帧，然后选择菜单"编辑">"自由变换"。在选项栏中，将宽度和高度都设置为 120%，然后单击提交按钮提交变换，如图 11.18 所示。

图 11.18

在时间轴面板中，要移到下一个关键帧，可单击属性（这里是"变换"属性）旁边的向右箭头；要移到前一个关键帧，可单击向左箭头。

⑦ 拖曳播放头跨越视频剪辑 4_Dogs，预览动画。

⑧ 选择菜单"文件">"存储"，保存文件。

11.5.3　移动图像以创建运动效果

下面使用另一种变换来制作动画，以创建移动效果。这里希望画面从潜水者的腿部开始，逐渐变换到显示潜水者的手部。

① 将播放头拖曳到视频剪辑 5_jumping 的末尾（14；29）并选择这个视频剪辑。选择移动工具，然后按住 Shift 键将潜水者的图像向下拖曳，使其手部位于画布顶端附近，以指定潜水者的最终位置。

② 单击该视频剪辑标题左边的箭头以显示其属性，单击"位置"属性的秒表图标，在该视频剪辑下方添加一个关键帧（以黄色菱形表示）。

③ 将播放头拖曳到这个视频剪辑的开头（12；00）。按住 Shift 键，使用移动工具向上拖曳图像，让潜水者的腿部位于画布底部。

Photoshop 将在该视频剪辑下方添加一个关键帧，如图 11.19 所示。

图 11.19

④ 拖曳播放头以预览动画。

综上所述，可以任何顺序指定动画关键帧。在有些情况下，从后往前指定关键帧更容易，这里使用的就是这种方法。

⑤ 隐藏这个视频剪辑的属性，然后选择菜单"文件">"存储"，保存文件。

11.5.4　添加平移和缩放效果

下面给落日视频剪辑添加类似于纪录片中的平移和缩放效果，让视频以戏剧性的效果结束。

① 将播放头拖曳到视频剪辑 6_Sunset 开头。

② 单击该剪辑右上角的箭头，以显示动感面板。从第一个下拉列表中选择"平移和缩放"，然后从"缩放"下拉列表中选择"缩小"，并确保选择了"调整大小以填充画布"复选框，如图 11.20 所示。单击时间轴面板的空白区域，关闭"动感"对话框。

③ 拖曳播放头以跨越这个视频剪辑，从而预览效果。

图 11.20

11.6　添加过渡效果

在 Photoshop 中，只需拖曳就可以添加过渡效果，如淡出一个视频剪辑的同时淡入下一个视频剪辑。

❶ 单击时间轴面板左上角的"转到第一帧"按钮（▐◀），将播放头拖曳到时间标尺开头。

❷ 单击时间轴面板左上角的"过渡效果"按钮（▨），选择"交叉渐隐"，将持续时间设置为 0.25 秒。将过渡效果拖曳到视频剪辑 1_Family 和 2_BoatRide 之间，如图 11.21（a）所示。

Photoshop 将调整这两个视频剪辑的端点，以应用过渡效果，并在第二个视频剪辑的左下角添加一个白色小图标，如图 11.21（b）所示。

（a）　　　　　　　　　　　（b）

图 11.21

> ♀ 注意　缩放比例较小时，过渡效果图标可能会折叠为小矩形。为更好地查看和控制过渡效果，可拖曳缩放比例滑块增大缩放比例。

❸ 在其他的两个相邻视频剪辑之间都添加过渡效果"交叉渐隐"。

❹ 在最后一个视频剪辑末尾添加过渡效果"黑色渐隐"，如图 11.22 所示。

图 11.22

> ♀ 注意　从以上内容中可发现，添加过渡效果会导致整个序列的持续时间稍微缩短。这是因为添加 0.25 秒的"交叉渐隐"过渡效果，意味着它两边的视频剪辑必须有 0.25 秒是重叠的，这样才能实现过渡。因此，第二个视频剪辑的开始播放时间提前，提前的时间与过渡效果的持续时间相同，因此缩短了整个序列的持续时间。

❺ 为让过渡效果更平滑，向左拖曳过渡效果"黑色渐隐"的起始点，让过渡效果的长度为最后一个视频剪辑的三分之一，如图 11.23 所示。

图 11.23

⑥ 播放整个序列，然后选择菜单"文件">"存储"，保存文件。

11.7　添加音频

在 Photoshop 中，可在视频文件中添加独立的音轨。事实上，时间轴面板中默认包含一个空音轨。下面添加一个 MP3 文件，将其作为这个短视频的配乐。

① 单击时间轴面板底部的音符按钮（ ），并从下拉列表中选择"添加音频"，如图 11.24 所示。

> 💡 提示　也可这样添加音频：在时间轴面板中，单击音轨最右端的（ ）按钮。

图 11.24

② 选择文件夹 Lesson11 中的文件 beachsong.mp3，然后单击"打开"按钮。

该音频文件被加入时间轴，但它比视频长得多。下面使用在播放头处的拆分工具将其缩短。

③ 在时间轴面板中，将播放头拖曳到音频剪辑 6_Sunset 末尾，然后单击在播放头处拆分工具的按钮，在播放头处将音频文件拆分为两段，如图 11.25 所示。

④ 选择第二段音频文件——始于音频剪辑 6_Sunset 末尾的那段，按 Delete 键将这段音频剪辑删除。此时，音频剪辑与视频剪辑一样长。下面添加淡出效果，让音频平滑地结束。

⑤ 单击音频剪辑右边的箭头，打开"音频"对话框，将"淡入"设置为 3 秒，将"淡出"设置为 5 秒，如图 11.26 所示。

图 11.25　　　　　　　　　　　　　　　　　图 11.26

⑥ 单击时间轴面板的空白区域，将"音频"对话框关闭，然后保存所做的工作。

11.8　将不想要的音频静音

在本课前面，都是通过拖曳播放头来预览视频的一部分，下面使用时间轴面板中的"播放"按钮来预览整个视频，并将视频剪辑中多余的音频都变成静音。

① 单击时间轴面板左上角的"播放"按钮，预览整个视频。

有几个视频剪辑存在一些背景噪音，下面将这些背景噪音静音。

❷ 单击音频剪辑 2_BoatRide 右端的箭头。

❸ 单击"音频"标签以显示音频选项，然后选择"静音"复选框，如图 11.27 所示。单击时间轴面板的空白区域，将该对话框关闭。

❹ 单击音频剪辑 3_DogAtBeach 右边的箭头。

❺ 单击"音频"标签以显示音频选项，然后选择"静音"复选框。单击时间轴面板的空白区域，将该对话框关闭。

图 11.27

❻ 播放视频以检查音频修改效果，然后保存所做的工作。

11.9 渲染视频

下面将这个时间轴渲染为单个视频文件。Photoshop 提供了多种渲染预设，这里将选择适合流式视频的预设，以便将视频分享到网络上。有关其他渲染预设的信息，请参阅 Photoshop 帮助文档。

❶ 选择菜单"文件">"导出">"渲染视频"，也可单击时间轴面板左下角的"渲染视频"按钮（ ）。

❷ 将文件命名为 11Final.mp4。

❸ 单击"选择文件夹"按钮，切换到文件夹 Lesson11，然后单击"确定"按钮。

❹ 从"预设"下拉列表中选择"YouTube HD 720p 29.97"。

> ♀ 注意　"预设"下拉列表包含的选项取决于"格式"设置。只有当"格式"下拉列表中选择了"H.264"时，"预设"下拉列表才会包含 YouTube 的相关选项。

❺ 单击"渲染"按钮，如图 11.28 所示。

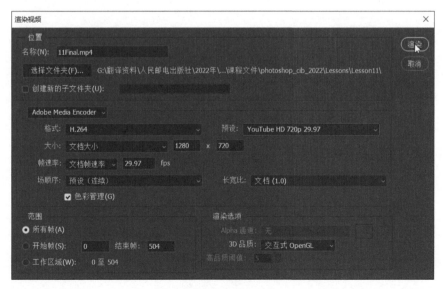

图 11.28

Photoshop 将导出视频，并显示一个进度条。渲染过程可能需要几分钟。

❻ 保存所做的工作。

⑦ 在 Bridge 中，找到文件夹 Lesson11 中的文件 11Final.mp4。双击它，以观看使用 Photoshop 制作的视频，如图 11.29 所示。

图 11.29

💡 提示　在 Bridge 中选择视频后，按空格键将在 Bridge 预览面板中播放视频，而双击视频将在系统默认的视频播放器中播放视频。

11.10 复习题

1. 何为关键帧？如何使用关键帧来创建动画？
2. 如何在视频剪辑之间添加过渡效果？
3. 如何渲染视频？

11.11 复习题答案

1. 关键帧可标识一个时间点，并指定该时间点的属性，如位置、大小和样式。要实现随时间发生的变化，至少需要两个关键帧，其中一个表示变化前的状态，另一个表示变化后的状态。要创建初始关键帧，可单击要基于它来制作动画的属性旁边的秒表图标。每当修改该属性的值时，Photoshop 都将添加一个关键帧。
2. 要添加过渡效果，可单击时间轴面板左上角的"过渡效果"按钮，然后将过渡效果拖曳到视频剪辑上。
3. 要渲染视频，可以选择菜单"文件">"导出">"渲染视频"或单击时间轴面板左下角的"渲染视频"按钮，然后根据在线服务或播放设备进行合适的视频设置。

第 12 课

使用 Camera Raw

本课概览

- 在 Camera Raw 中打开相机原始图像。
- 调整相机原始图像的色调和颜色。
- 在 Camera Raw 中锐化图像。
- 同步多幅图像的设置。
- 在 Photoshop 中将相机原始图像作为智能对象打开。
- 在 Photoshop 中将 Camera Raw 中的设置用作滤镜。

学习本课大约需要 **1** 小时

　　相比于 JPEG 文件，相机原始数据文件可以提供更灵活的设置，特别是在颜色和色调方面。使用 Camera Raw 能够充分挖掘相机原始数据文件的潜力，这款应用程序也因其强大的功能而被集成到了 Photoshop 和 Bridge 中。

12.1 概述

在本课中，将通过 Photoshop 或 Bridge 中的 Camera Raw 处理多幅数字图像，并使用多种方法来修饰和校正数码照片。下面在 Bridge 中查看处理前和处理后的图像。

❶ 启动 Photoshop 并立刻按住 Ctrl + Alt + Shift 组合键（Windows）或 Command + Option + Shift 组合键（macOS）。

❷ 在出现的提示对话框中单击"是"按钮，确认删除 Photoshop 设置文件。

❸ 选择菜单"文件">"在 Bridge 中浏览"，启动 Bridge。

> ♀注意 如果没有安装 Bridge，在选择菜单"文件">"在 Bridge 中浏览"时，将启动桌面应用程序 Creative Cloud，而它将下载并安装 Bridge。安装完成后，便可启动 Bridge。

❹ 在 Bridge 的收藏夹面板中，单击文件夹 Lessons，然后双击内容面板中的文件夹 Lesson12 打开它。

❺ 如果有必要，调整缩览图滑块以便能够清楚地查看缩览图，然后找到文件 12A_Start.crw 和 12A_End.psd，如图 12.1 所示。

> ♀注意 这里使用的 Camera Raw 是本书编写时的最新版本——Camera Raw 14.1。Adobe 更新 Camera Raw 的频率很高，如果读者使用的是更新的版本，有些步骤可能与这里的不同。另外，如果使用的是 Camera Raw 12.3，可以发现用户界面也与这里有很大的不同。

原始照片中的图像是一个西班牙风格的教堂，这是一个相机原始数据文件，因此其文件扩展名不像本书前面那样为 .psd 或 .jpg。这幅照片是使用 Canon SLR 相机拍摄的，其文件扩展名为佳能专用的原始文件扩展名 .crw。接下来将对这幅相机原始数据图像进行处理，使其更亮、更锐利、更清晰，然后将其存储为 JPEG 文件和 PSD 文件。其中，前者是用于 Web 的，而后者能够在 Photoshop 中做进一步处理。

❻ 比较文件 12B_Start.nef 和 12B_End.psd 的缩览图，如图 12.2 所示。

图 12.1   图 12.2

这里的原始数据文件是使用尼康相机拍摄的，其扩展名为 .nef。下面将在 Camera Raw 和 Photo-shop 中进行颜色校正和图像的改进，以获得最终的结果。

12.2　相机原始数据文件

很多数码相机都能够使用相机原始数据格式存储图像文件。相机原始数据文件包含数码相机图像传感器中未经处理的图片数据，有点像未冲印的胶片。原始传感器数据未被转换为标准的多通道彩色图像文件时，它只有一个未经处理的通道，其中包含传感器数据，而这种形式的数据不能作为图像进行查看。有人可能会问，在相机和计算机中，如何在不打开的情况下查看原始数据文件（如本课提供的素材）呢？相机通常会随原始数据文件存储一个内嵌的预览图像文件，它是相机对原始数据文件的解读结果。

原始数据处理应用程序（如 Camera Raw）对未处理的原始数据进行解读，生成多个可使用 Photoshop 等图像编辑软件进行编辑的颜色通道（如 RGB 颜色通道）。与相机根据自己对数据的解读生成的 JPEG 文件相比，相机原始数据文件提供的编辑空间更大。用户可使用 Camera Raw 更深入、更广泛地调整白平衡、色调范围、对比度、色彩饱和度、杂色和锐化程度，也可随时重新处理原始数据文件，而不会降低原始图像数据的质量。

要创建相机原始数据文件，需要设置数码相机，使其使用原始数据文件格式（而不是 JPEG 格式）存储文件，相机原始数据文件的扩展名为 .nef（尼康）或 .crw（佳能）等。在 Bridge 或 Photoshop 中，可处理来自支持的数码相机（佳能、富士、莱卡、尼康及其他厂商的相机）的相机原始数据文件，还可将专用的相机原始数据文件以 DNG、JPEG、TIFF 或 PSD 文件格式导出。

是否在任何情况下都应使用相机原始数据格式而不是 JPEG 格式拍摄照片呢？如果想最大限度地增强编辑灵活性，就需要使用相机原始数据格式拍摄照片。然而，相机原始数据文件占据的存储空间更大，编辑这些文件时需要软件的处理能力更强。如果拍摄的照片不需要做太多的编辑，可考虑使用 JPEG 格式拍摄。

> ♀ 注意　通常，每款相机使用的原始数据格式都不同，因此，如果有 3 款用佳能相机拍摄的 CRW 文件和 3 款用尼康相机拍摄的 NEF 文件，很可能意味着 Camera Raw 需要支持 6 种不同的文件格式。如果购买了新相机，可能需要升级 Camera Raw，以支持这款相机使用的原始数据格式。

12.3　在 Camera Raw 中处理文件

在 Camera Raw 中调整图像（如拉直或裁剪图像）时，Photoshop 和 Bridge 将以独立于原始文件的方式存储编辑的内容，这样能够根据需要对图像进行编辑并导出编辑后的图像，同时保留原始文件供以后进行不同的调整。

12.3.1　在 Camera Raw 中打开图像

在 Bridge 和 Photoshop 中都可打开 Camera Raw，在 Camera Raw 中，可编辑多幅图像，还可将相同的编辑应用于多个文件。如果处理的图像都是在相同的环境中拍摄的，这个功能很有用，因为需要对这些图像做类似的调整。

Camera Raw 提供了大量的控件，让用户能够调整白平衡、曝光、对比度、锐化程度、色调曲线等。下面将编辑一幅图像，然后将设置应用于其他相似的图像。

❶ 在 Bridge 中，切换到文件夹 Lessons\Lesson12\Mission，其中包含 3 幅在前面预览过的教堂的照片。

❷ 按住 Shift 键并单击文件 Mission01.crw、Mission02.crw 和 Mission03.crw，以选择它们，然后

选择菜单"文件">"在 Camera Raw 中打开"。

❸ 如果出现"欢迎使用 Camera Raw 14.1"屏幕，单击"开始使用"按钮，启动 Camera Raw 14.1，如图 12.3 所示。只有在首次启动（或重置 Camera Raw 首选项后首次启动）Camera Raw 14.1（以下简称 Camera Raw）时，才会出现"欢迎使用 Camera Raw 14.1"屏幕。Camera Raw 首选项与 Photoshop 首选项是分开的。

A. 胶片分隔条（拖曳它可调整胶片区域的大小）　B. 胶片　C."缩放级别"下拉列表
D. 可折叠的调整面板（这里的面板为编辑模式下的面板，在其他模式下其中将显示其他选项）
E. 直方图　F. 用于转换并存储选定的图像　G. Camera Raw首选项设置　H. 切换到全屏模式
I. 编辑（调整）图像　J. 裁剪与旋转　K. 污点去除　L. 蒙版（局部）调整工具　M. 消除红眼
N. 快照和预设　O. Camera Raw选项菜单　P. 缩放工具和抓手工具　Q. 切换取样器叠加
R. 切换网格覆盖层　S. 单击可隐藏胶片（按住鼠标左键将打开胶片菜单）
T. 工作流程首选项设置　U. 排序、筛选、评级、添加、删除等按钮
V. 单击可在不同的"原图/效果图"视图之间切换（按住鼠标左键可显示菜单）
W. 切换到默认设置　X. 退出且不保存所做的修改　Y. 退出且保存所做的修改
Z. 退出、保存所做的修改并在 Photoshop中打开

图 12.3

④ 如果胶片出现在 Camera Raw 窗口左边，在胶片菜单按钮（🖳）上按住鼠标左键，然后从出现的菜单中选择"水平"，如图 12.4 所示。这样，布局才会与本课显示的一致，用户也可以根据自己的喜好进行设置。

Camera Raw 窗口中显示选定图像的预览效果，而胶片中显示所有已打开图像的缩览图。右上角的直方图显示选定图像的色调范围，Camera Raw 窗口底部的工作流程链接显示选定图像的色彩空间、位深、大小和分辨率，可通过单击链接来修改相应的设置。Camera Raw 窗口的右边是一系列的工具，能够缩放、平移、裁剪图像，以及对图像进行其他调整。

在默认模式（编辑模式）下，直方图下方是一系列可折叠的面板。可展开各个面板，以精确地编辑选定图像的颜色、色调和细节（如锐化和减少杂色），以及校正镜头扭曲等。此外，还可将设置存储为预设，以便将它们应用于其他图像。

Camera Raw 窗口右边的面板提供了其他用于调整图像的选项，可校正白平衡、调整色调、锐化图像、删除杂色、调整颜色，以及进行其他调整。

使用 Camera Raw 时，为获得最佳效果，通常按从上到下的顺序调整选项，也可以不按此顺序调整选项，而且并非一定要调整所有的选项。

下面通过编辑第一幅图像来探索这些控件的使用方法。

⑤ 为便于编辑图像，最好显示文件名，在胶片菜单按钮上按住鼠标左键，然后选择"显示文件名"，如图 12.5 所示。

图 12.4

图 12.5

⑥ 在编辑图像前，单击胶片中的每个缩览图以预览所有图像，也可按←或→键来查看各幅图像。查看所有图像后，选择图像 Mission01.crw，如图 12.6 所示。

图 12.6

12.3.2　选择 Adobe Raw 配置文件

Adobe Raw 配置文件决定图像的整体颜色渲染效果，可选择多种配置文件，并对其进行调整。

① 如果直方图下面没有显示"配置文件"下拉列表，单击"编辑"按钮（ ≋ ）。"配置文件"下拉列表位于上面，如果没有看到它，可能是因为向下滚动太多了。向上滚动，直到看到"配置文件"下拉列表。

② 从"配置文件"下拉列表中选择"Adobe 风景"，如图 12.7 所示。

图 12.7

> 💡提示　要让图像更接近相机生成的预览效果，可单击"配置文件"下拉列表右边的"浏览配置文件"按钮（⊞）并向下滚动，这里有一系列配置文件类别，可从类别 Camera Matching 中选择一个配置文件。

> 💡注意　Camera Raw 中的配置文件与显示器和打印机使用的 ICC 颜色配置文件是不同的，它只会影响将相机原始文件转换和处理为常规图像的方式。

> 💡提示　可使用 Creative 配置文件为图像应用视觉样式。单击"配置文件"下拉列表右边的"浏览配置文件"按钮并向下滚动，这里有一系列配置文件类别（如黑白、老式、现代、艺术效果），从中选择一个，并单击"后退"按钮。

默认的配置文件为"Adobe 颜色"，它是一个通用的配置文件；"Adobe 风景"可突出自然颜色，如树木和天空的颜色，非常适用于这幅图像；"Adobe 人像"旨在自然地呈现皮肤颜色；"Adobe 鲜艳"会极大地提高颜色对比度；"Adobe 单色"用于实现高品质的黑白转换。

配置文件用于对图像做大面积的修改，而使用接下来将介绍的控件可对图像做小面积的精确修改。选择配置文件是为后面的编辑打基础，是至关重要的一步。选择配置文件后，可接着进行更具体的编辑。

12.3.3　调整白平衡

图像的白平衡反映了照片拍摄时的光照状况。数码相机在曝光时记录白平衡，在 Camera Raw 中刚打开图像时，显示的就是白平衡。

白平衡有两个组成部分。第一个部分是色温，单位为开尔文，它决定图像的"冷暖"程度，即是冷色调（蓝色和绿色）还是暖色调（黄色和红色）。第二个部分是色调，它可补偿洋红色或绿色偏色。

根据相机使用的设置和拍摄环境（如使用的是人工光源还是混合光源），可调整图像的白平衡。如果要修改图像，应先修改白平衡，因为它将影响对图像所做的其他编辑。

默认情况下，"白平衡"下拉列表中选择的是"原照设置"，它应用曝光时相机使用的白平衡设置。如果需要调整，可尝试使用 Camera Raw 提供的其他白平衡预设。

❶ 如果在"配置文件"下拉列表下方没有看到"白平衡"下拉列表，可以单击面板标签"基本"，将这个面板展开。

❷ 从"白平衡"下拉列表中选择"阴天"，如图 12.8 所示。

图 12.8

> 💡 提示　当只有一个光源时，白平衡调整起来最容易。当使用了多个颜色特征不同的光源时，可能需要手动调整白平衡设置，并对特定的区域执行蒙版颜色校正。

Camera Raw 将相应地调整色温和色调。有时候，使用一种预设就可以，但在这里，图像依然存在蓝色偏色，因此将手动调整白平衡。

❸ 单击"白平衡"下拉列表右边的"白平衡"按钮（ ），如图 12.9（a）所示。

要设置精确的白平衡，选择原本为白色或灰色的对象。Camera Raw 将把单击的地方视为中性白，并相应地调整图像的颜色。

❹ 单击图像中的白云，图像的色彩平衡将改变，如图 12.9（b）所示。

❺ 单击另一块云彩，图像的色彩平衡将随之改变，因为这块云彩的色彩值稍有不同，如图 12.9（c）所示。

要快速、轻松地找到最佳的色彩平衡，可使用"白平衡"按钮单击应为中性色调的区域。云彩的色调并非总是中性的，这取决于照片是在一天的什么时间拍摄的。在 Camera Raw 中，在不同的位置单击可修改色彩平衡而不会修改原始图像文件，因此可随便尝试。

❻ 单击教堂前面指示牌的白色区域，将消除大部分偏色，如图 12.10 所示。

> 💡 提示　单击中性区域（如第 6 步的指示牌的白色区域）可设置合适的白平衡值，从而消除色偏。然后，可使用白平衡等选项来调整图像，如增大"色温"的值，让照片看起来像是日落时分拍摄的或营造更温暖的氛围。

❼ 为查看修改带来的影响，在窗口底部的"原图 / 效果图视图"按钮（ ■ ）上按住鼠标左键，然

后从弹出的菜单中选择"原图 / 效果图 左 / 右"（如果只是单击而没有按住鼠标左键，将切换到下一个视图），如图 12.11 所示。

（a）

（b）　　　　　　（c）

图 12.9

图 12.10

💡提示　要全屏显示 Camera Raw 窗口，可单击右上角的"切换全屏模式"按钮（ ↗ ）或按 F 键。

　　Camera Raw 将在左边显示原图，并在右边显示效果图，进而能够比较它们，如图 12.12 所示。

⑧ 如果只想显示效果图，可在"原图 / 效果图视图"按钮上按住鼠标左键，然后选择"单一视图"。也可继续同时显示原图和效果图，以便后面调整设置时能够看到图像的变化情况。

图 12.11

图 12.12

12.3.4 在 Camera Raw 中调整色调

基本面板中央的那组滑块（从"曝光"滑块开始的滑块）影响图像中色调的明暗。除"对比度"滑块外，向右拖曳滑块将加亮受影响的图像区域，而向左拖曳将让这些区域变暗。"曝光"滑块决定整幅图像的亮度。"高光"和"阴影"滑块分别调高光和阴影区域的细节。"白色"滑块定义白场，即图像中最亮的色调（比它更亮的色调都将变成白色）；而"黑色"滑块用于设置图像中的黑场，即图像中最暗的色调（比它更暗的色调都将变成黑色）。

向右拖曳"对比度"滑块会使较暗和较亮的色调与中间调相差更大，而向左拖曳将导致它们更接近中间调。要更细致地调整对比度，可使用"清晰度"滑块，该滑块通过增加局部对比度（尤其是中间调）来增大图像的景深。

> 💡 提示　为正确地设置"清晰度"值，可先增大"清晰度"值，在边缘细节附近看到晕轮时再稍微降低该值，直到晕轮不那么明显。

拖曳"饱和度"滑块可均匀地调整图像中所有颜色的饱和度。"自然饱和度"滑块通常更有用，因为它对不饱和颜色的影响更大。例如，它可让图像更鲜艳，但不会让皮肤色调过度饱和。

可使用"自动"选项让 Camera Raw 自动校正图像的色调，也可使用其他的设置。

① 在编辑模式下，单击顶部的"自动"按钮，如图 12.13 所示。

> 💡 提示　单击两次"自动"按钮，可从自动设置切换为默认设置。

在 Camera Raw 中进行处理后，图像得到了极大的改善。使用"自动"按钮通常能很好地改善图像，因为其校正是基于 Adobe Sensei 高级机器学习技术的。"自动"按钮提供了一种快速调整图像的途径，还让用户能够快速地研究多种调整设置。下面将恢复为默认设置，并手动调整它们。

② 单击"切换到默认设置"按钮（▥），所有设置都恢复为 Camera Raw 的默认值。

> 💡 提示　由于单击"切换到默认设置"按钮可在当前设置和默认设置之间切换，因此可使用它来对比图像的当前状态和原始状态。单击这个按钮将切换为默认设置，再次单击将切换为当前设置。注意，切换为默认设置后，如果做了修改，修改后的结果将成为新的当前设置。

③ 按如下设置调整滑块（有些滑块未调整）。
- "曝光"滑块：+0.50。
- "对比度"滑块：+0。
- "高光"滑块：−20。
- "阴影"滑块：+70。
- "白色"滑块：+20。
- "黑色"滑块：−10。
- "清晰度"滑块：+20。
- "自然饱和度"滑块：+20。

这些设置会加亮图像（尤其是阴影区域），让图像的颜色更鲜艳又不过于饱和，如图 12.14 所示。

图 12.13   图 12.14

在 Camera Raw 中调整颜色

　　随着功能的更新，Camera Raw 的功能越来越丰富，让用户能够使用多种方法来精确地编辑颜色。很多摄影师倾向于尽可能编辑相机原始图像，完成后在 Photoshop 中打开它们，这样可以充分利用 Camera Raw 在保留图像品质方面的灵活性。对于很多图像来说，只需指定合适的配置文件和白平衡设置即可，而有些图像可能还需像本课介绍的那样，调整自然饱和度或饱和度。当在 Camera Raw 中需要解决更复杂的颜色问题时，可尝试使用下面这些更精确的颜色工具。

- 蒙版调整工具。要将不同的颜色或色调设置应用于图像的特定区域，可单击"蒙版"按钮，以便使用可编辑的蒙版将调整限制在特定区域。蒙版调整工具包括线性渐变、径向渐变、画笔调整及自动执行的"选择主体"和"选择天空"功能。可添加范围蒙版，从而根据色彩、亮度和深度（如果图像包含深度图）来限制调整的范围。
- 曲线面板。与 Photoshop 中的曲线调整图层一样，在 Camera Raw 中，可使用曲线面板来分别编辑各个颜色通道，从而调整颜色通道的数量。对于高光、中间调和阴影部分存在不同偏色的图像，这是一种消除色偏的不错的工具。
- 混色器面板。混色器面板能够以色相、饱和度和明亮度的方式调整特定的颜色范围。在编辑模式下，单击面板列表顶部的"黑白"按钮后，可使用混色器面板来给转换得到的黑白图像着色，就像在第 2 课使用 Photoshop 给黑白图像着色一样。
- 颜色分级面板。在颜色分级面板中，可使用色轮分别调整中间调、阴影和高光的色相、饱和度和明度。这个工具很有用，虽然可使用它来校正颜色，但传统的颜色分级通常是在校正颜色后执行的，旨在给图像创建表现力丰富的调色板或实现色调分离效果。
- 自定义配置文件。可使用 Photoshop 来创建自定义的颜色查找表（CLUT），然后以此为基础生成自定义配置文件，以便在 Camera Raw 中通过单击来应用它。

- 校准面板。校准面板用于对相机原始数据格式的基本颜色转换进行调整，可能会影响调整范围。就调整转换方式而言，使用配置文件是一种更方便的方式，因此当前校准面板主要用于以具备创意的方式修改图像中的颜色关系。

以上这些工具都不在本书的讨论范围内，要更深入地了解它们，读者可打开发现面板（选择菜单"编辑" > "搜索"），其中包含交互式教程和帮助文档。

相机原始数据直方图

Camera Raw 窗口右上角的直方图同时显示了当前图像的红色、绿色和蓝色通道，如图 12.15 所示，设置调整后，它将相应地更新。另外，选择了任何工具并且鼠标指针在预览图像上移动时，直方图上方将显示鼠标指针所处位置的 RGB 值。单击直方图左上角和右上角的按钮，将在预览图中显示被修剪掉的阴影和高光，即将要丢失的细节。

R: 150 G: 168 B: 193

图 12.15

💡提示　有阴影或高光被修剪掉并不一定意味着对图像校正过度。例如，修剪掉镜面高光（如太阳反光或光源在金属表面的反光）是可以接受的，因为镜面高光没有细节可丢失。

12.3.5　应用锐化

虽然 Photoshop 提供了多种锐化方式，但如果图像为原始数据格式，使用 Camera Raw 细节面板中的锐化控件来锐化更合适。要在预览面板中查看锐化效果，必须以 100% 或更高的缩放比例查看图像。

💡提示　锐化改善的是图像中小的细节。在基本面板中，使用"清晰度"滑块可帮助突出较大的细节，而使用"纹理"滑块可突出尺寸不适合使用"锐化"滑块和"清晰度"滑块处理的细节，同时避免导致杂色太过明显。通常最好使用诸如调整画笔工具等将纹理应用于特定区域。

① 从左下角的"缩放级别"下拉列表中选择"100%"，然后选择抓手工具（✋）并移动图像，以查看教堂顶部的十字架，效果如图 12.16（a）所示。

② 确保当前处于编辑模式下，然后在直方图下方的面板列表中向下滚动，看到细节面板后单击"细节"左侧的箭头将该面板展开，如图 12.16（b）所示。

💡提示　可使用快捷键直接跳转到特定的面板并将其展开，这样就无须滚动了，只需按住 Ctrl 键（Windows）或 Command 键（macOS）和相应的数字键即可。系统按从上到下的顺序对各个面板进行了编号，其中基础面板的编号为 1。例如，细节面板是第 3 个面板，因此按 Ctrl + 3 组合键（Windows）或 Command + 3 组合键（macOS）将跳转到这个面板并展开它。

"锐化"滑块决定 Camera Raw 应用的锐化量。一般而言，应先将"锐化"值设置得非常大，以便更容易看清其他锐化选项的效果。在设置好其他锐化选项后，再调整"锐化"值。

③ 将"锐化"滑块移到 100 处。

④ 单击"锐化"滑块右边的三角形以显示更多的选项，如图 12.17 所示。

（a） （b）

图 12.16

图 12.17

很多 Camera Raw 功能都有高级选项，这些选项被隐藏起来以节省空间。若看到右边有三角形，就可以知道还有其他选项，可在需要时设置它们。

⑤ 将"半径"滑块移至 0.9 处。

半径决定锐化的范围。对于对焦准确且没有运动模糊的图像，先将"半径"值设置为 1。对于细节清晰的图像，可能应该降低"半径"值；而对于细节模糊的图像，可增大"半径"值以锐化这些细节。

⑥ 如果"细节"值不是 25，将其设置为 25。

"细节"滑块用于在锐化边缘和避免出现纹理之间取得平衡。当"细节"值设置较低时，将只锐化边缘，让宽阔的区域更平滑；当"细节"值设置较高时，将使宽阔区域出现纹理。

⑦ 将"蒙版"滑块移至 61 处。

"蒙版"滑块与"细节"滑块类似，也可将锐化限定在内容边缘处，但其用处更大，因为它并非只作用于细节。当"蒙版"值设置较高时，可增大"锐化"值，而不会使应该平滑的宽阔区域（如脸或天空）中的杂色和纹理被过度锐化；要通过锐化突出宽阔区域（如织物）的细节时，可降低"蒙版"的值。

♀提示 移动"蒙版"滑块时可按住 Alt 键（Windows）或 Option 键（macOS），以查看将被锐化的区域（Camera Raw 使用白色标识这些区域）。

调整"半径""细节""蒙版"滑块后，便可将"锐化"值降低到更合理的程度。

⑧ 将"锐化"滑块移至 70 处，如图 12.18 所示。

在 Camera Raw 中所做的编辑保存在 XMP 格式的附属文件中，这个文件存储在图像文件所在的文件夹中，其文件名与图像文件名相同，但文件扩展名为 .xmp。如果做了蒙版（局部）调整，可能有一个与图像文件同名的 .acr 附属文件。将在 Camera Raw 中编辑过的图像移到其他计算机或存储介质中时，务必同时移动相应的 XMP 文件和 ACR 文件。Camera Raw 不会将所做的修改存储到原始图像文件中，因为这些原始图像文件是只读的。若导出为开放的 Adobe DNG 原始数据格式，Camera Raw 可将所做的编辑与原始图像存储在一个文件中。

图 12.18

12.3.6　同步多幅图像的设置

如果 3 幅教堂图像都是在相同的时间和光照条件下拍摄的，将第一幅教堂图像调整好后，可以自动将相同的设置应用于其他两幅教堂图像，为此可使用"同步"对话框。

❶ 在胶片菜单按钮上按住鼠标左键，然后选择"全选"，以选中胶片中的所有图像，如图 12.19 所示。

❷ 在胶片菜单按钮上按住鼠标左键，然后选择"同步设置"，如图 12.20 所示。

图 12.19　　　　　　　　　　　　　　　　　图 12.20

此时将出现"同步"对话框，其中列出了可应用于图像的设置。默认情况下，除"几何""裁剪""污点去除""蒙版"复选框外，所有复选框都被选中。这里可使用默认设置。

❸ 单击"同步"对话框中的"确定"按钮，如图 12.21 所示。

在选择的所有相机原始图像中同步设置后，缩览图将相应地更新以反映所做的修改。要预览图像，可单击每个缩览图。

> 💡注意　当 Camera Raw 在图像中同步设置时，预览图或缩览图中可能暂时出现黄色警告三角形。当预览图或缩览图更新后，这种黄色警告三角形将消失。

12.3.7　保存对相机原始数据的修改

针对不同的用途，可用不同的方式存储修改。首先，将调整后的图像存储为低分辨率的 JPEG 图像（可在 Web 上共享）；然后，将图像 Mission01 存储为 Photoshop 文档，以便将其作为智能对象在 Photoshop 中打开。在将图像作为智能对象在 Photoshop 中打开时，可随时回到 Camera Raw 中做进一步调整。

图 12.21

❶ 在 Camera Raw 窗口中的胶片菜单按钮上按住鼠标左键，然后选择"全选"以选择全部的 3 幅图像。

❷ 单击 Camera Raw 窗口右上角的"存储选定图像"按钮（ ）。

❸ 在"存储选项"对话框中做以下设置。

· 从"目标"下拉列表中选择"在相同位置存储"。

· 在"文件命名"部分，保留第一个文本框中的"文档名称（首字母大写）"。

· 从"格式"下拉列表中选择"JPEG"，并从"品质"下拉列表中选择"高（8-9）"。

· 在"色彩空间"部分，从"色彩空间"下拉列表中选择"sRGB IEC61966-2.1"。

· 在"调整图像大小"部分，选择"调整大小以适合"复选框，然后从其右侧的下拉列表中选择"长边"。

· 在下拉列表下方的文本框中输入"800"，将把图像的长边设置为 800 像素，而不管图像是纵向还是横向的。指定长边的尺寸后，会根据原来的宽高比自动地调整短边的尺寸。

· 将分辨率设置为 72 像素 / 英寸。

♀ 提示　如果图像包含涉及隐私的元数据，可在存储图像的副本时指定包含哪些元数据。例如，图像包含相机信息、人员姓名等关键字，版权说明，以及在 Bridge 中输入的其他元数据，可从"元数据"下拉列表中选择"仅版权"，这样图像副本中将只包含版权信息。

校正后的图像会存储为更小的 JPEG 格式文件，可在 Web 上与他人共享。这些图像文件将被命名为 Mission01.jpg、Mission02.jpg 和 Mission03.jpg。

❹ 单击"存储"按钮，如图 12.22 所示。

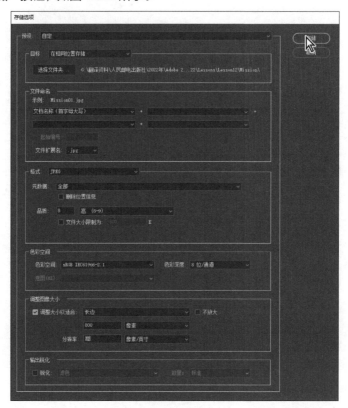

图 12.22

返回到 Camera Raw 窗口，该窗口的左下角显示处理了多少幅图像，直到保存好所有图像为止。CRW 缩览图仍出现在 Camera Raw 窗口中，在文件夹 Mission 中有这些图像的 JPEG 版本和 CRW 原件，可继续对原件进行编辑，也可以之后再编辑。

下面在 Photoshop 中打开图像 Mission01 的一个副本。

⑤ 在 Camera Raw 窗口的胶片区域选中 Mission01.crw，然后单击"打开"右边的下拉按钮并选择"以对象形式打开"，如图 12.23 所示。

图 12.23

> ♀ 注意 如果出现一个消息对话框，询问"是否跳过载入可选的和第三方增效工具"，单击"否"按钮（Photoshop 启动时，如果按住 Shift 键，将出现这种消息对话框。）。

把该图像作为智能对象在 Photoshop 中打开，如图 12.24 所示，而不是将相机原始数据文件转换为 Photoshop 格式，从而在 Photoshop 文件中保留相机原始数据格式。这样用户能够随时使用 Camera Raw 对其进行调整，方法是在图层面板中双击智能对象缩览图，在 Camera Raw 中打开它。

如果在第 5 步中单击的是"打开"按钮，图像将转换为 Photoshop 常规图层，无法使用 Camera Raw 对其进行编辑。

图 12.24

> ♀ 提示 要让"打开"按钮变成"打开对象"按钮，可单击 Camera Raw 窗口底部的工作流程选项链接，在出现的"工作流程选项"对话框中选择"在 Photoshop 中打开为智能对象"复选框，再单击"确定"按钮。

⑥ 选择菜单"文件">"存储为"，将文件另存为 Mission_Final.psd，并保存到文件夹 Lesson12 中。如果出现"Photoshop 格式选项"对话框，单击"确定"按钮，然后关闭这个文件。

> ♀ 注意 如果 Photoshop 显示了一个对话框，指出保存到云文档和保存到计算机之间的差别，单击"保存在您的计算机上"按钮。此外，还可选择"不再显示"复选框，但当恢复 Photoshop 的默认首选项设置后，将取消选择这个复选框。

专业摄影师的工作流程

Jay Graham（后文简称 Graham）是一位有 25 年从业经验的摄影师。他从为家人拍摄照片开始了职业生涯，当前的客户涵盖了广告、建筑和旅游业等行业。

良好的习惯至关重要

合理的工作流程和良好的工作习惯可以保持对数码摄影的热情，让作品出类拔萃，并避免因未备份而丢失作品。下面简要介绍数码图像处理的基本工作流程，这是一位从业多年的专业摄影师的经验之谈。Graham 阐述的指导原则涉及如何设置相机、设置基本颜色、校正工作流程、选择文件格式、管理图像和展示图像等。

Graham 使用 Lightroom Classic 来组织数以千计的图像，如图 12.25 所示。

图 12.25

Graham 指出，最常见的问题之一便是丢失文件，因此正确命名文件至关重要。

正确设置相机首选项

如果相机支持相机原始数据文件格式，最好采用这种格式拍摄，因为这将记录所需的所有图像信息。Graham 指出，对于相机原始照片，可将其白平衡从日光转换为白炽灯，而不会降低照片的质量。如果出于某些原因，必须以 JPEG 格式拍摄照片，那么务必使用高分辨率，并将压缩设置为"精细"。

记录所有的数据

拍摄时应记录所有的数据，必须采用合适的压缩方式和较高的分辨率，以免因设置不当影响拍摄效果。

组织文件

将照片导入 Lightroom 目录时修改其名称。Graham 指出，如果使用相机指定的默认名称，最终会因相机重置而导致多个文件的名称相同，因此可以使用 Lightroom Classic 给要保存的照片重命名、评级，以及添加元数据，并将不打算保存的照片删除。

Graham 习惯根据日期或主题给文件命名。例如，他将 2017 年 10 月 18 日在 Stinson 海滩拍摄的所有照片存储在名为 171018_stinson 的文件夹中；在该文件夹中，文件的编号依次递增（例如，第一幅图像名为 171018_stinson_01），以确保所有文件的名称各不相同，这样，查找它们将非常容易。为确保文件名适用于非 macOS 平台，应遵循 Windows 操作系统的命名规则：文件名最多包含 32 个字符，只使用数字、字母、下划线和连字符。

将相机原始图像转换为 DNG 格式

最好将相机原始图像转换为 DNG 格式。不同于很多相机的专用相机原始数据格式，这种格式的规范是公开的，因此更容易被软件和设备支持。

保留主控图像

将主控图像存储为 PSD、TIFF 或 DNG 格式，而不要存储为 JPEG 格式。在每次编辑并保存 JPEG 图像时，图像质量都将因重新压缩而降低。

向客户和朋友展示

根据展示作品的方式选择合适的颜色配置文件。如果图像要以电子方式查看或将其提供给在线打印服务商打印，颜色空间 sRGB 将是最佳的选择；对于将用于传统印刷品（如小册子）中的 RGB 图像，最佳的配置文件是 Adobe1998 和 Colormatch；对于要使用喷墨打印机打印的图像，最佳的配置文件为 Adobe 1998 和 ProPhoto。对于将以电子方式查看的图像，可将分辨率设置为 72 像素 / 英寸；对于要用于打印的图像，可将分辨率设置为 180 像素 / 英寸或更高。

备份图像

为保护图像免受破坏，最好将它们自动备份到多种介质，如外部存储器和云备份服务。这样，当内置的硬盘出现问题时，图像也不会丢失。

在 Camera Raw 中存储文件

很多相机都使用独特的格式存储相机原始数据图像，Camera Raw 能够处理很多原始数据文件格式。Camera Raw 根据内置的相机配置文件和相机记录的 EXIF 数据（可交换的图像文件格式），使用相应的默认图像设置来处理相机原始数据文件。EXIF 数据可能包括曝光和镜头信息。

在 Camera Raw 中对相机原始图像进行处理后，可将其转换为 Adobe DNG、JPEG、TIFF 或 PSD 格式。这些格式都可用于存储 RGB 和 CMYK 连续调位图；在 Photoshop 中的"存储"和"存储为"对话框中，也可选择除 DNG 外的其他格式。

- DNG（Adobe 数字负片）格式包含来自数码相机的原始图像数据，以及定义图像数据含义的元数据。DNG 将成为相机原始图像数据的行业标准格式，可帮助摄影师管理各种专用相机原始数据格式，并提供一种兼容的归档格式，但只能在 Camera Raw 中将图像存储为这种格式。
- JPEG（联合图像专家组）文件格式常用于在 Web 中显示的图像和其他连续调 RGB 图像。高分辨率的 JPEG 通过有选择地丢弃数据来缩小文件。压缩程度越高，图像质量越低。
- TIFF（标记图像文件格式）是一种灵活的格式，几乎所有的绘画、图像编辑和排版软件都支持这种格式。它可保存 Photoshop 图层。大多数控制图像捕获硬件（如扫描仪）的软件都能生成 TIFF 格式的图像。

- PSD 格式是默认的文件格式。由于 Adobe 产品之间的紧密集成，其他 Adobe 软件（如 Illustrator、InDesign 和 After Effects）能够直接导入 PSD 格式的文件，这种格式可以保留很多的 Photoshop 特性。

在 Photoshop 中打开相机原始数据文件后，便可以使用多种不同的格式保存它，如大型文档格式（PSB）、Photoshop PDF、GIF 或 PNG，以及 Photoshop Raw 格式（这是一种专用的技术文件格式，摄影师和设计人员很少用，不要将其与相机原始数据文件格式混为一谈）。

有关 Camera Raw 和 Photoshop 中文件格式的详细信息，请参阅 Photoshop 帮助文档。

12.4　应用高级颜色校正

下面使用色阶调整图层、修复画笔工具和其他 Photoshop 功能改善图 12.2 所示的模特图像。

12.4.1　在 Camera Raw 中调整白平衡

这幅图像存在轻微的偏色。接下来使用 Camera Raw 校正颜色：设置白平衡并调整总体色调。

❶ 在 Bridge 中，切换到文件夹 Lesson12。选择文件 12B_Start.nef，然后选择菜单"文件">"在 Camera Raw 中打开"。

❷ 在 Camera Raw 基本面板中，单击白平衡按钮，然后单击婚纱上的白色区域，以消除绿色偏色，如图 12.26 所示。

💡 提示　相比于单击阴影区域，单击被光源直接照射的白色服装区域的效果可能更佳。正对光源区域的中性区域的白平衡与光源的白平衡更接近，而阴影中的中性区域的颜色可能因为附近的发射光而发生变化。

❸ 调整基本面板中的其他滑块，以便在 Camera Raw 中做相应的调整，如图 12.27 所示。
- 将"曝光"滑块拖曳到 +0.30 处。
- 将"对比度"滑块拖曳到 +15 处。
- 将"清晰度"滑块拖曳到 +8 处。

💡 提示　对人像应用"清晰度"或"纹理"设置时要小心，如果它们的值过高，可能突出皮肤纹理和不光滑的地方（如雀斑和皱纹）。对于"清晰度"和"纹理"设置，最好使用蒙版调整工具来应用它们。

💡 提示　可尝试使用其他配置文件，看看效果是否更好。就这幅图像而言，"Adobe 颜色"和"Adobe 人像"的效果类似，但其他配置文件会导致皮肤色调过于鲜艳或反差过于强烈。

❹ 单击"打开"右边的下拉按钮，选择"以对象形式打开"。

这幅图像将作为智能对象在 Photoshop 中打开。

图 12.26   图 12.27

12.4.2 调整色阶

色调范围决定图像的对比度和细节量,而它取决于像素的分布情况。下面使用色阶调整图层来微调这幅图像的色调范围。

❶ 在 Photoshop 中,选择菜单"文件">"存储为",将文件另存为 Model_final.psd。如果出现"Photoshop 格式选项"对话框,单击"确定"按钮。

❷ 单击调整面板中的"色阶"按钮,如图 12.28(a)所示。

Photoshop 将在图层面板中添加一个色阶调整图层,如图 12.28(b)所示。打开属性面板,其中显示与色阶调整相关的控件,以及一个直方图。直方图显示图像中从最暗到最亮的像素值,其中左边的黑色滑块代表阴影,右边的白色滑块代表高光,中间的灰色滑块代表灰度系数。除非要获得特殊效果,否则理想的直方图应是这样的:黑场位于像素分布范围的起点,白场位于像素分布范围的终点,而直方图中间部分的峰谷分布均匀,这表示有足够多的像素为中间调。

（a）   （b）

图 12.28

❸ 单击直方图左边的"计算更准确的直方图"按钮,Photoshop 将更新直方图,如图 12.29 所示。

直方图的最右侧有一个白色滑块,它表示当前的白场,在它左侧较远的地方才开始出现大量高光色调。下面设置白场,使其与大量高光色调开始出现的位置一致。

④ 将右边的白色滑块向左拖曳到开始有大量高光色调出现的地方，这里将它拖曳到了242处。在拖曳时，直方图下方的第三个色阶值将发生变化，图像本身也将相应地变化。

💡提示　向左拖曳白色滑块时，注意观看图像，确保高光细节没有丢失（千万不要裁剪掉皮肤色调）。要获悉图像中的哪些高光区域被修剪掉，可在拖曳白色滑块时按住 Alt 键（Windows）或 Option 键（macOS）。拖曳黑色滑块时，也可这样做，以获悉哪些阴影区域被修剪掉。

⑤ 将中间的灰色滑块稍微向右拖曳，以使中间调稍微变暗。这里将其值设置为0.9，如图 12.30 所示。

图 12.29　　　　　　　　　　　　　　　　　　　图 12.30

12.4.3　在 Camera Raw 中调整饱和度

通过调整色阶，极大地改善了这幅图像，但人物的晒斑还有点明显。下面在 Camera Raw 中调整饱和度，让皮肤色调更均匀。

① 双击图层 12B_Start 的缩览图，在 Camera Raw 中打开这个智能对象，如图 12.31 所示。

💡提示　这里在 Photoshop 中打开 Camera Raw，而前面是在 Bridge 中打开 Camera Raw，还可以同时在 Photoshop 和 Bridge 中打开 Camera Raw，并处理不同的原始图像。

② 在编辑模式下，展开混色器面板。

③ 单击"饱和度"标签。

④ 拖曳各种颜色滑块，让皮肤不那么红，如图 12.32 所示。

图 12.31　　　　　　　　　　　　　图 12.32

- 将"红色"滑块拖曳到 -2 处。
- 将"橙色"滑块拖曳到 -10 处。
- 将"洋红色"滑块拖曳到 -3 处。

💡 提示　这里使用了混色器面板来调整这幅图像的颜色，但哪种工具最合适取决于要解决的问题。用户也可使用基本面板、曲线面板、颜色分级面板或校准面板来校正颜色，它们校正颜色的方式各不相同。

⑤ 查看这些修改带来的影响，方法是在混色器面板右上角的眼睛图标上按住鼠标左键，暂时禁用在这个面板中所做的修改，如图 12.33 所示。查看对比效果后，松开鼠标以重新启用在这个面板中所做的修改。

图 12.33

⑥ 单击"确定"按钮，返回 Photoshop。

12.4.4　使用修复画笔工具消除瑕疵

下面继续调整模特的脸。使用修复画笔工具和污点修复画笔工具消除脸部的瑕疵，让皮肤更光滑，并消除眼睛中的血丝和鼻饰。

💡 提示　Camera Raw 也有污点去除工具，其优点是所做的修改是随时可调整的，但在修复和修补图像方面，Photoshop 提供的工具更多，这就是本课要使用 Photoshop 来消除瑕疵的原因。

① 在图层面板中选择图层 12B_Start，然后从图层面板菜单中选择"复制图层"，如图 12.34 所示。
② 将新图层命名为 Corrections，单击"确定"按钮，如图 12.35 所示。

图 12.34　　　　　　　　　　　　　　　　图 12.35

处理图层副本可保留原始图像供以后修改。使用修复画笔工具无法修改智能对象，因此需要将这个图层栅格化，将其变成普通的图层。

③ 选择菜单"图层">"智能对象">"栅格化"。
④ 放大模特的脸以便能够看清细节。
⑤ 选择污点修复画笔工具。
⑥ 在选项栏中做如下设置。
- 将画笔大小设置为 35 像素。

- 将模式设置为"正常"。
- 将类型设置为"内容识别"。

⑦ 使用污点修复画笔工具将鼻饰删除——单击就可以。

由于在选项栏中设置类型为"内容识别",污点修复画笔工具将用类似于鼻饰周边的皮肤来替换鼻饰,如图 12.36 所示。

图 12.36

⑧ 在眼睛和嘴巴周围的细纹上绘画,还可消除模特脸部、脖子、胳膊和胸部的瑕疵。可以分别尝试单击、短距离涂绘或长距离涂绘的方式。此外,还可尝试使用不同的设置,例如,消除嘴巴周围的皱纹时,在选项栏中设置类型为"近似匹配",并将模式设置为"变亮"。可以消除醒目或分散注意力的瑕疵,但不要过度修饰,以免处理后的图像看起来不像本人。

对于较大的瑕疵,可以使用修复画笔工具来消除。使用修复画笔工具能更好地控制 Photoshop 将采集的像素。

⑨ 选择修复画笔工具,将画笔大小设置为 45 像素,将硬度设置为 100%。

⑩ 按住 Alt 键(Windows)或 Option 键(macOS)并单击脸颊下方,以指定采样的像素。

⑪ 在脸颊的痣上绘画,将其替换为采集的像素的颜色,如图 12.37 所示。这里修改的是颜色,后面将消除纹理。

图 12.37

⑫ 使用修复画笔工具消除其他较大的瑕疵。

⑬ 选择菜单"文件">"存储",保存文件。

12.4.5　使用减淡工具和海绵工具改善图像

下面使用海绵工具(🧽)和减淡工具(🔍)加亮眼睛和嘴唇。

❶ 选择隐藏在减淡工具后面的海绵工具。在选项栏中,确保选择了"自然饱和度"复选框,并做以下设置,如图 12.38(a)所示。

- 将画笔大小设置为 35 像素。
- 将硬度设置为 0%。
- 将模式设置为"加色"。
- 将流量设置为 50%。

② 在黑眼球上拖曳以提高其颜色饱和度，如图 12.38（b）所示。

（a）

（b）

图 12.38

③ 将画笔大小设置为 70 像素，将流量设置为 10%，然后使用海绵工具在嘴唇上绘画以提高饱和度。

💡 提示　降低工具的"流量"值是一种比较保险的做法。通过降低工具的绘画速度，可反复绘画来获得所需的效果，从而避免修改过头。

使用海绵工具还可去色。下面来减少眼角的红色。

④ 在选项栏中，将画笔大小改为 45 像素，将流量改为 50%，然后从"模式"下拉列表中选择"去色"。

⑤ 在眼角上绘画以减少红色。

⑥ 选择减淡工具。

⑦ 在选项栏中，将画笔大小设置为 60 像素，将曝光度设置为 10%，并从"范围"下拉列表中选择"高光"，如图 12.39（a）所示。

⑧ 使用减淡工具在眼睛（眼白和黑眼球）上绘画，将其加亮，如图 12.39（b）所示。

（a）

（b）

图 12.39

⑨ 在选择了减淡工具的情况下，在选项栏中从"范围"下拉列表中选择"阴影"，如图 12.40（a）所示。

⑩ 使用减淡工具加亮眼睛上方和黑眼球周围的区域，如图 12.40（b）所示。

（a）

（b）

图 12.40

12.4.6 调整肤色

在 Photoshop 中，可选择肤色所属的色彩范围，从而轻松地调整肤色，而不影响图像的其他部分。使用"肤色"选项选择颜色时，将选择图像中除人物皮肤之外具有类似颜色的区域，但由于只做细微的调整，因此这通常是可以接受的。

> 💡 提示　Camera Raw 提供了蒙版调整工具，这些工具使用范围蒙版来选择色彩或色调范围，但这里也使用 Photoshop 来处理图像，以便能够使用它提供的根据颜色或色调创建选区的工具，因为这些工具更强大、更灵活。

❶ 选择菜单"选择">"色彩范围"。

❷ 在"色彩范围"对话框中，从"选择"下拉列表中选择"肤色"。

从预览效果可知，此时已经选择了大部分图像。

❸ 选择"检测人脸"复选框。

从预览效果可知，选择的区域发生了变化。当前选择了脸部、头发和衣服上较亮的区域。

❹ 将"颜色容差"降低为 10，并单击"确定"按钮，如图 12.41（a）所示。

通过降低"颜色容差"值，可缩小选区的色彩范围，从而缩小选区，让选区包含的头发和衣服部分更少。

系统以跳动的虚线呈现选定的图像区域，如图 12.41（b）所示。下面使用曲线调整图层减少皮肤中的红色。

（a）　　　　　　　　（b）

图 12.41

> 💡 提示　要柔化选区（如使用"色彩范围"命令创建的选区）的边缘，可选择菜单"选择">"修改">"羽化"，也可在图层蒙版创建后模糊蒙版。

❺ 单击调整面板中的"曲线"按钮，如图 12.42（a）所示。

Photoshop 在 Corrections 图层上面添加了一个曲线调整图层，并将前面创建的选区用作该调整图层的图层蒙版，如图 12.42（b）所示。

（a） （b）

图 12.42

⑥ 在属性面板中，从"颜色通道"下拉列表中选择"红"，然后在曲线中央按住鼠标左键并稍微向下拖曳，选定的图像区域将不那么红，如图 12.43 所示。注意，不要向下拖曳太多，否则将出现绿色偏色。要查看调整前后的图像有何不同，可在属性面板或图层面板中单击 ◉ 按钮。

图 12.43

由于应用曲线调整图层前选择了皮肤色调，因此皮肤颜色将发生变化。除皮肤外，还稍微调整了图像的其他区域，但影响并不明显。

12.4.7 应用表面模糊

下面将应用"表面模糊"滤镜，让模特的皮肤更光滑。"表面模糊"滤镜将模糊范围限定在不属于重要细节和边缘的区域。

❶ 选择图层 Corrections，然后选择菜单"图层">"复制图层"。在"复制图层"对话框中，将新图层命名为 Surface Blur，并单击"确定"按钮。

❷ 在选择了图层 Surface Blur 的情况下，选择菜单"滤镜">"模糊">"表面模糊"。

❸ 在"表面模糊"对话框中，保留"半径"为 5 像素，将"阈值"滑块拖曳到 10 处，然后单击"确定"按钮，如图 12.44 所示。当"阈值"的值设置得很高时，周边必须差别很大才会被模糊。

"表面模糊"滤镜让模特的皮肤看起来太光滑了，下面降低图层的不透明度，以减弱这种效果。

❹ 在选择了图层 Surface Blur 的情况下，在图层面板中将"不透明度"值设置为 40%，如图 12.45 所示。

图 12.44

图 12.45

现在模特看起来更真实了，下面使用橡皮擦工具（）实现更精确的表面模糊。

⑤ 选择橡皮擦工具。在选项栏中将画笔大小设置为 10~50 像素、硬度设置为 10%，并将不透明度设置为 90%，如图 12.46 所示。

图 12.46

⑥ 在模特的眼睛、眉毛、鼻子轮廓线和衣服的细节上绘画，删除模糊后图层的相应部分，让下面更清晰的图层的相应部分显示出来，如图 12.47 所示。

⑦ 缩小图像，以便能够看到整幅图像。

⑧ 将文件保存。

⑨ 选择菜单"图层">"拼合图像"将图层拼合，以减小图像文件的大小。

> 💡注意　将相机原始图像存储为 Photoshop 或 TIFF 格式时，文件增大很多是很正常的。相机原始图像只有一个传感器数据通道，但处理后有多个通道（转换为 RGB 图像时有 3 个通道，转换为 CMYK 图像时有 4 个通道）。如果 Photoshop 或 TIFF 文件使用的位深更大（如每通道 16 位），还新增了图层和蒙版，文件将更大。

⑩ 将图像保存，并关闭它。

图 12.47

使用 Photoshop 和 Camera Raw 的功能，让这位新娘的状态更好，而且，在改善图像期间，可在 Photoshop 和 Camera Raw 之间切换，以执行不同的操作。

Camera Raw 的 HDR 和全景图功能

在 Camera Raw 中选择了多幅图像时，可在胶片菜单按钮上按住鼠标左键，然后选择"合并到 HDR"或"合并到全景图"，如图 12.48 所示。HDR（高动态范围）功能需使用以较高和较低的曝光度对同一个场景拍摄的多张照片，而全景图功能需使用多张可组成更大场景的照片。Photoshop 也提供 HDR 和全景图功能，但 Camera Raw 采用的处理方法更新，使用起来更简单。另外，它提供了预览功能，能够在后台进行处理，还可生成 DNG 文件，能够使用 Camera Raw 对这种原始数据格式进行灵活的编辑。

图 12.48

使用光线绘画：将 Camera Raw 中的设置用作滤镜

在 Camera Raw 中处理的文件，可在 Photoshop 中打开它，以进行编辑。另外，在 Photoshop 中，也可用滤镜的方式将 Camera Raw 中的设置应用于文件。下面以智能滤镜的方式使用 Camera Raw 中的设置来调整一幅静态图像，需要先将图像转换为智能对象，这样所做的修改不会影响原始文件。

❶ 在 Photoshop 中，选择菜单"文件">"打开"。切换到文件夹 Lessons\Lesson12，然后双击文件 fruit.jpg，将其打开。

❷ 选择菜单"滤镜">"转换为智能滤镜"，在出现的对话框中单击"确定"按钮。

❸ 选择菜单"滤镜">"Camera Raw 滤镜"，在 Camera Raw 中打开这幅图像。

"转换为智能滤镜"命令可将图像转换为智能对象。此外，还可用标准滤镜的方式应用 Camera Raw 中的设置，但这样做将无法再次调整设置，也无法在图像文件中隐藏所做的调整。

❹ 在工具面板中单击"蒙版"按钮并选择"画笔"。

在 Camera Raw 中，使用蒙版调整工具的画笔可调整特定区域的曝光度、亮度和清晰度等，方法是直接在这些区域绘画。蒙版调整工具的线性渐变的功能与此类似，但它是以渐变的方式调整指定的照片区域。

❺ 在画笔面板中，将"大小"设置为 8，并展开它下面的选项，然后将"羽化"设置为 85。在亮面板中，将"曝光"设置为 +1.50。这样指定了画笔将应用的调整，如图 12.49 所示。

❻ 在要应用上述设置的水果区域绘画，直到水果很亮为止，如图 12.50 所示。

❼ 在所有的水果区域中都画完后，在亮面板中降低"曝光"值，让图像看起来更逼真。

❽ 要在 Camera Raw 中查看修改对图像的影响，可以单击文档窗口底部的"原图 / 效果图视图"按钮或"切换到默认设置"按钮。

图 12.49

图 12.50

⑨ 对结果满意后，单击"确定"按钮。

Photoshop 将显示修改后的图像。在图层面板中，图层名下方出现了 Camera Raw 滤镜，可通过该滤镜的眼睛图标来查看调整前后的图像。要编辑 Camera Raw 智能滤镜的设置，可双击图层面板中的 Camera Raw 滤镜。

可以看到，将 Camera Raw 中的设置作为滤镜应用于图层时，可用的选项较少，而使用 Camera Raw 编辑真正的原始数据文件时，可使用所有的选项。

12.5　复习题

1. 编辑相机原始图像与编辑 JPEG 或 PSD 文件格式的图像有何不同?
2. Adobe 数字负片(DNG)文件格式有何优点?
3. 在 Camera Raw 中,如何将相同的设置应用于多幅图像?
4. 在 Photoshop 中,如何将 Camera Raw 中的设置作为滤镜应用于非相机原始数据图层?

12.6　复习题答案

1. 相机原始数据文件包含数码相机图像传感器中未经处理的图像数据,让摄影师能够对图像数据进行解释,而不是由相机自动进行调整和转换的。在 Camera Raw 中编辑图像时,它会单独存储所做的编辑,而不修改相机原始文件,这样可编辑图像后导出,同时保留原始文件不变,供以后使用或进行其他调整。
2. Adobe 数字负片(DNG)文件格式包含来自数码相机的原始图像数据,以及定义图像数据含义的元数据。DNG 是一种相机原始图像数据行业标准,可帮助摄影师使用开放标准来管理专用的相机原始文件格式。它还提供了一种包含调整设置的兼容归档格式。
3. 在 Camera Raw 中,要将相同的设置应用于多幅图像,可在胶片区域中选择这些图像,在胶片菜单按钮上按住鼠标左键,选择"同步设置",然后选择要应用的设置,并单击"确定"按钮。
4. 在 Photoshop 中,要以滤镜的方式应用 Camera Raw 中的设置,可选择菜单"滤镜">"Camera Raw 滤镜",然后在 Camera Raw 中进行修改,并单击"确定"按钮。如果希望以后能够调整设置,可用智能滤镜的方式应用 Camera Raw 中的设置。

处理用于 Web 的图像

本课概览

- 使用图框工具创建占位符。
- 创建用于网站的按钮并对其应用样式。
- 使用图层组和画板。
- 优化用于 Web 的素材。

- 记录动作使一系列步骤自动化。
- 播放动作处理和影响多幅图像。
- 使用"导出为"命令保存整个版面和各个素材。
- 使用多个画板提供适用于多种屏幕尺寸的设计。

学习本课大约需要 **1** 小时

日常生活中，可能经常需要为网站按钮或其他元素创建独立的图像。通过"导出为"工作流程能够轻松地将图层、图层组和画板保存为独立的图像文件。

13.1 概述

在本课中，将为一个西班牙美术馆主页创建按钮，然后为其中的每个按钮创建合适的图形文件。下面将使用图层组来组织按钮，然后创建动作，以便对用作第二组按钮的图像进行处理。

下面来查看最终的 Web 设计效果。

❶ 启动 Photoshop 并立刻按住 Ctrl + Alt + Shift 组合键（Windows）或 Command + Option + Shift 组合键（macOS）。

❷ 在出现的提示对话框中单击"是"按钮，确认删除 Photoshop 设置文件。

❸ 选择菜单"文件">"在 Bridge 中浏览"。

> ♀ 注意　如果没有安装 Bridge，在选择菜单"文件">"在 Bridge 中浏览"时，将启动桌面应用程序 Creative Cloud，而它将下载并安装 Bridge。安装完成后，便可启动 Bridge。更详细的信息请参阅前言。

❹ 在 Bridge 中，单击收藏夹面板中的文件夹 Lessons，然后双击内容面板中的文件夹 Lesson13。

❺ 在 Bridge 中查看文件 13End.psd。

这个网页底部有 8 个按钮，它们排成两行。先使用图像手动制作第一行按钮，再使用动作来制作第二行按钮。

❻ 双击文件 13Start.psd 的缩览图，在 Photoshop 中打开它，如图 13.1 所示。如果出现"缺失匹配文件"对话框，单击"确定"按钮。

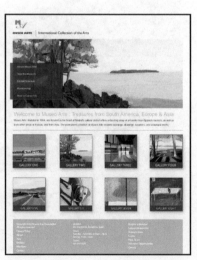

图 13.1

❼ 选择菜单"文件">"存储为"，将文件另存为 13Working.psd。在"Photoshop 格式选项"对话框中，单击"确定"按钮。

> ♀ 注意　如果 Photoshop 显示了一个对话框，指出保存到云文档和保存到计算机之间的差别，则单击"保存在您的计算机上"按钮。此外，还可选择"不再显示"复选框，但当恢复 Photoshop 的默认首选项设置后，将取消选择这个复选框。

13.2　使用图框工具创建占位符

在设计印刷、Web 或移动设备项目时，通常在设计版面时还没有确定最终要使用的图形。在这种情况下，可先添加临时图形，以后再用最终图形替换它们，但这样需要管理更多的文件。一种简化设计过程的方式是，在早期设计阶段创建被称为图框的占位图形，等有了最终使用的图形后，可轻松地将它们添加到占位图框中。在 InDesign 等排版程序中，使用占位图框进行设计的做法很常见。

要创建图框，可使用图框工具（⬚）。图框可包含导入的图像、智能对象或像素图层。创建的图框将出现在图层面板中，因为图框相当于带矢量蒙版的图层组。

文档 13Working.psd 中包含几个灰色方框，用于放置将在本课创建的图框。用户在自己设计项目时，可直接使用图框工具来添加图框。

① 选择菜单"编辑">"首选项">"单位与标尺"（Windows）或"Photoshop">"首选项">"单位与标尺"（macOS）。在对话框的"单位"部分，确保从"标尺"下拉列表中选择了"像素"，然后单击"确定"按钮，如图 13.2 所示。

图 13.2

> ♀ 提示　一种快速修改度量单位的方式是，在标尺上单击鼠标右键（Windows）或按住 Control 键并单击标尺（macOS），再选择所需的单位。

由于这个文档将作为网页，因此需要以像素为单位。

② 选择菜单"窗口">"信息"，打开信息面板。

移动鼠标或创建选区时，信息面板将动态地显示信息。具体显示哪些信息取决于选择的是什么工具。使用信息面板来确定标尺参考线的位置（基于 Y 坐标），以及选定区域的大小（基于宽度和高度）。

> ♀ 提示　要定制信息面板显示颜色值和坐标值的方式，可分别单击其中的吸管按钮和十字线按钮，并选择所需的显示方式。

③ 如果看不到标尺，选择菜单"视图">"标尺"。

> ♀ 提示　显示 / 隐藏标尺的快捷键为 Ctrl+R（Windows）或 Command+R（macOS）。

13.2.1　添加图框

添加图框很容易，因为可像创建图形（如矩形或圆形）那样创建它们。

① 在工具面板中，选择图框工具。

② 通过拖曳鼠标创建一个矩形图框，它覆盖了文档顶部的大型灰色方框，如图 13.3 所示。

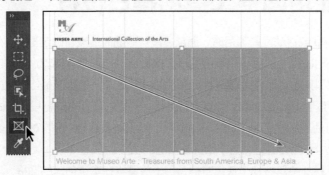

图 13.3

💡 提示　要创建椭圆形或圆形图框，可单击选项栏中的椭圆图框按钮。

这个图框显示为一个内部有"X"的矩形，其中的"X"表明它不是矢量图形，而是占位图框。作为占位符，随时可将图形添加到其中。

💡 提示　要创建其他形状的图框（如星形），可先使用钢笔工具或形状工具绘制所需的形状，然后在图层面板中选择该形状图层，并选择菜单"图层"＞"新建"＞"转换为图框"。

13.2.2　将图形和图像添加到图框中

有了要添加到文档中的图像和图形后，就可将它们添加到已创建好的占位图框中。

① 在图层面板中，确保选择了图层"图框 1"。

② 选择菜单"文件"＞"置入链接的智能对象"。

③ 切换到文件夹 Lesson13\Art，选择文件 NorthShore.jpg，并单击"置入"按钮。

这幅图像将出现在选定的图框内，并自动调整大小以适合图框，如图 13.4 所示。

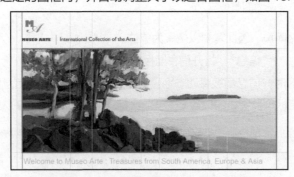

图 13.4

此外，也可从 Bridge 或桌面将图像拖曳到 Photoshop 文档窗口内的图框中，嵌入图像。要链接图像，可在拖曳图像到 Photoshop 文档窗口时按住 Alt 键（Windows）或 Option 键（macOS）。

13.2.3　使用属性面板调整图框的属性

在图层面板中选择了图框时，可在属性面板中查看和编辑其属性，因此可在创建图框后修改它。

① 使用图框工具在 4 个灰色方框和文档底部之间绘制一个矩形图框，如图 13.5 所示。其大小和

位置无关紧要，因为接下来将修改它。

图 13.5

❷ 在选择了这个图框的情况下，在属性面板（如果这个面板没有打开，选择菜单"窗口">"属性"打开它）中做以下设置，如图 13.6（a）所示。

- X（宽度）: 180 像素。
- Y（高度）: 180 像素。
- X : 40 像素。
- Y : 648 像素。

设置完成后，该图框的大小和位置应该与第一个灰色方框匹配，如图 13.6（b）所示。

（a）

（b）

图 13.6

> ♀ 提示　与在选项栏中一样，可在属性面板的字段中单击鼠标右键（Windows）或按住 Control 键并单击字段（macOS）来修改度量单位；此外，还可在值后面输入单位（如输入 "4 in"）来覆盖默认度量单位。

13.2.4　复制图框

位于文档中部的其他 3 个灰色方框的大小与这个方框相同，因此这里不用手动绘制全部的 4 个图框，直接复制即可。复制图框的方法与复制图层类似，因为图框会出现在图层面板中。

① 在图层面板中，将图层"图框 1"拖曳到"创建新图层"按钮上，图层面板中将出现复制的图层，名为"图框 1 拷贝"，如图 13.7 所示。

② 在选择了图层"图框 1 拷贝"的情况下，在属性面板中将"X"的值改为 300，让复制的图框与第二个灰色方框对齐。

③ 重复进行第 1～2 步两次，再复制两个图框，并在属性面板中将它们的"X"值分别设置为550 和 800。

图 13.7

这样就创建了 4 个排列成行的占位图框，如图 13.8 所示。

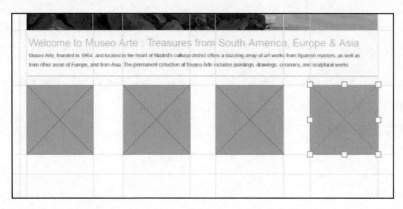

图 13.8

13.2.5　在图框中添加图像

有了最终要使用的图像后，可快速将它们添加到各个图框中。一种方便的方式是使用属性面板。

① 确保选择了第一个图框（图框 1）。

② 在属性面板中，从"插入图像"下拉列表中选择"从本地磁盘置入 - 链接式"，如图 13.9 所示。

图 13.9

③ 切换到文件夹 Lesson13\Art，选择文件 Beach.jpg，单击"置入"按钮。

文件 Beach.jpg 会缩放以适合图框，该图层的名称会变成"Beach 画框"，而属性面板中会显示该文件的路径，如图 13.10 所示。

图 13.10

❹ 对其他 3 个图框重复进行第 2~3 步，分别置入文件 NorthShore.jpg、DeYoung.jpg 和 Maine-One.jpg，结果如图 13.11 所示。要在图框中置入链接的图像，可按住 Alt 键（Windows）或 Option 键（macOS），并将图像从桌面或 Bridge 拖曳到图框中。

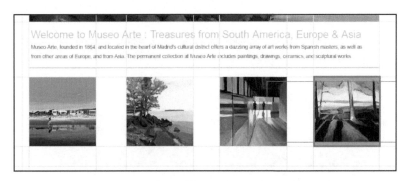

图 13.11

❺ 在图层面板中，单击图层"MaineOne 画框"的图层缩览图（右边带链接图标的缩览图），将只选择图框的内容（单击左边的缩览图将选择图框）。

❻ 选择菜单"编辑">"自由变换"，并根据需要拖曳图像或手柄，以调整图像的大小或在图框内的位置。调整好后按 Enter 键，结果如图 13.12 所示。

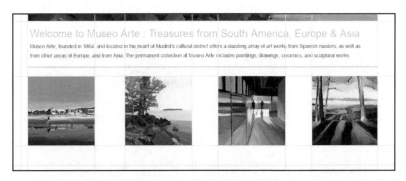

图 13.12

💡 提示　如果只想选择图框，可使用移动工具单击图框边缘。这种方法在图框附近没有其他对象或参考线影响选择时最有效。

如果使用移动工具无法选择图框或其中的内容,确保在选项栏中启用了自动选择图层功能。没有启用自动选择图层功能时,必须在图层面板中单击图框或其中的内容的缩览图。

　　将图像添加到图框中后,最好检查所有的图框,以确保图像的位置和大小都合适。

13.3　使用图层组来创建按钮图形

　　使用图层组能够组织和处理复杂图像中的图层,在一系列图层协同工作时尤其有用。接下来,将使用图层组来组织每个按钮的图层,方便以后导出素材。

　　前面创建的 4 个图框是按钮的雏形,下面给每个图框添加标签,指出它们表示的画廊,然后添加投影和描边效果。

13.3.1　创建第一个按钮

① 如果没有打开信息面板,选择菜单"窗口">"信息"打开它。

② 选择移动工具,然后将鼠标指针指向水平标尺,按住鼠标左键并向下拖曳出一条标尺参考线,直到信息面板中显示的"Y"值为 795 像素,如图 13.13 所示。

图 13.13

如果难以准确地放置水平参考线,请放大图像。

　　下面根据这条参考线在图像底部绘制一个用于放置标签的条带。

③ 放大第一幅方形图像,这是一幅男人在沙滩上跑步的图像,然后在图层面板中选择图层"Beach 画框",如图 13.14 所示。

图 13.14

　　下面使用这幅图像来创建第一个按钮。

④ 在工具面板中，选择矩形工具，然后通过拖曳创建一个矩形，它横跨图像底部并与参考线和图像边缘对齐（这个矩形的宽度和高度应分别为 180 像素和 33 像素，如图 13.15（a）所示。按 Enter 键提交这个新矩形，在图层面板中，它名为"矩形 1"，将其重命名为 Band，如图 13.15（b）所示。

⑤ 在选择了图层 Band 的情况下，单击选项栏中的填充色板，然后单击"拾色器"按钮（🔲），并将十六进制颜色值设置为 194879。单击"确定"按钮关闭"拾色器（填充颜色）"对话框，如图 13.15（c）所示，再按 Enter 键。

⑥ 单击描边色板，然后单击"无颜色"按钮（◰），再按 Enter 键。

（a）　　　　　　　　　　　　　　（b）

（c）

图 13.15

这个新图形位于图像底部，为一个深蓝色条带。下面在其中添加文字。

⑦ 选择横排文字工具，并在选项栏中做以下设置，如图 13.16（a）所示。

* 将字体设置为 Myriad Pro。
* 将字体样式设置为 Regular。
* 将字号设置为 18 点。
* 将防锯齿设置为浑厚。
* 将对齐方式设置为居中。
* 将颜色设置为白色。

⑧ 在深蓝色条带中央单击，并输入"GALLERY ONE"，如图 13.16（b）和图 13.16（c）所示。如果必要的话，使用移动工具调整这个文字图层的位置。

（a）

（b）　　　　　　　　　（c）

图 13.16

⑨ 在图层面板中，选择图层 GALLERY ONE 和 Band，然后选择菜单"图层">"图层编组"。Photoshop 将创建一个名为"组 1"的图层组。

> 💡 提示　在图层面板中选择了多个图层时，还可通过以下两种方式来创建图层组：单击图层面板底部的"创建新组"按钮；按 Ctrl +G 组合键（Windows）或 Command + G 组合键（macOS）。

⑩ 双击图层组"组 1"，并将其重命名为 Gallery 1，然后展开它。可以看到刚才选择的图层缩进了，这表明它们属于图层组，如图 13.17 所示。

图 13.17

⑪ 向上拖曳图层组 Gallery 1，将其放在其他所有图框图层的上面，如图 13.18 所示。

图 13.18

⑫ 选择菜单"文件">"存储",保存文件。

13.3.2 复制按钮

至此,第一个按钮的标签创建完成,可重复进行这些步骤给其他按钮创建标签,有一种更快的方法是复制刚才创建的图层组并根据需要进行编辑。

① 在图层面板中,确保选择了图层组 Gallery 1。

② 选择移动工具,并确保在选项栏中取消选择了"自动选择"复选框,如图 13.19 所示。

图 13.19

③ 按住 Alt 键(Windows)或 Option 键(macOS),并将按钮 Gallery One 向右拖曳到与第二个图框及其参考线对齐后松开鼠标,结果如图 13.20 所示。

图 13.20

> 💡 **注意** 在图层面板中,移动选定的图层组将移动其中的所有图层,即便在图层面板中这些图层看起来没有被选中。

使用移动工具拖曳时按住 Alt 键或 Option 键将创建图层组的副本。松开鼠标后,创建的副本(图层组"Gallery 1 拷贝")将出现在图层面板中并被选定。

④ 重复进行第 3 步,即按住 Alt 键或 Option 键并将第二个按钮拖曳到第三个图框中,然后将第三个按钮复制到第四个图框中,完成按钮的创建。

下面来编辑这 3 个副本中的文本,使其与相应的图像匹配。

⑤ 使用横排文字工具选择第二个按钮中的"ONE",并将其改为"TWO",结果如图 13.21 所示。

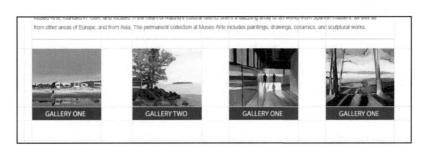

图 13.21

⑥ 对第三和第四个按钮重复进行第 5 步，将文本分别改为 GALLERY THREE 和 GALLERY FOUR。

⑦ 编辑完文本 GALLERY FOUR 后，通过选择移动工具来提交这次文本编辑，结果如图 13.22 所示。

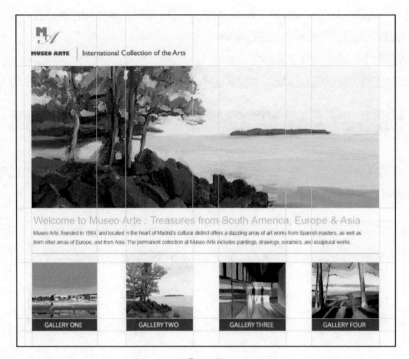

图 13.22

⑧ 在图层面板中，修改各个图层组的名称，使其与图层内容一致。

· 双击图层组名称"Gallery 1 拷贝"，并将其改为 Gallery 2。

· 双击图层组名称"Gallery 1 拷贝 2"，并将其改为 Gallery 3。

· 双击图层组名称"Gallery 1 拷贝 3"，并将其改为 Gallery 4。

💡 提示 如果增大图层面板的高度，使得能够同时看到多个展开的图层组，上述操作将更容易完成。

下面将各个按钮图像移到相应的图层组中。

⑨ 在图层面板中，执行以下操作。

· 将图层"Beach 画框"拖曳到图层组 Gallery 1，并放在图层 GALLERY ONE 和 Band 的下面，如图 13.23 所示。

· 将图层"NorthShore 画框"拖曳到图层组 Gallery 2，并放在图层 GALLERY TWO 和 Band 的下面。

· 将图层"DeYoung 画框"拖曳到图层组 Gallery 3，并放在图层 GALLERY THREE 和 Band 的下面。

· 将图层"MaineOne 画框"拖曳到图层组 Gallery 4，并放在图层 GALLERY FOUR 和 Band 的下面。

⑩ 单击各个 Gallery 图层组图标旁边的箭头，将这些图层组折叠起来，让图层面板更整洁，如图 13.24 所示。

图 13.23

图 13.24

下面来添加投影和描边效果，以改善按钮的外观。

⑪ 在图层面板中选择图层组 Gallery 1，然后单击图层面板底部的"添加图层样式"按钮，并选择"投影"。

> 💡提示 将样式应用于图层组时，样式将应用于其中的所有图层。

⑫ 在"图层样式"对话框中，在"结构"部分做以下设置，如图 13.25 所示。
- 将不透明度设置为 27%。
- 将距离设置为 9 像素。
- 将扩展设置为 19 像素。
- 将大小设置为 18 像素。

图 13.25

⑬ 选择左边的"描边"复选框，确保它被启用，然后做以下设置。
- 将大小设置为 1 像素。
- 将位置设置为内部。
- 单击"颜色"右边的色板打开拾色器对话框，然后单击蓝色条带采集其颜色，并单击"确定"按钮。

⑭ 单击"确定"按钮应用这两种样式，如图 13.26 所示。

图 13.26

"投影"和"描边"效果出现在了该按钮的图层组中，还出现在图层面板中。

⑮ 在图层面板中，将鼠标指针指向图层组 Gallery 1 旁边的"*fx*"上，然后按住 Alt 键（Windows）或 Option 键（macOS），按住鼠标左键并将其拖曳到图层组 Gallery 2 上，如图 13.27 所示。这是一种快速将图层效果复制到另一个图层或图层组的方式。

图 13.27

⑯ 重复第 15 步，将图层效果复制到图层组 Gallery 3 和 Gallery 4。

⑰ 在图层面板中，展开图层组 Button Art，单击图层 Navigation 的眼睛图标使该图层可见，然后将图层组 Button Art 折叠起来。

图层 Navigation 包含博物馆网站各部分导航的控件，如图 13.28 所示。

图 13.28

⑱ 保存并关闭这个文件。

13.4 自动化多步任务

动作是一个或多个命令，用户可以记录并播放它，从而将其应用于一个或一批文件。在本节中将创建一个动作，以便对一组图像进行处理，从而在设计的网页中显示其他画廊的按钮。

> ♀ 提示 动作易使用，但应用范围有限。要自动化 Photoshop 并获得更大的控制权，可编写脚本。
>
> Photoshop 能够运行使用 VBScript（Windows）、AppleScript（macOS）或 JavaScript（Windows 和 macOS）编写的脚本。

13.4.1 记录动作

接下来记录一个动作，它将调整图像的大小、修改画布的尺寸并添加图层样式，让其他按钮与前面创建的按钮匹配。使用动作面板，可记录、播放、编辑和删除动作，还可存储和加载动作文件。

文件夹 Buttons 包含 4 幅图像，它们将用于在网页中创建其他按钮。这些图像很大，因此需要调整其大小，使其与既有按钮匹配。这里将对文件 Gallery5.jpg 执行所有的步骤并记录动作，然后播放这个动作自动对这个文件夹中的其他图像做同样的修改。

❶ 选择菜单"文件">"打开"，并切换到文件夹 Lesson13\Buttons。双击文件 Gallery5.jpg，在 Photoshop 中打开它。

❷ 选择菜单"窗口">"动作"，打开动作面板，将文件夹"默认动作"折叠起来，下面创建并使用动作组。

❸ 单击动作面板底部的"创建新组"按钮（▢），在"新建组"对话框中，将动作组命名为 Buttons，然后单击"确定"按钮，如图 13.29 所示。

Photoshop 自带了多个录制好的动作，它们都位于"默认动作"组中。用户可使用动作组来组织动作，这样查找所需的动作更容易。

❹ 单击动作面板底部的"创建新动作"按钮（⊞），将动作命名为 Resizing and Styling Images，然后单击"记录"按钮。

给动作命名时，名称最好能表示出动作的功能，便于以后轻松地找到它们。

在动作面板底部，"开始记录"按钮（▉）变成了红色，代表正在记录，如图 13.30 所示。

图 13.29

图 13.30

在记录的过程中保持耐心，务必准确地完成下面的过程。动作不会记录执行步骤花费的时间，而只会记录执行的步骤，且播放时将加速执行这些步骤。

下面来调整图像的大小并进行锐化。

❺ 选择菜单"图像">"图像大小"，并做以下设置。

· 确保选择了"重新采样"复选框。

· 从宽度的"单位"下拉列表中选择"像素"，然后将宽度改为 180 像素。

· 确保高度也变成了 180 像素。宽度和高度值左边出现约束宽高比图标代表宽高比不变。

❻ 单击"确定"按钮，如图 13.31 所示。

图 13.31

❼ 选择菜单"滤镜">"锐化">"智能锐化"，然后做以下设置，并单击"确定"按钮，如图 13.32 所示。

· 将数量设置为 100%。

· 将半径设置为 1.0 像素。

另外，还需要对这幅图像做些其他的修改，但这些修改在背景图层被锁定的情况下是无法进行的。下面将背景图层转换为常规图层。

图 13.32

⑧ 双击图层面板中的背景图层，在"新建图层"对话框中，将图层命名为 Button，并单击"确定"
按钮，如图 13.33 所示。

图 13.33

重命名背景图层可把它转换为常规图层，因此双击背景图层名称后 Photoshop 显示"新建图层"
对话框。新图层将替换背景图层，换而言之，Photoshop 并没有添加图层。

💡 提示　如果只想将背景图层转换为常规图层，而不将其重命名，只需在图层面板中单击背景图层的锁
定图标即可。

将背景图层转换为常规图层后，就可修改画布大小并添加图层样式。

⑨ 选择菜单"图像">"画布大小"，并执行以下操作，如图 13.34 所示。

* 确保单位设置成了像素。
* 将宽度和高度都改为 220 像素。
* 单击"定位"部分中央的方块，确保画布均匀地向四周扩大。
* 单击"确定"按钮。

图 13.34

⑩ 选择菜单"图层">"图层样式">"投影"。

⑪ 在"图层样式"对话框中做以下设置，如图 13.35 所示。

- 将不透明度设置为 27%。
- 将角度设置为 120 度。
- 将距离设置为 9 像素。
- 将扩展设置为 19%。
- 将大小设置为 18 像素。

图 13.35

⑫ 在打开了"图层样式"对话框的情况下，选择左边的"描边"复选框，并做以下设置。

- 将大小设置为 1 像素。
- 将位置设置为内部。
- 单击"颜色"旁边的色板打开拾色器对话框，然后单击蓝色条带采集其颜色，并单击"确定"按钮。

⑬ 单击"确定"按钮应用这两种样式，如图 13.36 所示。

⑭ 选择菜单"文件">"存储为"，将文件格式设置为 PSD，并单击"保存"按钮。如果出现"Photoshop 格式选项"对话框，单击"确定"按钮。

⑮ 关闭文件，切换到"主页"屏幕。在"主页"屏幕中，单击 Photoshop 图标，如图 13.37 所示，以便能够再次看到动作面板。

图 13.36

⑯ 单击动作面板底部的"停止记录"按钮（■），如图 13.38 所示。

图 13.37   图 13.38

可以看到，在动作面板中，刚才记录的动作（Resizing and Styling Images）被存储到动作组 Buttons 中。单击箭头展开各个步骤，可查看记录的每个步骤，以及所做的设置。

> ♀ 提示　查看动作时，可通过拖曳调整步骤的顺序，通过双击编辑步骤，还可删除步骤。

13.4.2　对一批文件播放动作

应用动作对文件进行常见的处理可节省时间，还可以同时对多个文件应用动作以进一步提高工作效率。下面对其他 3 幅图像应用刚才记录的动作。

❶ 选择菜单"文件">"打开"，切换到文件夹 Lesson13\Buttons，按住 Ctrl 键（Windows）或 Command 键（macOS）选择文件 Gallery6.jpg、Gallery7.jpg 和 Gallery8.jpg，然后单击"打开"按钮。

❷ 选择"文件">"自动">"批处理"。

❸ 在"批处理"对话框中执行以下操作，如图 13.39 所示。

- 从"组"下拉列表中选择 Buttons，并从"动作"下拉列表中选择刚才记录的动作 Resizing and Styling Images。

- 从"源"下拉列表中选择"打开的文件"。

- 确保在"目标"下拉列表中选择了"无"。
- 单击"确定"按钮。

图 13.39

💡 **提示** 可创建根据指定条件改变行为的动作，为此可从动作面板菜单中选择"插入条件"。

Photoshop 将播放这个动作，对所有打开的文件执行其中的步骤。另外，还可将动作应用于整个文件夹中的图像，而无须打开它们。

由于记录动作时保存并关闭了文件，因此 Photoshop 将每幅图像都以 PSD 格式保存到原来的文件夹并关闭它。关闭最后一个文件后，Photoshop 将切换到"主页"屏幕。

💡 **注意** 如果播放动作时出现错误，单击"停止"按钮。记录的动作可能有问题，记录过程中需要更正错误时也可进行此操作。此时可尝试排除问题，也可重新记录动作。

13.4.3 在 Photoshop 中置入文件

其他 4 个按钮图像已准备就绪，可以置入 Photoshop 文件中。可注意到这些按钮图像都有带画廊名的蓝色条带，因此无须执行添加这些内容的步骤。

① 如果"主页"屏幕中的"最近使用项"列表中包含文件 13Working.psd，单击来打开它。如果没有，选择菜单"文件">"打开"来打开它。

② 在图层面板中选择图层组 Gallery 4，这样可确保置入的文件不会添加到任何图层组中，因为新图层将添加到选定的图层上面。

③ 选择菜单"文件">"置入嵌入对象"。

接下来将这些文件作为嵌入的智能对象置入。由于它们是嵌入的，因此整个文件都将复制到 Photoshop 文档中。

④ 在"置入嵌入对象"对话框中，切换到文件夹 Lesson13\Buttons，并双击文件 Gallery5.psd。

Photoshop 将把文件 Gallery5.psd 置入文件 13Working.psd 的中央，但并不想将它放在这个地方，下面来移动它。

⑤ 将这幅图像拖曳到 Gallery One 按钮下方，并借助参考线使其与上方的图像对齐。移动到所需的位置后，按 Enter 键提交修改，如图 13.40 所示。

💡 **注意** 置入的图像的定界框比按钮大，这是因为定界框需要将向外延伸的投影包含在内。

💡 **提示** 要以嵌入的方式置入文件，也可将它们从桌面或其他软件拖曳到 Photoshop 文档中。另外，还可选择多个文件将它们同时置入。

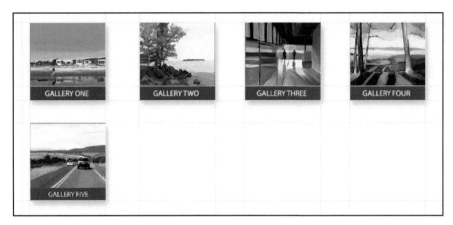

图 13.40

⑥ 重复第 3 ~ 5 步，置入文件 Gallery6.psd、Gallery7.psd 和 Gallery8.psd，将它们分别放在 Gallery Two 按钮、Gallery Three 按钮和 Gallery Four 按钮的下方，并分别与这些按钮对齐，如图 13.41 所示。

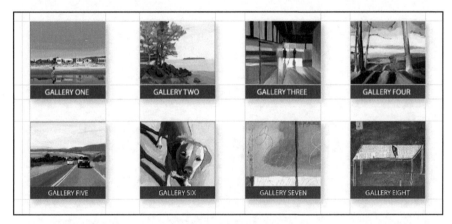

图 13.41

⑦ 至此，这个网页就做好了，保存所做的工作，再关闭文件。

13.5 使用画板进行设计

设计网站或移动设备用户界面时，可能需要将按钮或其他内容存储为独立的图像文件。在 Photoshop 中，可使用"导出为"命令将整个文档或图层导出为适用于 Web 或移动设备的格式，包括 PNG、JPEG 或 GIF。除同时将多个图层导出为不同的文件外，使用"导出为"命令还能够同时导出多个不同尺寸的文件，如生成一组分别用于高分辨率和低分辨率显示器的图像。

> 💡提示 如果要更好地控制图层导出为 Web 或移动用户界面，可以使用 Adobe 生成器。启用了 Adobe 生成器后，Photoshop 将自动根据图层的命名方式导出并优化图层。

在一个设计中可能需要实现不同的想法，也可能需要为不同尺寸的显示器提供不同的设计，使用画板将更容易实现这样的目标。画板类似于单个 Photoshop 文档中的多个画布，也可使用"导出为"命令将整个画板导出。

使用"导出为"命令时，可通过画板或图层面板中的图层来控制要导出哪些内容。

13.5.1 复制画板

下面使用画板来调整博物馆网站的设计，以便将其用于不同的屏幕尺寸，然后同时导出这两个设计。

① 在 Photoshop 的"主页"屏幕中单击"打开"按钮，如图 13.42 所示。切换到文件夹 Lesson13，并打开文件 13Museo.psd。

图 13.42

② 选择菜单"文件">"存储为"，将文件另存为 13Museo_Working.psd。在"Photoshop 格式选项"对话框中，单击"确定"按钮。

接下来将采用响应式 Web 设计并修改这个网页，使其能够在多种尺寸的显示器（从台式机到智能手机）上正确地显示。

③ 选择菜单"选择">"所有图层"，如图 13.43 所示。

④ 选择菜单"图层">"新建">"来自图层的画板"，将画板命名为 Desktop，并单击"确定"按钮。在文档窗口中，画板名将出现在新建的画板上方，而画板也将出现在图层面板中，如图 13.44 所示。

⑤ 在工具面板中，确保选择了与移动工具位于同一组的画板工具（ ），然后按住 Alt 键（Windows）或 Option 键（macOS）并单击画板右边的"添加画板"按钮（ ），如图 13.45 所示，复制画板 Desktop 及其内容。

图 13.43

图 13.44

图 13.45

⑥ 在图层面板中，双击复制的画板的名称"Desktop 拷贝"，并将其重命名为 iPhone，如图 13.46
所示。

⑦ 在属性面板中，从"将画板设置为预设"下拉列表中选择"iPhone
8/7/6"，这种画板预设应用 iPhone 8、iPhone 7 和 iPhone 6 的像素尺寸
（宽为 750 像素、高为 1334 像素）。现在可以以设计画板 Desktop 使用的
元素为基础，开发用于 iPhone 的设计。另外，确保不同设计的一致性也
更容易，因为台式机设计和移动设计位于同一个文档中。

图 13.46

⑧ 保存所做的工作。

> 💡 提示　在选择了画板工具的情况下，也可从选项栏中的"大小"下拉列表中选择预设。如果没有画板
> 预设与目标设备（如新推出的设备）的屏幕尺寸一致，可在选项栏或属性面板中指定所需的宽度和高度。

13.5.2　使用画板创建不同的设计

至此，有两个分别用于台式机和智能手机屏幕尺寸的画板。接下来要做的是调整用于台式机的元

素，使其适合智能手机屏幕的宽度和高度。

① 在图层面板中，展开画板 iPhone。单击其中的第一个图层，然后按住 Shift 键单击最后一个图层，以选择这个画板中的所有图层，同时不选择画板本身，如图 13.47 所示。

② 选择菜单"编辑">"自由变换"。

③ 在选项栏中做以下设置，如图 13.48 所示。

· 选择"切换参考点"复选框，使得在定界框中可看见参考点，以便修改参考点。

· 选择参考点定位器的左上角，现在缩放、旋转和其他变换都将基于定界框的左上角而不是中心，直到提交变换为止。

· 单击"保持宽高比"按钮（ ），使得缩放选定图层时宽高比保持不变。

· 将宽度设置为 726 像素（输入"726px"）。

图 13.47

图 13.48

④ 按 Enter 键将新设置应用于所有选定的图层（按一次 Enter 键让选项栏中的值生效，再次按 Enter 键才会提交变换）。

这些设置将选定图层的宽度缩小到 726 像素（并保持左上角的位置不变），以适合画板。

⑤ 将鼠标指针指向定界框内部，然后按住 Shift 键并向下拖曳选定的图层，直到在页面顶部能够看到 Museo Arts 图标，如图 13.49 所示。

图 13.49

⑥ 按 Enter 键退出自由变换模式，然后选择菜单"选择">"取消选择图层"。

⑦ 在图层面板中，选择图层 Logo，然后选择菜单"编辑">"自由变换"。

⑧ 拖曳定界框右下角的手柄，直到这个图标的宽度为 672 像素，以便与其他元素的宽度匹配，如图 13.50 所示，然后按 Enter 键。这种宽度让图标在智能手机屏幕上看起来更清晰。

⑨ 在图层面板中，选择图层 Banner Art、图层 Left Column 和图层 Right Column。

⑩ 选择移动工具，然后按住 Shift 键并向下拖曳选定的图层，直到它们的上边缘与蓝色按钮区域

的上边缘对齐，如图 13.51 所示。

图 13.50

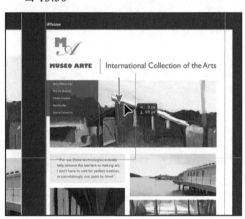

图 13.51

接下来将调整两栏版面，让每栏都与画板等宽，但在此之前需要增大画板的高度。

⑪ 在图层面板中，选择画板 iPhone，然后使用画板工具拖曳这个画板底部的手柄，直到其高度为 2800 像素，如图 13.52 所示。

💡 提示　在选择了画板的情况下，也可在属性面板中输入高度值来调整画板的高度。

💡 注意　在文档中使用了画板时，请务必使用画板工具来调整其大小。"图像" > "图像大小" 和 "图像" > "画布大小" 命令适用于调整不包含画板的 Photoshop 文档的尺寸。

⑫ 在图层面板中选择图层组 Right Column，然后选择菜单 "编辑" > "自由变换"。

⑬ 在选项栏中做以下设置。

选择 "切换参考点" 复选框，然后选择参考点定位器的右上角。

- 选择 "切换参考点" 复选框，然后选择参考点定位器的右上角。
- 单击 "保持长宽比" 按钮（ ），并将宽度设置为 672 像素（输入 "672px"），如图 13.53 所示。
- 按 Enter 键应用新的宽度设置。

图 13.52

图 13.53

⑭ 将鼠标指针指向自由变换框内部，然后按住 Shift 键并向下拖曳选定的图层，直到鼠标指针旁边的值指出沿垂直方向移动了 1200 像素（选项栏中的"Y"值为 1680），如图 13.54 所示。按 Enter 键提交变换。

图 13.54

⑮ 在图层面板中选择图层组 Left Column，然后选择菜单"编辑">"自由变换"。

⑯ 在选项栏中做以下设置。

- 选择"切换参考点"复选框，然后选择参考点定位器的左上角。
- 单击"保持长宽比"按钮，并将宽度设置为 672 像素（输入"672px"）。
- 按 Enter 键应用新的宽度设置。
- 按 Enter 键提交变换，如图 13.55 所示。

图 13.55

另外，用户可根据喜好调整图层和图层组的位置，以及它们的垂直间距。

💡提示　选择了移动工具后，可按↑和↓键来微调选定图层或图层组的位置；进行自由变换时，要微调选定图层或图层组的位置，可在包含数字的字段中单击，再按↑键或↓键。

⑰ 选择菜单"视图">"按屏幕大小缩放"，以便能够同时看到两个画板，如图 13.56 所示，然后保存所做的工作。

图 13.56

至此，将适合桌面的多栏网页布局调整成了适合智能手机的单栏布局，这两个布局位于同一个 Photoshop 文档的两个画板中。

13.5.3　使用"导出为"命令导出画板

需要让客户审查设计时，可使用"导出为"命令将画板、图层或图层组导出到独立的文件中。

下面导出画板 Desktop 和 iPhone，然后将每个画板的图层导出到独立的文件夹中。

❶ 选择菜单"文件">"导出">"导出为"。使用这个命令可导出整个画板，"导出为"对话框的左边有一个列表，其中包含所有的画板。

可预览导出后的尺寸和文件大小，这些值取决于"导出为"对话框右边的设置。

> **💡注意** 在"导出为"对话框中，无法预览多个"缩放全部"选项的结果，只能预览缩放比例为"1x"的结果。

❷ 在该对话框左边的列表中，单击画板 iPhone 以选择它，设置"导出为"选项，如图 13.57 所示。

* 在"缩放全部"部分，确保将"大小"设置成了 1x，并将"后缀"设置为空。
* 在"文件设置"部分，从"格式"下拉列表中选择"JPG"，并将"品质"设置为"极佳"。
* 在"色彩空间"部分，选择"转换为 sRGB"复选框。

图 13.57

> **💡提示** 如果不确定使用什么样的格式、压缩和品质组合，可以单击"导出为"对话框顶部的标签"双联"，会显示两个视图。选择其中一个视图并修改设置，然后选择另一个视图并修改设置，这样就可对它们的品质进行比较，同时可在"预览"选项卡下面看到文件的缩放比例。

❸ 在该对话框左边的列表中，单击画板 Desktop 以选择它，然后进行与第 2 步一样的设置。

> **💡提示** 如果使用"导出为"命令时经常使用相同的设置，可选择菜单"文件">"导出">"导出首选项"，并指定常用的设置。这样，就可使用这些设置进行导出，方法是选择菜单"文件">"导出">"快速导出为"或从图层面板菜单中选择"快速导出为"。

④ 选择"全选"复选框，如图 13.58 所示，然后单击"导出"按钮。切换到文件夹 Lesson13，然后双击文件夹 Assets，并单击"选择文件夹"或"存储"按钮。

图 13.58

⑤ 在资源管理器或 Bridge 中，打开文件夹 Lesson13\Assets，将发现其中包含表示画板的文件 Desktop.jpg 和 iPhone.jpg。这些文件是根据画板名命名的，可将这些文件发送给客户进行审核。

⑥ 返回到 Photoshop。

13.5.4 使用"图层"菜单中的"导出为"命令将图层导出为素材

客户批准设计方案后，可使用"导出为"命令将画板中的每个图层（如图像或按钮）导出为素材，供使用代码实现设计的 Web 或软件开发人员使用。

❶ 在图层面板中按住 Shift 键并单击，选择画板 Desktop 中的所有图层。

❷ 选择菜单"图层">"导出为"（不要选择菜单"文件">"导出">"导出为"）

选择菜单"文件">"导出">"导出为"可导出整个画板。要导出特定的图层，可以在图层面板中选中它们，然后从图层面板菜单中选择"导出为"（不要选择菜单"文件">"导出">"导出为"）。当更新了设计的一部分时，导出选定图层很有用。

可以看到在"导出为"对话框中分别列出了各个图层，因为将分别导出它们。

❸ 单击 Button Art 以选择它，然后按住 Shift 键并单击 Right Column 以选择前 5 个图层。这样，当按下面的步骤调整设置时，将影响选定的所有图层。

❹ 在"导出为"对话框中，指定 13.5.3 小节中第 2 步使用的设置。

❺ 取消选择图层 0 的复选框，如图 13.59 所示，这样将不会导出它。这个图层是纯白的背景，可以使用网页代码来实现，这样更简单。

❻ 单击"导出"按钮，切换到文件夹 Lesson13\Assets_Desktop，然后单击"选择文件夹"或"存储"按钮。

画板 Desktop 使用的所有素材都将导出到一个文件夹中。

❼ 对画板 iPhone 重复进行第 1 ~ 5 步。

❽ 单击"导出"按钮，切换到文件夹 Lesson13\Assets_iPhone，然后单击"选择文件夹"或"存储"按钮。

❾ 在 Photoshop 中，选择菜单"文件">"在 Bridge 中浏览"。

❿ 切换到文件夹 Lesson13\Assets_Desktop，打开预览面板并查看每个文件，如图 13.60 所示。用同样的方法查看导出到文件夹 Assets_iPhone 中的素材。

图 13.59

图 13.60

> 💡 提示　如果开发人员要求提供多种尺寸的素材（用于 Retina/HiDPI 屏幕），可在"导出为"对话框的"缩放全部"部分单击添加按钮，以添加其他指定的尺寸，如"2x"或"3x"。这样可同时导出多种尺寸的素材，注意务必为每种尺寸指定文件后缀名。

此时每个图层都导出到了独立的文件中。之前快速生成了两组不同的文件，它们可分别用于两种不同的屏幕尺寸。

- 使用基于文件的"导出为"命令（选择菜单"文件">"导出">"导出为"），生成了表示画板 Desktop 和 iPhone 的 JPG 图像。
- 使用基于图层的"导出为"命令（从图层面板菜单或菜单"图层"中选择"导出为"），创建了表示画板中各个图层的素材。

⑪ 在 Photoshop 中，保存所做的修改，并关闭文档。

13.6　复习题

1. 图层组是什么？
2. 动作是什么？如何创建？
3. 在 Photoshop 中，如何从图层和图层组创建素材？

13.7　复习题答案

1. 图层组是在图层面板中被组织在一起的一系列图层，使用它能够更轻松地处理复杂图像中的图层，尤其是有一系列的图层需要同时移动或缩放时。
2. 动作是一组命令，记录并播放动作，可以将其应用于一个或多个文件。要创建动作，可在动作面板中单击"创建新动作"按钮，给动作命名，并单击"记录"按钮，然后执行要在动作中包含的步骤。执行完毕后，单击动作面板底部的"停止记录"按钮。
3. 在 Photoshop 中，要从画板、图层和图层组创建素材，可使用"导出为"命令。要将整个画板导出为图像，可选择菜单"文件">"导出">"导出为"；要从选定的图层或图层组创建素材，可从图层面板菜单或菜单"图层"中选择"导出为"。

生成和打印一致的颜色

本课概览

- 准备用于印刷的图像。
- 输出前仔细检查图像。
- 为显示、编辑和打印的图像定义 RGB 色彩空间和 CMYK 色彩空间。
- 对用于打印的图像进行校样。
- 准备要使用 PostScript CMYK 打印机打印的图像。
- 将图像保存为 Photoshop PDF 文件。
- 创建和打印四色分色。

学习本课大约需要 **1** **小时**

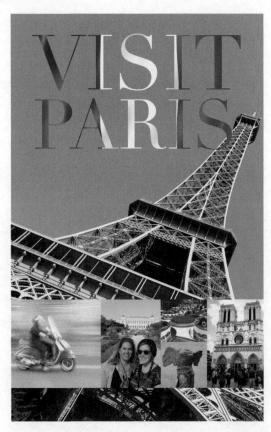

在 Photoshop 中定义、编辑、显示和打印 RGB 图像与 CMYK 图像的色彩空间，有助于确保屏幕上显示的颜色和打印的颜色一致。

14.1 准备用于打印的文件

在编辑图像并实现所需的效果后，可能想以某种方式分享或发布它。理想情况下，在编辑时就考虑了图像最终的输出方式，并据此调整了图像的分辨率、颜色、文件大小等。如果在编辑时没有考虑这些问题，在为输出文件做准备时，还有机会进行调整，以确保图像的输出效果。

> ♀ 注意 要完成本课的练习，计算机应连接了支持 PostScript 的打印机。如果没有连接，也能够完成本课的大部分练习，但不能完成全部。对照片级图像的打印来说，PostScript 可有可无，它常用于印刷的印前工作流程中。

如果打算将图像打印出来（无论是使用自己的喷墨打印机打印，还是将其发送给专业打印服务提供商进行打印），就必须完成下面的任务，这样才能获得较好的结果（其中的部分任务将在本课后面进行详细介绍）。

- 确定最终打印方式。无论是自己打印还是发送出去打印，都需确定是使用 PostScript 桌面打印机、照排机、喷墨打印机、胶印机，还是其他设备进行打印。如果要将文件发送给专业打印服务提供商打印，最好咨询他们需要什么样的格式。在很多情况下，他们都要求提供按特定 PDF 标准或预设存储的文件。
- 确保图像分辨率合适。对于专业打印而言，300 像素 / 英寸是基本的要求。要确定图像的最佳打印分辨率，请咨询制作团队或查看打印机用户手册，因为最佳打印分辨率取决于很多因素，如印刷机的半调网频和纸张质量等。
- 执行缩放测试。仔细查看图像，放大图像来检查和校正锐度、颜色、杂色，以及其他可能影响打印出来的图像质量的问题。
- 要将图像发送给专业打印服务提供商打印，务必考虑出血的问题。如果有像素超出了图像边缘，需将画布各边都向外扩大（通常扩大 0.25 英寸），从而确保即便裁切线不准确，图像也将延伸到纸张边缘。专业打印服务提供商可确定是否存在出血的问题，以及如何确保文件正确地打印。
- 保留图像的原始色彩空间，除非专业打印服务提供商要求转换。当前，在很多印刷工作流程的整个编辑过程中都保留原始色彩空间，以最大限度地保留颜色方面的灵活性。等到最终输出时，才将图像和文件转换为 CMYK 颜色模式。
- 对大型文件进行拼合前，务必咨询制作团队。在有些工作流程中，需要保留 Photoshop 图层不拼合，让其他软件（如 InDesign）能够控制从 Photoshop 文档中导入的图层的可见性。
- 对图像进行软校样，以模拟将如何打印颜色。

14.2 概述

接下来将对一张旅游海报进行处理，以便使用 CMYK 印刷机进行印刷。这个 Photoshop 文档较大，因为它包含多个图层、分辨率为 300 像素 / 英寸且尺寸为 11 英寸 ×17 英寸。

> ♀ 注意 如果要修改印刷尺寸，别忘了对照片来说，ppi 是与实际的印刷尺寸相关联的，相同的像素数分布在或大或小的区域内。如果以 50% 的尺寸打印这个文档（其分辨率为 300 像素 / 英寸，尺寸为 11 英寸 ×17 英寸），即打印出来的高度为 8.5 英寸，分辨率为 600 像素 / 英寸；如果以 200% 的尺寸印刷，分辨率为 150 像素 / 英寸。

下面启动 Photoshop 并恢复默认首选项设置。

❶ 启动 Photoshop 并立刻按住 Ctrl + Alt + Shift 组合键（Windows）或 Command + Option + Shift 组合键（macOS）。

❷ 在打开的对话框中，单击"是"按钮，确认删除 Photoshop 设置文件。

❸ 选择菜单"文件">"打开"，然后切换到文件夹 Lesson14，并双击文件 14Start.psd 将其打开，如图 14.1 所示。这个文件很大，因此打开速度可能较慢。

❹ 选择菜单"文件">"存储为"，将文件另存为 14Working.psd，并保存到文件夹 Lesson14 中。如果出现"Photoshop 格式选项"对话框，单击"确定"按钮。

> 💡 **注意** 如果 Photoshop 显示了一个对话框，指出保存到云文档和保存到计算机之间的差别，单击"保存在您的计算机上"按钮。此外，还可选择"不再显示"复选框，但当恢复 Photoshop 的默认首选项设置后，将取消选择这个复选框。

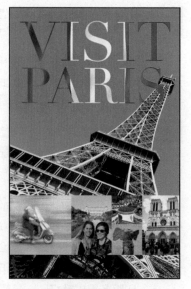

图 14.1

14.3　执行缩放测试

大型印刷的费用非常高，因此在发送图像以进行最终输出前，一定要花点时间确定各方面对输出设备来说都是合适的，且没有任何潜在的问题。下面要检查的是图像分辨率。

❶ 选择菜单"图像">"图像大小"。

❷ 确认高度和宽度是所需的最终输出尺寸，且分辨率是合适的。就大多数打印而言，300 像素/英寸足以得到很好的结果。

这幅图像宽为 11 英寸、高为 17 英寸，这正是最终输出的海报尺寸，其分辨率为 300 像素/英寸。尺寸和分辨率都合适。

❸ 单击"确定"按钮，关闭对话框，如图 14.2 所示。

图 14.2

接下来仔细查看图像，并修复发现的问题。在查看用于打印的图像时，务必放大图像以详细查看细节。

④ 选择工具面板中的缩放工具，将海报底部三分之一处的照片放大。

> 💡 提示 如果键盘上有 Page Up、Page Down、Home 和 End 键，可使用它们来查看放大的
> Photoshop 文档的不同部分。Page Up 键和 Page Down 键分别用于向上或向下移动文档，而 Home
> 键和 End 键分别用于移到文档的左上角和右下角。按住 Ctrl 键（Windows）或 Command 键
> （macOS），并按 Page Up 或 Page Down 键可沿水平方向移动文档，同时按住 Shift 键可缩小每次移
> 动的距离。

这张旅游照片很普通，而且有点模糊，如图 14.3（a）所示。

⑤ 在图层面板中选择图层 Tourists，如图 14.3（b）所示，然后在调整面板中单击"曲线"按钮，添加一个曲线调整图层，如图 14.3（c）所示。

（a）　　　　　　　　　（b）　　　　　　　　　（c）

图 14.3

⑥ 单击属性面板底部的"剪切到图层"按钮（），创建一个剪贴蒙版，如图 14.4 所示。

剪贴蒙版可确保曲线调整图层只影响它下面的一个图层。如果不添加剪贴蒙版，曲线调整图层将影响它下面的所有图层。

⑦ 在属性面板中，单击"白场"按钮，然后在后面男人的白衬衫上单击，将其指定为图像中最亮的中性区域（为确保单击位置的精确性，可放大图像）。由于白衬衫不是特别亮，在单击将其指定为白场参考点时，将加亮它及图像的其他部分，从而平衡图像的颜色，如图 14.5 所示。

> 💡 提示 在单击"白场"按钮后最好单击图像中包含细节的最亮的中性区域，而不要单击镜面高光区域。

图 14.4

> 💡 提示 在单击"白场"按钮后，红色、绿色和蓝色通道的曲线发生了变化，将单击的点定义为中性色，从而设置图像的色彩平衡。这就是必须单击中性区域的原因。

图 14.5

这张照片中的雕塑对比度不够，如图 14.6（a）所示。下面使用色阶调整图层来修复这个问题。

⑧ 在图层面板中选择图层 Statue，如图 14.6（b）所示，然后单击调整面板中的"色阶"按钮，创建一个色阶调整图层，如图 14.6（c）所示。

（a） （b） （c）

图 14.6

⑨ 单击属性面板底部的"剪切到图层"按钮，创建一个剪贴蒙版，让这个调整图层只影响图层 Statue，如图 14.7（a）所示。

⑩ 在属性面板中单击"计算更准确的直方图"按钮（ ）刷新直方图，如图 14.7（b）所示。

（a） （b）

图 14.7

"计算更准确的直方图"按钮旁边有一个叹号，这表明直方图是根据缓存的图像数据生成的。Photoshop 首先根据缓存的数据显示直方图，虽然这样速度更快，但不那么准确。在根据直方图提供的信息进行编辑前，最好先刷新直方图，确保它是准确的。

⑪ 通过拖曳输入色阶滑块来改善这幅图像，这里将它们的值分别设置为 31、1.6 和 235，如图 14.8（a）所示。要提高对比度，可将黑场输入滑块（左边的滑块）和白场输入滑块（右边的滑块）向中间拖曳，注意务必确保高光细节和阴影细节依然可见，效果如图 14.8（b）所示。

（a）　　　　　　　　（b）

图 14.8

> 💡 **提示** 　要确定是否裁剪掉了高光细节或阴影细节，可在拖曳黑场或白场输入色阶滑块时按住 Alt 键（Windows）或 Option 键（macOS）。如果图像中出现了非纯白色（阴影）或非纯黑色（高光）区域，请将滑块向相反方向拖曳。

⑫ 将文件保存。在完成上述改进后，整幅海报变得更好看了。

14.4　颜色管理简介

RGB 颜色模式和 CMYK 颜色模式显示颜色的方式不同，它们重现的色域（颜色范围或色彩空间）也不同。例如，由于 RGB 颜色模式使用光来生成颜色，因此其色域中包括霓虹色，如霓虹灯的颜色。而印刷油墨擅长重现 RGB 色域外的某些颜色，如淡而柔和的颜色及纯黑色。图 14.9 所示为 RGB 颜色模式和 CMYK 颜色模式，以及它们的色域。

A. 自然色域　　　RGB颜色模式　　　CMYK颜色模式
B. RGB色域
C. CMYK色域

图 14.9

然而，并非所有的 RGB 色域和 CMYK 色域都是一样的。显示器和打印机的型号不同，它们显示的色域也稍有不同。例如，一种品牌的显示器可能比另一种品牌的显示器生成的蓝色更亮。打印或显示设备能够重现的色域决定了其色彩空间。

Photoshop 中的颜色管理系统使用遵循颜色联盟（International Color Consortium，ICC）的颜色配置文件。颜色配置文件可确保颜色从一种色彩空间转换到另一种色彩空间时保持不变。ICC 颜色配置文件描述了设备的色彩空间，如打印机的 CMYK 色彩空间。用户需选择要使用的配置文件，以对图像进行精确地校样和打印。指定配置文件后，Photoshop 可以将它们嵌入图像文件中，以便在 Photoshop 和其他软件中能够保持图像颜色一致。

校准及创建配置文件

校准指的是调整设备使其符合标准，如确保显示器收到中性灰色值的信号时显示的是中性灰色。配置文件可指出设备是否符合标准，如果不符合，还将指出它与标准差多少，让颜色管理系统能够校正误差，进而准确地显示颜色。

为充分利用颜色管理系统，需要校准显示器并创建配置文件，以便能够使用它在屏幕上评估颜色。用户可使用校准或配置文件创建软件来驱动颜色配置文件创建设备，这种软件使用设备来测量屏幕生成的颜色，并通过创建自定义的 ICC 显示配置文件来校正误差。在进行了颜色管理的软件（如 Photoshop 和其他 Adobe 图形软件）中，系统将使用这个显示配置文件来准确地显示颜色。

> 💡 **注意** 显示器出厂时可能已经校准过，但不确定校准的准确性和基于的标准。例如，印刷服务提供商推荐使用常用的 D65 白点印刷标准，用户如何知道其显示器是否符合这个标准？为确保显示器符合这个标准，可使用 D65 校准显示器并创建配置文件。

RGB 颜色模式

大部分可见光谱都可以通过混合不同比例和强度的红色、绿色、蓝色光（即 RGB）来表示。使用这 3 种颜色的光可混合出青色、洋红色、黄色和白色。

由于混合这 3 种颜色可生成白色，因此 RGB 颜色模式被称为加色颜色模式。加色颜色模式用于光照、视频和显示器。例如，显示器通过红色、绿色和蓝色荧光体发射光线来生成颜色。

CMYK 颜色模式

CMYK 颜色模式的基础是打印在基质表面（如纸张）上的油墨对光线吸收量的多少。当白色光照射在半透明的油墨上时，部分光谱被吸收，部分光谱被反射到人眼中。

从理论上说，纯的青色（C）、洋红色（M）和黄色（Y）颜料混合在一起将吸收所有颜色的光，产生的颜色为黑色。因此，该颜色模式被称为减色模式。由于所有印刷油墨都有杂质，因此这 3 种油墨混合在一起实际上得到的是土棕色，必须再混合黑色（K）油墨才能得到纯黑色。该颜色模式使用 K 而不是 B 表示黑色，旨在避免同蓝色混淆。将这几种颜色的油墨混在一起来生成颜色被称为四色印刷。

14.5 指定默认的颜色管理设置

默认情况下，Photoshop 的色域设置更适合基于 RGB 的数字工作流程。如果要处理用于印刷的图像（如本课的文件），可能需要修改设置，使其适合在纸上印刷而不是在显示器上显示。

可根据需要修改"颜色设置"对话框中的很多设置，如指定配置文件等。如果文件有颜色配置文件，Photoshop 将使用该配置文件，而不是"颜色设置"对话框中指定的配置文件。

下面来进行默认的颜色解读设置。

① 选择菜单"编辑">"颜色设置"，打开"颜色设置"对话框。

对话框的底部显示了鼠标指针当前指向的颜色管理选项的相关描述。

② 将鼠标指针指向对话框的不同部分，包括某部分的名称（如"工作空间"）、下拉列表名称及选项，Photoshop 将在"说明"部分显示相关的信息。

> 💡 提示　"颜色设置"对话框虽然看起来很复杂，但通常需要做的是从"设置"下拉列表中选择与工作流程最匹配的预设。在选择"设置"预设后，系统将替用户修改其他选项。

下面进行用于印刷工作流程的设置。

③ 从"设置"下拉列表中选择"北美印前 2"，工作空间和颜色管理方案的设置将产生相应的变化，它们适用于印前工作流程，单击"确定"按钮，如图 14.10 所示。

图 14.10

14.6 找出溢色

显示器通过组合红色、绿色和蓝色光来显示颜色，这被称为 RGB 颜色模式。印刷的颜色通常是由 4 种颜色（青色、洋红色、黄色和黑色）的油墨组合生成的，这被称为 CMYK 颜色模式。这 4 种颜色被称为印刷色，因为它们是四色印刷中使用的标准油墨。

在使用扫描仪和数码相机生成的图像中，很多颜色都在打印机的 CMYK 色域内，但并非全部，例如，LED 灯或鲜艳花朵的颜色可能不在打印机的 CMYK 色域内。打印这些颜色时，细节和饱和度可能存在不足。例如，在 RGB 图像中，有些鲜艳的蓝色转换为 CMYK 颜色模式后可能变成紫色。

将图像从 RGB 颜色模式转换为 CMYK 颜色模式之前可先预览，找出哪些 RGB 颜色值不在 CMYK 色域内。

❶ 选择菜单"视图">"按屏幕大小缩放"。

❷ 选择菜单"视图">"色域警告"，Photoshop 将文档颜色与当前的 CMYK 色彩空间进行比较，并在文档窗口中将不在该 CMYK 色域内的颜色显示为中性灰色，如图 14.11（a）所示。

图像的大部分区域（尤其是蓝色区域）都被色域警告的灰色覆盖。相比于大多数 RGB 色域，典型的 CMYK 印刷机可重现的蓝色范围都很小，因此 RGB 图像中的蓝色值常常在 CMYK 色域外。对于不在色域内的蓝色，打印机将打印出与蓝色最接近的颜色。

在图像中灰色不太显眼，下面将其转换为更显眼的色域警告颜色。

❸ 选择菜单"编辑">"首选项">"透明度与色域"（Windows）或"Photoshop">"首选项">"透明度与色域"（macOS）。

❹ 单击对话框底部"色域警告"部分的颜色色板，并选择一种鲜艳的颜色，如亮绿色，然后单击"确定"按钮，如图 14.11（b）所示。

❺ 单击"确定"按钮关闭"首选项"对话框。

选择的新颜色将代替灰色用作色域警告颜色，使得溢色的区域更明显，如图 14.11（c）所示。

如果这是一个真正的印刷任务，可能需要向打印服务提供商询问，了解其中的蓝色印刷出来是什么样的，进而决定是否需要对其进行修改。

> 💡 **提示** 如果看到的溢色区域与这里显示的不同，可能是因为在选择菜单"视图">"校样设置">"自定"打开的对话框中指定了不同的设置（详情请参阅本课后面的"在显示器上校样图像"一节）。

（a）　　　　　　　　（b）　　　　　　　　（c）

图 14.11

> 💡 **提示** 如果很想知道某种颜色打印出来是什么样的，可让印前服务提供商提供硬校样（测试印刷件）。

❻ 选择菜单"视图">"色域警告"，关闭溢色预览。

接下来将在屏幕上模拟这个文件的颜色打印出来的样子，确保这些颜色在印刷色域内。

14.7 在显示器上校样图像

选择一种校样配置文件，以便在屏幕上看到图像打印后的效果。这样能够在屏幕上校对用于打印输出的图像，即软校样。

屏幕上模拟的结果基于校样设置，而校样设置指定打印条件。Photoshop 提供了多种设置，以帮助校对不同用途的图像，包括使用多种打印机等设备进行输出的图像。在这里，将进行自定义校样设置，可将其保存，以便用于以同样方式输出的其他图像。

① 选择菜单"视图">"校样设置">"自定"，打开"自定校样条件"对话框，确保选择了"预览"复选框，如图 14.12 所示。

② 在"要模拟的设备"下拉列表中，选择一个代表最终输出设备的配置文件，如要用来打印图像的打印机的配置文件。如果不是专用打印机，可使用默认配置文件"工作中的 CMYK-U.S. Web Coated（SWOP）v2"。

③ 如果选择了其他配置文件，确保没有选择"保留编号"复选框。

图 14.12

"保留编号"复选框决定未转换到输出设备的色彩空间的颜色将如何显示。在选择 CMYK 输出配置文件时，这个复选框可能名为"保留 CMYK 编号"。

> **💡提示** 打印机配置文件不仅指定了输出设备，还指定了特定的油墨和纸张。修改其中的任何设置都可能改变屏幕校样模拟的色域，因此请选择与最终打印条件尽可能接近的配置文件。

④ 从"渲染方法"下拉列表中选择"相对比色"。

渲染方法决定颜色如何从一种色彩空间转换到另一种色彩空间。选择"相对比色"选项可保留颜色关系而又不会降低颜色准确度，是印刷使用的标准渲染方法。

⑤ 选择"模拟黑色油墨"复选框（如果它可用），再取消选择它，并选择"模拟纸张颜色"复选框，可以看到系统将自动选择"模拟黑色油墨"复选框。

图像的对比度看起来降低了，调整前后的图像分别如图 14.13（a）和图 14.13（b）所示。大多数纸张都不是纯白色的，"模拟纸张颜色"复选框可模拟实际纸张的白色。大多数黑色油墨都不是纯黑色的，"模拟黑色油墨"复选框可模拟实际油墨的颜色。有关纸张和黑色油墨的信息都是从输出配置文件中获取的。

（a）　　　　　（b）

图 14.13

> **💡提示** 在没有打开"自定校样条件"对话框时，要查看文档在启用或禁用了校样设置时的外观，可选择菜单"视图">"校样颜色"。

选择"显示选项"部分的复选框后，图像的对比度和饱和度可能降低。虽然图像质量看起来降低了，但这只是通过软校样功能展示的图像实际打印出来后的效果。使用高品质的纸张和油墨，可让打印出的图像更接近屏幕上显示的图像。

⑥ 在选择和取消选择"预览"复选框之间切换,看看图像在屏幕上显示和使用所选配置文件打印出来的效果有何不同,然后单击"确定"按钮。

⑦ 打开"视图"菜单,看看其中的"校样颜色"命令是否启用,如果启用了,将其禁用。这样能够启用或禁用在"自定校样条件"对话框中设置的软校样视图。

14.8　确保颜色在输出色域内

为输出图像所做的下一步准备是,根据在校样的结果对颜色和色调做必要的调整。下面将进行一些颜色和色调调整,以校正原始海报中存在的溢色。

> 💡 提示　并非所有的溢色都需要调整。溢色警告最大的用处在于让用户知道校样文档颜色时应更加注意哪些颜色。如果校样时发现溢色和细节看起来是可以接受的,就不需要花时间去修改。

为方便对校正前后的图像进行比较,下面复制当前图像。

① 选择菜单"图像">"复制",单击"确定"按钮以复制图像。

② 选择菜单"窗口">"排列">"双联垂直",以便编辑时能够对校正前后的图像进行比较。

下面调整图像的色相和饱和度,让所有颜色都位于色域内。

③ 选择文件 14Working.psd,然后在图层面板中选择图层 Visit Paris。

④ 选择菜单"选择">"色彩范围"。

⑤ 在"色彩范围"对话框中,从"选择"下拉列表中选择"溢色",然后单击"确定"按钮,如图 14.14(a)所示。

> 💡 注意　在"色彩范围"对话框中,哪些颜色被视为溢色取决于前面在"颜色设置"对话框中给"工作空间"部分的"CMYK"选择的配置文件。请务必根据要用来打印的印刷机选择正确的配置文件。

选择前面显示的溢色区域,如图 14.14(b)所示,所做的修改将只影响这些区域。

（a）

（b）

图 14.14

⑥ 选择菜单"视图">"显示额外内容"，以便在处理选区时隐藏选区边界。

选区边界可能分散注意力。虽然看不到选区边界，但它依然有效。

⑦ 在调整面板中单击"色相/饱和度"按钮，创建一个色相/饱和度调整图层（如果调整面板没有打开，选择菜单"窗口">"调整"将其打开）。这个色相/饱和度调整图层中包含一个根据选区创建的图层蒙版。

⑧ 在属性面板中做以下设置，如图 14.15 所示。

- · 保留默认的"色相"设置。
- · 向左拖曳"饱和度"滑块以降低其值（这里将其设置为 −14），降低饱和度是让颜色位于目标色域内的方式之一。

图 14.15

- · 向左拖曳"明度"滑块以使颜色变暗（这里将其设置为 −2）。

⑨ 选择菜单"视图">"色域警告"，可以看到图像中的大部分溢色都消除了。再次选择菜单"视图">"色域警告"以取消选择该命令。

💡提示 也可在调整时开启色域警告，这样就知道颜色是否调整到了打印色域内。

⑩ 选择菜单"视图">"显示额外内容"，让选区边界和其他非打印辅助元素可见。此时，选区边界不会出现，因为选区已被转换为第 7 步创建的色相/饱和度调整图层的图层蒙版。

⑪ 关闭复制的图像文件 14Working 拷贝 .psd，不保存它。

在本节中，主要通过降低饱和度来调整溢色，使其位于打印色域内。这种方法快速易行，且非常简单。专业的图像编辑人员会使用更高级的技巧来保留颜色细节，同时尽可能保持颜色饱和度不变。另外，对于细节不多的溢色区域（如蓝色的天空区域），可以保留其颜色。

14.9　转换为 CMYK 颜色模式

如果可以的话，尽可能在 RGB 颜色模式下工作，因为这样可在更大的 RGB 色域中编辑图像。另外，在不同的颜色模式之间转换颜色值会导致舍入误差，因此转换多次后，可能导致不希望变化的颜色发生了变化。

如果印刷工作流程要求最终的图像为 CMYK 颜色模式，可在完成最后的校正后，将图像转换为 CMYK 颜色模式。如果以后需要将图像输出到喷墨打印机或以数字方式分发，请保留 RGB 颜色模式的原始图像。

💡提示 如果不确定是否需要或该在什么时候将图像转换为 CMYK 颜色模式，可向负责输出作业的印刷服务提供商咨询，他们会推荐最适合其印前设备的图像的准备步骤。

❶ 切换到通道面板，如图 14.16（a）所示。

图像当前处于 RGB 颜色模式，因此通道面板中列出了 3 个通道："红""绿""蓝"。RGB 通道并非真正的通道，而是这 3 个通道的组合。

通道面板中还有一个名为"色相/饱和度1蒙版"的通道，这个通道包含当前在图层面板中选择的图层的蒙版信息。

② 选择菜单"图像">"模式">"CMYK 颜色"。

③ 在出现的将扔掉一些调整图层的警告对话框中，单击"合并"按钮。

合并图层有助于保持颜色不变。

接着将出现另一个对话框，指出"您即将转换为使用 U.S. Web Coated (SWOP) v2 配置文件的 CMYK，这可能不是您所期望的，要选择其他配置文件，请使用'编辑'>'转换为配置文件'"。这条消息指出使用的 CMYK 配置文件为 U.S. Web Coated (SWOP) v2，这是 Photoshop 默认使用的 CMYK 颜色配置文件，这个配置文件可能并非要使用的印刷规范或校样标准。

在实际工作中，应向印刷服务提供商询问该使用哪个 CMYK 配置文件来进行颜色转换，印刷服务提供商可能提供一个自定义的 CMYK 配置文件，该 CMYK 配置文件准确地指出印刷服务提供商设备的色调和颜色范围。将这个 CMYK 配置文件载入系统，以便能够在"颜色设置"对话框中选择其作为 CMYK 工作空间，或者在选择菜单"编辑">"转换为配置文件"将图像转换为 CMYK 时使用它。

④ 在转换使用的颜色配置文件的对话框中单击"确定"按钮。

现在通道面板中显示了 4 个通道："青色""洋红""黄色""黑色"，同时还显示了 CMYK 复合通道，如图 14.16（b）所示。在转换期间，图层被合并，因此图层面板中只有一个图层。

（a）　　　　　　　　　　（b）

图 14.16

14.10　将图像保存为 Photoshop PDF 文件

有些印刷服务提供商可能要求以 PDF 格式提交印刷文件。以不同的格式提交印刷文件时，可以不同的方式处理文字、字体和透明度等。Adobe 便携式文件格式（Portable Document Format，PDF）的优点是能够以一致的方式保留文件中对高品质印刷来说至关重要的属性。

① 选择菜单"文件">"存储副本"。

② 在"存储副本"对话框中，切换到文件夹 Lesson14，将文件命名为 14Print，从"保存类型"下拉列表中选择"Photoshop PDF"，然后单击"保存"按钮。

③ 如果出现一个有关"存储 Adobe PDF"设置的消息框，单击"确定"按钮。

④ 在"存储 Adobe PDF"对话框中，从"Adobe PDF 预设"下拉列表中选择"[PDF/X-4:2008]"，如图 14.17 所示。如何确定该选择哪种 Adobe PDF 预设呢？可向印刷服务提供商询问哪种预设与其印刷工作流程最配。

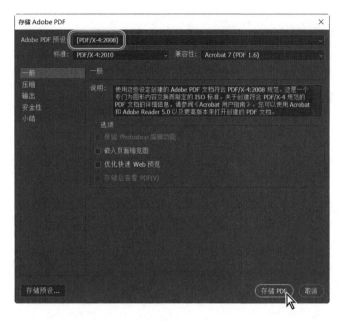

图 14.17

💡 提示 PDF/X 是一种有关如何存储印刷信息以便使用印刷机进行高品质重现的行业标准。越新的 PDF/X 标准支持的印刷特性越多。

在"存储 Adobe PDF"对话框的左侧,有 5 个选项卡("一般""压缩"等),其中包含大量的 PDF 选项。只要知道该选择哪种 Adobe PDF 预设,就不用为如何设置这些选项而操心,因为选择一种预设就会自动设置相应的选项。

⑤ 单击"存储 PDF"按钮,Photoshop 将把文件的 PDF 版本存储到文件夹 Lesson14 中。

可在桌面或 Bridge 中打开文件夹 Lesson14,然后双击文件 14Print.pdf,在系统的默认 PDF 应用程序中打开它(如果系统安装了 Acrobat,很可能在这个应用程序中打开它)。

使用桌面喷墨打印机打印

很多彩色喷墨打印机都擅长打印照片和其他图像文件,可进行的设置因打印机而异,且不同于最佳的印刷设置。在 Photoshop 中,使用桌面喷墨打印机打印图像时,按下面描述的做可获得不错的结果。

- 确保安装并选择了合适的打印机驱动程序。保留通用的打印机驱动程序设置可能引发问题,如页边距不正确。
- 根据用途选择合适的纸张。打印要展示的照片时,最好选择涂层相纸。
- 在打印机设置中,选择正确的纸张来源和介质。有些打印机会根据这些设置相应地调整油墨。例如,使用照片级纸张,务必在打印机设置中进行相应设置。
- 在打印机设置中选择图像质量。打印需要装裱的照片时,质量越高越好。如果图像质量要求不高,选择较低的质量可提高打印速度,还可节省油墨。

- 不要因为使用桌面喷墨打印机打印而将 RGB 颜色模式转换为 CMYK 颜色模式，因为大多数喷墨打印机都能够接收 RGB 颜色数据。打印机或其驱动程序将根据使用的墨盒对 RGB 颜色数据进行转换。印刷机使用 4 种 CMYK 油墨，而专业级喷墨打印机通常使用的油墨超过 4 种，这样能重现更大的色域。

14.11　打印 CMYK 颜色模式的图像

用户可打印颜色复合（Color Composite），以便对图像进行校样。颜色复合组合了 RGB 图像的"红""绿""蓝"通道（或 CMYK 图像的"青色""洋红""黄色""黑色"通道），显示了最终打印图像的外观。

如果选择打印分色，Photoshop 将针对每种油墨打印一个印版。对于 CMYK 图像，将打印 4 个印版——每种油墨对应一个印刷色。下面将打印分色。

> ♀ 提示　使用桌面打印机打印分色有助于确认颜色是否出现在正确的印版上，但桌面打印机打印的分色在精度上与照排机不同。使用配置了 PostScript RIP（光栅图像处理器）的桌面打印机可打印出更精确的校样。

在 Photoshop 中直接打印分色时，通常采用以下工作流程。
- 设置半调网屏参数。有关这方面的推荐设置，请向打印服务提供商咨询。
- 打印测试分色，以确认元素出现在正确的分色中。
- 将最终的分色打印到胶片或印版，这项工作通常由打印服务提供商来完成。

❶ 确保打开了图像文件 14Working.eps，并选择菜单"文件">"打印"。

默认情况下，Photoshop 将打印复合图像。要将该文件以分色方式打印，需要在"Photoshop 打印设置"对话框中进行设置。

❷ 在"Photoshop 打印设置"对话框中，执行以下操作。
- 在"打印机设置"部分，选择正确的打印机。
- 在"色彩管理"部分，从"颜色处理"下拉列表中选择"分色"。
- 在"位置和大小"部分，确认其中的设置是正确的。对很多桌面打印机来说，11 英寸 × 17 英寸的文件太大了，无法以实际尺寸打印。可选择"缩放以适合介质"复选框，让文件适合当前纸张的尺寸。要找到这个复选框，需要向下滚动或放大对话框。
- 如果使用的打印机支持 Adobe PostScript，可向下滚动并设置 PostScript 选项，如半调选项。注意，桌面打印机的打印结果可能与印前输出设备的印刷结果不同。
- 单击"打印"按钮（如果不想打印分色，单击"取消"或"完成"按钮，它们的差别在于单击"完成"按钮将保存当前打印设置），如图 14.18 所示。

> ♀ 提示　在"Photoshop 打印设置"对话框中，如果无法从"颜色处理"下拉列表中选择"分色"，请单击"完成"按钮，然后使文档处于 CMYK 颜色模式（选择菜单"图像">"模式">"CMYK 颜色"）。

图 14.18

💡 **提示** 在"Photoshop 打印设置"对话框中,"大小和位置"部分位于"色彩管理"部分的下方。如果找不到它,请在右边面板的列表框中向下滚动。另外,也可拖曳"Photoshop 打印设置"对话框的边框增大它,以便能够同时看到更多选项。

❸ 选择菜单"文件">"关闭",不保存所做的修改。

💡 **注意** 如果图像不准备用于印刷,可在完成本课后打开"颜色设置"对话框,从"设置"下拉列表中选择"北美常规用途 2",然后单击"确定"按钮。之所以这样做,是因为恢复 Photoshop 的默认首选项设置时,颜色设置不会恢复。

  本课简要地介绍了如何在 Photoshop 中重现并打印一致的颜色。如果使用桌面打印机打印图像,可尝试不同的设置,以找出系统的最佳颜色和打印设置。如果图像将由打印服务提供商打印,请向他们咨询应使用的设置。有关色彩管理、打印选项和分色更加详细的信息,请参阅 Photoshop 帮助文档。

14.12　复习题

1. 要重现一致的颜色，应采取哪些步骤？
2. 什么是色域？
3. 什么是颜色配置文件？
4. 什么是分色？

14.13　复习题答案

1. 要重现一致的颜色，应首先校准显示器并创建配置文件，然后使用"颜色设置"对话框来指定要使用的色彩空间。例如，可指定在线图像使用哪种RGB色彩空间或打印图像使用哪种CMYK色彩空间。最后进行校样，检查图像是否有溢色，并在必要时调整颜色。
2. 色域是颜色模式或设备能够重现的颜色范围。RGB颜色模式和CMYK颜色模式的色域不同。

   每种颜色模式下，不同的打印机、打印标准和显示器设备可重现的色域都不同。
3. 颜色配置文件描述了设备的色彩空间，如打印机的CMYK色彩空间。Photoshop等软件能够读取图像中表示不同应用程序、平台和设备的颜色配置文件，从而确保颜色一致。
4. 分色是文件中使用的每种油墨对应的印版，打印服务提供商将为提供的文件打印CMYK油墨分色。

第15课

探索神经网络滤镜

本课概览

- 了解神经网络滤镜与 Photoshop 中其他滤镜有何不同。
- 探索神经网络滤镜（Neural Filters）工作空间。
- 将一个或多个神经网络滤镜效果应用于图像。

学习本课大约需要 **0.5** 小时

神经网络滤镜（Neural Filters）是机器学习训练的高级滤镜，使用它可实现使用传统滤镜无法实现的效果。

293

15.1　理解神经网络滤镜

本书前面使用过的 Photoshop 滤镜（如"智能锐化""云彩""液化"等）都是传统滤镜，其结果是使用算法生成的。

> ♡ 提示　要快速了解部分神经网络滤镜的效果，请参阅本课后面的"神经网络滤镜画廊"。

在较新的神经网络滤镜中，结果是以不同的方式生成的，这些方式结合了传统的算法、机器学习和其他高级技术。机器学习意味着可使用不同的结果对神经网络滤镜进行训练，从而获得更佳的结果。

相比于其他 Photoshop 滤镜，神经网络滤镜存在以下不同之处。

- 神经网络滤镜是使用机器学习和神经网络训练的。
- 对于有些神经网络滤镜，要使用它们需要先下载。这样做是为了避免不使用的大型滤镜占用存储空间，从而节省空间。要下载某个神经网络滤镜，只需在 Neural Filters 工作空间中单击相应按钮即可。这样能够在不更新整个 Photoshop 的情况下，下载或更新神经网络滤镜。
- 有些神经网络滤镜在 Creative Cloud 服务器上处理图像，Photoshop 会显示一条消息，让用户知道这一点，其他神经网络滤镜在本地（即计算机中）处理图像。

对于有些神经网络滤镜，无须联网就能使用它们，但在联网的情况下，可使用的选项更多。

只要计算机满足 Photoshop 的系统需求，就可使用神经网络滤镜，如果有强大的 CPU、图形硬件，以及更快的网络连接，通常其性能会更佳。

15.2　概述

探索神经网络滤镜可能是本书较有趣的部分。下面来看看本课要处理的文件。

❶ 启动 Photoshop 并立刻按住 Ctrl + Alt + Shift 组合键（Windows）或 Command + Option + Shift 组合键（macOS）。

❷ 在出现的提示对话框中单击"是"按钮，确认删除 Photoshop 设置文件。

❸ 选择菜单"文件">"在 Bridge 中浏览"，启动 Bridge。

> ♡ 注意　如果没有安装 Bridge，在选择菜单"文件">"在 Bridge 中浏览"时，将启动桌面应用程序 Creative Cloud，而它将下载并安装 Bridge。安装完成后，便可启动 Bridge。

❹ 在收藏夹面板中单击文件夹 Lessons，然后双击内容面板中的文件夹 Lesson15。

❺ 对文件 15Start.psd 和 15End.psd 进行比较。选择每一幅图像，注意观看预览面板，可以发现它们之间的差别：左边那个人的头部不同，右边那个人的肤色不同。

15.3　探索 Neural Filters 工作空间

❶ 在 Bridge 中双击文件 15Start.psd，在 Photoshop 中打开它。

❷ 将这个文件重命名为 15Working.psd，并存储到文件夹 Lesson15 中。

294　**Adobe Photoshop 2022 经典教程（彩色版）**

❸ 选择菜单"滤镜">"Neural Filters"，如图 15.1 所示。

A. 添加到选区工具及从选区中减去工具　B. 抓手工具　C. 缩放工具　D. 检测到的人脸
E. 选定的人脸　F. 滤镜列表　G. 滤镜开关　H. 用于选择检测到的主体（如人脸）
I. 将滤镜选项重置为默认设置　J. 所选神经网络滤镜的选项　K. 预览开关
L. 显示当前图层 /所有图层　M. 输出选项

图 15.1

在 Neural Filters 工作空间中，图像出现在左边较大的预览区域中，而右边是 Neural Filters 面板。

· 当前选定滤镜的选项出现在滤镜列表右边。

· 要使用滤镜，必须启用它。滤镜的开关被移到右边且是彩色时，就说明滤镜被启用。可同时启用多个滤镜。

· 如果当前选定滤镜在图像中检测到了多个潜在的主体（如人脸），将在"选定的脸部"下拉列表中列出它们，以便选择要编辑的主体，而选定主体将在图像中用彩色方框框住。

· 要将应用当前滤镜的图像与原始图像进行比较，可单击工作区底部的"预览更改"按钮（▣），以禁用它，从而显示原始图像；再次单击该按钮可启用它，从而显示应用滤镜的图像。

· 文件有多个图层时，"预览更改"按钮右边的图层按钮（▤）控制着看到的是一个图层还是所有图层。

· 使用工具面板中的前两个工具能够通过会话来创建蒙版，这种蒙版类似于在第 6 和 8 课编辑的图层蒙版，可避免将滤镜效果应用于某些区域。

15.4 使用"皮肤平滑度"滤镜改善肤色

为了更深入地学习神经网络滤镜，下面来探索"皮肤平滑度"滤镜，使用它能够在不过多修改其他面部特征的情况下改善肤色。

> 💡 **注意** 本书出版后，Adobe 可能已更新了 Neural Filters，因此看到的滤镜类别和滤镜列表可能因使用的 Photoshop 版本而异。另外，如果 Adobe 更新了神经网络滤镜效果的训练方式，则处理的结果可能与这里显示的不同。

❶ 在 Neural Filters 工作空间中，确保选择了"所有筛选器"，打开"皮肤平滑度"滤镜的开关以启用它，如图 15.2 所示，将显示"皮肤平滑度"滤镜的选项。

❷ 如果看不到选项，但出现了一个"下载"按钮，单击这个按钮，因为这意味着还没有安装这个滤镜。下载完毕后，这个滤镜将自动安装。

图 15.2

> 💡 **注意** 有些神经网络滤镜在 BETA 类别中，这意味着它们可以使用但还在开发中。在最终版发布后，这些滤镜的效果或提供的选项可能不同。

❸ 从"选定的脸部"下拉列表中选择一个人脸或单击图像中框住人脸的矩形，这里选择的是右边那个女人的脸部，如图 15.3 所示。当神经网络滤镜识别出多个主体时，可分别选择各个主体（这里是各个人脸），并对每个主体应用不同的滤镜设置。

图 15.3

❹ 通过调整选项来修改滤镜的结果。这里将"模糊"值增大到 75，并将"平滑度"值设置为 10，如图 15.4（a）所示。应用滤镜前后的图像效果分别如图 15.4（b）和图 15.4（c）所示。

> 💡 **注意** "皮肤平滑度"滤镜的效果不能太明显，否则会不自然。

（a）　　　　　　（b）　　　　　（c）

图 15.4

相比于传统滤镜，神经网络滤镜有什么优势呢？要让皮肤变得光滑，通常使用"模糊"滤镜，这需要使用额外的图层和蒙版，以免模糊重要的脸部细节，如眼睛、牙齿和头发。第 12 课有类似的示例，但"皮肤平滑度"滤镜经过了训练，能够识别哪些区域需要平滑，哪些区域应保持不变，因此只需执行几个步骤就可获得不错的效果。

⑤ 要将修改后的结果与原图进行比较，可单击工作空间底部的"预览更改"按钮，如图 15.5 所示。单击可查看原图像，再次单击显示调整后的图像。

图 15.5

⑥ 如果需要，可做进一步的调整。可在显示了预览的情况下选择其他人的脸，并对其进行第 4 ~ 5 步的修改。

> ♡ 注意　如果出现对话框，指出将滤镜应用于检测到的人脸时效果不佳，可能是因为手、水印等遮住了部分人脸。另外，当主体正对镜头时，神经网络滤镜的人脸检测功能效果最佳；对于那些未正对镜头的人脸，人脸检测和编辑的效果可能不佳。

⑦ 对修改结果满意后，从"输出"下拉列表中选择"智能滤镜"，然后单击"确定"按钮。将原始图层转换为智能对象，其中包含对其应用神经网络滤镜的效果，以后可在图层面板中双击 Neural Filters 对其进行编辑。除非选择的输出选项为"当前图层"，否则选定图层都将保持不变，便于日后对其进行修改。有关其他输出选项的详细信息，请参阅本课后面的"Neural Filters 中的输出选项"。

⑧ 保存所做的修改并关闭这个文件。

以上介绍了有关如何使用神经网络滤镜的基本知识。神经网络滤镜的结果并非完美无缺，不过由于可将结果输出到带蒙版的独立图层中，并将滤镜结果与原始图层混合，因此与更复杂的方法相比，使用这种方法得到的结果更可信且需要执行的步骤更少。

可尝试使用神经网络滤镜来处理自己的图像，以探索各种可能性。

Neural Filters 中的输出选项

在本书的其他课程中，探索了如何将最终结果应用于文档图层的特性，如内容识别填充，Neural Filters 也提供了这样的选项，如图 15.6 所示，注意，这里的选择将影响后续编辑的灵活程度。

图 15.6

- 当前图层：用于将结果应用于选定图层，会永久性地修改原始图层；要恢复到原来的状态，唯一的途径是在关闭并保存文档前撤销这种操作，因此不推荐使用此选项。
- 复制图层：用于将结果应用于选定图层的副本，而选定图层本身保持不变。
- 复制添加蒙版的图层：用于将结果应用于选定图层的副本，其中被修改的区域将透过蒙版显示出来；这有助于确保不修改的区域与原始图层一样。
- 新建图层：用于将结果应用于一个新图层，该图层只包含被神经网络滤镜修改后的像素，而未修改的区域是透明的，让原始图层能够显示出来。
- 智能滤镜：用于将选定图层转换为智能对象图层，并将神经网络滤镜的结果作为智能滤镜应用于该图层；由于神经网络滤镜被用作智能滤镜，因此可随时双击它来进行修改。
- 新文档：用于将应用滤镜的结果存储在新文档的一个图层中。

如何选择取决于更在乎编辑的灵活性还是文档大小。选择"复制图层"或"智能滤镜"时，在编辑方面有更强的灵活性，但通常生成的文档也更大。

使用滤镜做了多项编辑（如以不同的方式修改了多张人脸）时，所有的修改都将包含在输出结果中。例如，对两张人脸应用了"智能肖像"滤镜和"样式转换"滤镜，所有这些效果都将应用于单个图层，或作为单个智能滤镜应用于图层。

查找想要的滤镜或效果

Photoshop 提供了大量的滤镜和效果，它们分布在工作区和菜单等多个地方，而且同一个滤镜可能有多种类型，因此可能难以找到需要的滤镜。

破坏性编辑会永久性地修改图层的像素，而非破坏性编辑很容易被撤销并恢复图层到修改前的效果，这显然是一种更佳的编辑方式，留有更大的选择空间。

下面是一个快速指南，帮助用户在 Photoshop 中查找滤镜和效果。

通用滤镜位于"滤镜"菜单及其子菜单中。注意，并非每个滤镜都可在这些子菜单中找到，如果在"滤镜"菜单中找不到，还可在下面两个滤镜库中查找。

滤镜库（选择菜单"滤镜">"滤镜库"）提供了大量传统（算法型）滤镜，如"扩散亮光"和"马赛克拼贴"滤镜。它们主要用于生成创意效果。

Neural Filters（选择菜单"滤镜">"Neural Filters"）提供了最新且高级的滤镜。这些滤镜是由机器学习训练的，生成的效果优于传统滤镜或者是传统滤镜无法实现的。Neural Filters 能够执行更智能的编辑，如修改眼睛看向的方向。

为探索所有的选项，用户务必将这几个地方牢记。例如，要改善肤色，可使用第 12 课介绍的"表面模糊"滤镜，并使用"皮肤平滑度"滤镜，将得到的结果进行比较，从中选择对当前图像来说更佳的滤镜。

在应用投影、发光，以及本书介绍过的其他效果时，图层样式是一种非破坏性的简易方法。要找到这些效果，可单击图层面板底部的"添加图层样式"或选择菜单"图层">"图层样式"。

即便是破坏性滤镜或效果，也可用非破坏性方式应用它们，条件是目标图层是智能对象。方法是先选择要以非破坏方式应用滤镜的图层，然后选择菜单"滤镜">"转换为智能滤镜"。这样，滤镜将作为智能滤镜被应用，后续可对结果进行编辑。

如果要将多个滤镜应用于同一个图层，可依次应用各个滤镜；对于滤镜库或工作空间（如 Neural Filters 和模糊画廊）中的滤镜，可在退出对话框或工作空间前应用其中的多个滤镜。

神经网络滤镜画廊

下面列举 Photoshop 中一些神经网络滤镜的应用示例，其中有些介绍了恢复和校正图层的方法，而其他的提供了好玩的创意。注意，Adobe 可能更新、添加或修改 Neural Filters 中的滤镜，因此神经网络滤镜清单取决于安装的 Photoshop 的版本。

使用"智能肖像"滤镜能够调整肖像的细节，如脸部表情、脸部姿态（如眼睛看向的方向），应用滤镜前后的图像效果分别如图 15.7（a）和图 15.7（b）所示。

使用"皮肤平滑度"滤镜可消除肖像中的粉刺和其他皮肤不平滑的问题，同时保留皮肤的整体特征，应用滤镜前后的效果分别如图 15.8（a）和图 15.8（b）所示。

　　（a）　　　　　　（b）　　　　　　　　　（a）　　　　　　（b）

　　　　图 15.7　　　　　　　　　　　　　　　　　图 15.8

使用"超级缩放"滤镜可将照片的某部分放大。例如，选择群像中的某个人，将其放大、改进和锐化，以用作证件照，如图 15.9 所示。又如，一个人的脸位于拍摄的照片中间且太小，可使用此滤镜放大他的脸。不同于其他的缩放方法，"超级缩放"滤镜提供了由机器学习支持的细节加强、降噪和移除 JPEG 伪影等功能。"超级缩放"滤镜适用于肖像，但也可尝试使用它来处理其他类型的主体。

使用"着色"滤镜能够快速给黑白图像添加颜色，应用滤镜前后的效果分别如图 15.10（a）和图 15.10（b）所示。只需在不同的内容区域添加颜色点，这个滤镜即可检测内容边缘，并在这些边缘内着色。例如，如果在夹克上添加一个蓝色点，将给夹克着色，同时不会给背景和皮肤着色。

（a） （b）

图 15.9 图 15.10

（a） （b）

图 15.11

"深度模糊"滤镜用于帮助隔离主体，这是通过检测背景深度并模糊背景实现的，应用滤镜前后的效果分别如图 15.11（a）和图 15.11（b）所示。使用这个滤镜提供的选项能够进一步修改背景，如调整模糊强度、添加雾化效果及调整颜色。

使用"样式转换"滤镜能够将一幅图像的艺术样式应用于另一幅图像。可从一系列样式预设中选择一种，再使用滤镜选项进一步调整外观。还可应用自定义样式，只需单击标签"自定义"，并从计算机中选择一幅图像即可，如图 15.12 所示。

图 15.12

利用数据和图像来改进 Photoshop

在改进基于机器学习的特性时，软件开发公司采用的一种重要方式是，使用良好和糟糕的结果示例来对它们进行训练。使用机器学习的公司都需要以某种方式对其软件使用的模型进行训练，较理想的方式是使用能体现软件用户喜好的示例。然而，很多软件开发公司都没有包含实际用户文件的超大型数据集，即便有些公司将用户的文件存储在云端，也通常没有得到用户的许可，允许使用他们的文件来训练软件。

为方便改进 Photoshop，Adobe 在 Photoshop "首选项"对话框中添加了"产品改进"选项卡。添加该选项卡的目的是请求允许使用图像和使用数据来帮助改进 Photoshop 特性，这并不仅限于机器学习。在"产品改进"选项卡中，"是，我愿意参与"复选框默认被禁用，如图 15.13 所示，如果想参与产品改进，可选择这个复选框。这个复选框被选择时，Adobe 研究人员可收集使用数据、在 Photoshop 中编辑的云文档及其他图像。

图 15.13

是否参与 Photoshop 改进计划在一定程度上由个人决定。对于执行的特定图像编辑，如果觉得自己的使用数据可能有助于改进 Photoshop，便可以参与这个计划。

如果用户为处理机密文档的公司或组织工作，需要保护客户的隐私或专用数据，或者受保密协议的法律约束，应认识到参与 Photoshop 改进计划可能带来的后果，谨慎决定是否参与。

15.5 复习题

1. 神经网络滤镜与 Photoshop 中的其他滤镜有何不同？
2. 网络连接对使用神经网络滤镜有何影响？
3. 在 Neural Filters 工作空间中，通常从"输出"下拉列表中选择除"当前图层"外的其他选项，这是为什么呢？

15.6 复习题答案

1. 神经网络滤镜是使用机器学习训练的，因此能够制作出传统算法型滤镜无法制作的效果。
2. 如果连接到了网络，就可下载神经网络滤镜，以及使用在云端处理图像数据的神经网络滤镜。如果选择了参与 Photoshop 改进计划，网络连接会将图像和使用数据发送给 Adobe，供研究人员使用。
3. "输出"下拉列表中的"当前图层"选项用于将神经网络滤镜的效果应用于选定图层，从而永久性地修改它。"输出"下拉列表中的其他选项用于将神经网络滤镜的效果应用于另一个图层或将其作为智能滤镜，这能够确保随时都可以使用原始图层重新编辑。

附录 A　工具面板概述

Photoshop 2022 "基本功能" 工作区下的工具面板

- 移动工具（V）
- 矩形选框工具（M）
- 套索工具（L）
- 对象选择工具（W）
- 裁剪工具（C）
- 图框工具（K）
- 吸管工具（I）
- 污点修复画笔工具（J）
- 画笔工具（B）
- 仿制图章工具（S）
- 历史记录画笔工具（Y）
- 橡皮擦工具（E）
- 渐变工具（G）
- 模糊工具（R）
- 减淡工具（O）
- 钢笔工具（P）
- 横排文字工具（T）
- 路径选择工具（A）
- 矩形工具（U）
- 抓手工具（H）
- 缩放工具（Z）

移动工具: 移动选区、图层和参考线

画板工具: 移动和添加画板以及调整其大小

选框工具: 创建矩形、椭圆、一行和一列的选区

套索工具: 建立手绘、多边形和磁性选区

对象选择工具: 识别用户单击的主体并创建精确的选区或根据用户绘制的范围创建选区

快速选择工具: 快速"绘制"根据边缘或反差定义的选区

魔棒工具: 选择颜色相似的区域

裁剪工具: 裁剪和拉直图像以及修改透视

图框工具: 创建占位矩形, 这样能够先设计版面, 然后再添加要使用的图形

切片工具: 将图像划分成可导出为独立图像的区域

切片选择工具: 选择切片以便对其进行编辑

吸管工具: 在图像中拾取颜色

303

3D 材质吸管工具：
从 3D 对象载入选定
的材质

颜色取样器工具：最
多可从图像的四个区
域取样

标尺工具：测量距离、
位置和角度

注释工具：在文档中
添加文本注释

计数工具：计算图像
中对象的个数，用于
图像统计分析

污点修复画笔工具：
使用统一的背景快速
消除照片中的污点和
瑕疵

修复画笔工具：使用
样本或图案修复图像
中的瑕疵

修补工具：使用样本
或图案修复图像中选
区内的瑕疵

内容感知移动工具：
混合像素，让移动的
对象与周边环境混为
一体

红眼工具：只需单击就
可消除用闪光灯拍摄的
照片中的红眼

画笔工具：使用当前
画笔设置绘制描边

铅笔工具：绘制硬边
缘描边

颜色替换工具：使用当前的前景色绘画并保留既有的纹理和细节

混合器画笔工具：将载入画笔的颜色与现有颜色混合

仿制图章工具：使用样本绘画

图案图章工具：使用图像的一部分作为图案来绘画

历史记录画笔工具：在当前文档窗口绘制选定状态或快照的副本

历史记录艺术画笔：绘制样式化描边，以模拟不同的绘画风格

橡皮擦工具：将像素替换为当前背景色

背景橡皮擦工具：将像素变成透明的

魔术橡皮擦工具：只需单击便可让纯色区域变成透明的

渐变工具：创建不同颜色间的线性、径向、角度、对称、菱形混合

油漆桶工具：使用前景色填充颜色相似的区域

3D材质拖放工具：将3D材质吸管工具载入的材质放到3D对象的目标区域

模糊工具：柔化边缘
和细节

锐化工具：增加局部
对比度

涂抹工具：沿拖曳方
向移动像素，形成定
向模糊效果

减淡工具：使图像区
域变亮

加深工具：使图像区
域变暗

海绵工具：修改区域
中的颜色饱和度

钢笔工具：绘制和修
改精确的矢量路径

文字工具：在图像中
创建文字

文字蒙版工具：基于
文字的形状创建选区

路径选择工具：使形
状或路径段显示锚
点、方向线和方向点

形状工具和直线工具：
以路径或形状图层的
方式绘制矢量图形

自定形状工具：添加
从可定制的形状预设
中选择的矢量图形

抓手工具：在图像窗
口中移动图像

旋转视图工具：旋转
画布以方便使用光笔
进行绘画

缩放工具：放大和缩
小图像视图

附录 B 快捷键

使用常用工具和命令的快捷键可节省时间。如果要定制这些快捷键，可选择菜单"编辑"＞"键盘快捷键"。在打开的对话框中，单击"摘要"按钮可导出快捷键列表，其中包含自定义的快捷键。

工具快捷键

工具面板中的每组工具都共享一个快捷键，按 Shift 键和快捷键可在同一组工具之间切换。

常用工具的快捷键如下表所示。

工具	快捷键
移动工具	V
画板工具	V
矩形选框工具	M
椭圆选框工具	M
套索工具	L
多边形套索工具	L
磁性套索工具	L
对象选择工具	W
快速选择工具	W
魔棒工具	W
裁剪工具	C
透视裁剪工具	C
切片工具	C
切片选择工具	C
图框工具	K
吸管工具	I
3D 材质吸管工具	I
颜色取样器工具	I
标尺工具	I
注释工具	I
计数工具	I
污点修复画笔工具	J
修复画笔工具	J
修补工具	J
内容感知移动工具	J

工具	快捷键
红眼工具	J
画笔工具	B
铅笔工具	B
颜色替换工具	B
混合器画笔工具	B
仿制图章工具	S
图案图章工具	S
历史记录画笔工具	Y
历史记录艺术画笔工具	Y
橡皮擦工具	E
背景橡皮擦工具	E
魔术橡皮擦工具	E
渐变工具	G
油漆桶工具	G
3D 材质拖放工具	G
减淡工具	O
加深工具	O
海绵工具	O
钢笔工具	P
自由钢笔工具	P
弯度钢笔工具	P
横排文字工具	T
直排文字工具	T
横排文字蒙版工具	T
直排文字蒙版工具	T
路径选择工具	A
直接选择工具	A
矩形工具	U
椭圆工具	U
三角形工具	U
多边形工具	U
直线工具	U
自定形状工具	U
抓手工具	H
旋转视图工具	R
缩放工具	Z
默认前景色 / 背景色	D

工具	快捷键
前景色 / 背景色互换	X
切换标准 / 快速蒙版模式	Q
切换屏幕模式	F
切换保留透明区域	/
减小画笔大小	[
增加画笔大小	]
减小画笔硬度	{
增加画笔硬度	}
渐细画笔	,
渐粗画笔	.
最细画笔	<
最粗画笔	>

菜单快捷键

下表列出了 Windows 中的菜单快捷键；要获得 macOS 中的菜单快捷键，只需将 Ctrl 键替换为 Command 键，并将 Alt 键替换为 Option 键即可。

命令		快捷键
文件		
	新建	Ctrl+N
	打开	Ctrl+O
	在 Bridge 中浏览	Alt+Ctrl+O
	关闭	Ctrl+W
	关闭全部	Alt+Ctrl+W
	关闭其他	Alt+Ctrl+P
	关闭并转到 Bridge	Shift+Ctrl+W
	存储	Ctrl+S
	存储为	Shift+Ctrl+S
	存储副本	Alt+Ctrl+S
	恢复	F12
	导出 >	
	导出为	Alt+Shift+Ctrl+W
	存储为 Web 所用格式（旧版）	Alt+Shift+Ctrl+S
	文件简介	Alt+Shift+Ctrl+I
	打印	Ctrl+P
	打印一份	Alt+Shift+Ctrl+P
	退出	Ctrl+Q

命令		快捷键
编辑		
	还原	Ctrl+Z
	重做	Shift+Ctrl+Z
	切换最终状态	Alt+Ctrl+Z
	渐隐	Shift+Ctrl+F
	剪切	Ctrl+X 或 F2
	拷贝	Ctrl+C 或 F3
	合并拷贝	Shift+Ctrl+C
	粘贴	Ctrl+V 或 F4
	选择性粘贴 >	
	原位粘贴	Shift+Ctrl+V
	贴入	Alt+Shift+Ctrl+V
	搜索	Ctrl+F
	填充	Shift+F5
	内容识别缩放	Alt+Shift+Ctrl+C
	自由变换 / 自由变换路径	Ctrl+T
	变换 >	
	再次	Shift+Ctrl+T
	颜色设置	Shift+Ctrl+K
	键盘快捷键	Alt+Shift+Ctrl+K
	菜单	Alt+Shift+Ctrl+M
	首选项 >	
	常规	Ctrl+K
图像		
	调整 >	
	色阶	Ctrl+L
	曲线	Ctrl+M
	色相 / 饱和度	Ctrl+U
	色彩平衡	Ctrl+B
	黑白	Alt+Shift+Ctrl+B
	反相	Ctrl+I
	去色	Shift+Ctrl+U
	自动色调	Shift+Ctrl+L
	自动对比度	Alt+Shift+Ctrl+L
	自动颜色	Shift+Ctrl+B
	图像大小	Alt+Ctrl+I
	画布大小	Alt+Ctrl+C

命令		快捷键
图层		
	新建 >	
	图层	Shift+Ctrl+N
	通过拷贝的图层	Ctrl+J
	通过剪切的图层	Shift+Ctrl+J
	快速导出为	Shift+Ctrl+'
	导出为	Alt+Shift+Ctrl+'
	创建 / 释放剪贴蒙版	Alt+Ctrl+G
	图层编组	Ctrl+G
	取消图层编组	Shift+Ctrl+G
	隐藏 / 显示图层	Ctrl+,
	排列 >	
	置为顶层	Shift+Ctrl+]
	前移一层	Ctrl+]
	后移一层	Ctrl+[
	置为底层	Shift+Ctrl+[
	锁定图层	Ctrl+/
	合并图层	Ctrl+E
	合并可见图层	Shift+Ctrl+E
选择		
	全部	Ctrl+A
	取消选择	Ctrl+D
	重新选择	Shift+Ctrl+D
	反选	Shift+Ctrl+I 或 Shift+F7
	所有图层	Alt+Ctrl+A
	查找图层	Alt+Shift+Ctrl+F
	选择并遮住	Alt+Ctrl+R
	修改 >	
	羽化	Shift+F6
滤镜		
	上次滤镜操作	Alt+Ctrl+F（Windows）或 Control+Command+F（macOS）
	自适应广角	Alt+Shift+Ctrl+A
	Camera Raw 滤镜	Shift+Ctrl+A
	镜头校正	Shift+Ctrl+R
	液化	Shift+Ctrl+X
	消失点	Alt+Ctrl+V

命令		快捷键
3D		
	渲染 3D 图层	Alt+Shift+Ctrl+R
视图		
	校样颜色	Ctrl+Y
	色域警告	Shift+Ctrl+Y
	放大	Ctrl++ 或 Ctrl+=
	缩小	Ctrl+-
	按屏幕大小缩放	Ctrl+0
	100%	Ctrl+1 或 Alt+Ctrl+0
	显示额外内容	Ctrl+H
	显示 >	
	目标路径	Shift+Ctrl+H
	网格	Ctrl+'
	参考线	Ctrl+;
	标尺	Ctrl+R
	对齐	Shift+Ctrl+;
	锁定参考线	Alt+Ctrl+;
窗口		
	动作	Alt+F9
	画笔设置	F5
	图层	F7
	信息	F8
	颜色	F6